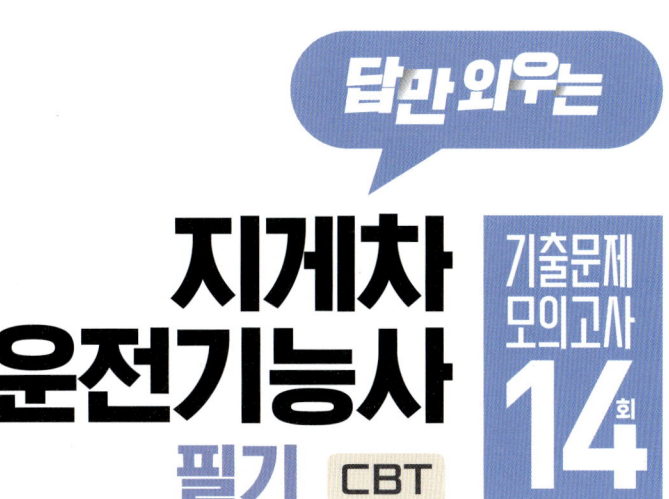

답만 외우는 **지게차운전기능사** 필기

Always with you

사람이 길에서 우연하게 만나거나 함께 살아가는 것만이 인연은 아니라고 생각합니다.
책을 펴내는 출판사와 그 책을 읽는 독자의 만남도 소중한 인연입니다.
시대에듀는 항상 독자의 마음을 헤아리기 위해 노력하고 있습니다.
늘 독자와 함께하겠습니다.

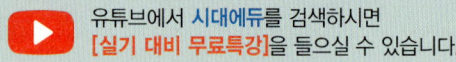

유튜브에서 **시대에듀**를 검색하시면
[실기 대비 무료특강]을 들으실 수 있습니다.

끝까지 책임진다! 시대에듀!
QR코드를 통해 도서 출간 이후 발견된 오류나 개정법령, 변경된 시험 정보, 최신기출문제, 도서 업데이트 자료 등이 있는지 확인해 보세요! **시대에듀 합격 스마트 앱**을 통해서도 알려 드리고 있으니 구글 플레이나 앱 스토어에서 다운받아 사용하세요.
또한, 파본 도서인 경우에는 구입하신 곳에서 교환해 드립니다.

편집진행 윤진영 · 김혜숙 | **표지디자인** 권은경 · 길전홍선 | **본문디자인** 정경일 · 심혜림

PREFACE

최근 산업현장에서는 화물의 상하차와 이동에 지게차를 필수적으로 사용하고 있다. 지게차 1대의 업무 효율성은 다수의 인력을 합한 것보다 크기 때문에 물류 담당 직원의 지게차운전기능사 자격증 취득은 필수 조건이 되고 있다. 최근 국가기술자격통계연보에 따르면 산업현장에서 중추적 역할을 담당하는 50, 60대 남성들이 취득하는 자격증 1위가 지게차운전기능사임이 이러한 사실을 증명한다고 볼 수 있다.

대규모 정부정책사업의 활성화와 민간부문의 주택건설 증가, 경제발전에 따른 건설촉진 등 꾸준한 발전 가능성으로 운반용 건설기계운전인력의 증가와 동시에 유통구조의 기계화와 대형화에 따른 기능인력 수요도 늘어날 전망이다. 이에 지게차운전사를 꿈꾸는 수험생들이 한국산업인력공단에서 실시하는 지게차운전기능사 자격시험에 효과적으로 대비할 수 있도록 다음과 같은 특징을 가진 도서를 출간하게 되었다.

본 도서의 특징

1. 자주 출제되는 기출문제의 키워드를 분석하여 정리한 빨간키를 통해 시험에 완벽하게 대비할 수 있다.
2. 정답이 한눈에 보이는 기출복원문제 7회분과 해설 없이 풀어보는 모의고사 7회분으로 구성하여 필기시험을 준비하는 데 부족함이 없도록 하였다.
3. 명쾌한 풀이와 관련 이론까지 꼼꼼하게 정리한 상세한 해설을 통해 문제의 핵심을 파악할 수 있다.

이 책이 지게차운전기능사를 준비하는 수험생들에게 합격의 안내자로서 많은 도움이 되기를 바라면서, 수험생 모두에게 합격의 영광이 함께하기를 기원하는 바이다.

편저자 씀

자격증・공무원・금융/보험・면허증・언어/외국어・검정고시/독학사・기업체/취업
이 시대의 모든 합격! 시대에듀에서 합격하세요!
www.youtube.com → 시대에듀 → 구독

시험 안내

개 요

건설 및 유통구조가 대형화·기계화됨에 따라 각종 건설공사, 항만 또는 생산작업 현장에서 지게차 등 운반용 건설기계가 많이 사용되고 있다. 이에 따라 고성능 기종의 운반용 건설기계의 개발과 더불어 지게차의 안전운행과 기계수명 연장 및 작업능률 제고를 위해 숙련기능인력 양성이 요구되었다.

시행처

한국산업인력공단(www.q-net.or.kr)

자격 취득 절차

필기 원서접수
- 접수방법 : 큐넷 홈페이지(www.q-net.or.kr) 인터넷 접수
- 시행일정 : 상시 시행(월별 세부 시행계획은 전월에 큐넷 홈페이지를 통해 공고)
- 접수시간 : 회별 원서접수 첫날 10:00 ~ 마지막 날 18:00
- 응시 수수료 : 14,500원
- 응시자격 : 제한 없음

필기시험
- 시험과목 : 지게차 주행, 화물 적재, 운반, 하역, 안전관리
- 검정방법 : 객관식 4지 택일형, 60문항(60분)

필기 합격자 발표
- 발표방법 : CBT 필기시험은 시험 종료 즉시 합격 여부 확인 가능
- 합격기준 : 100점 만점에 60점 이상

실기 원서접수
- 접수방법 : 큐넷 홈페이지 인터넷 접수
- 응시 수수료 : 25,200원
- 응시자격 : 필기시험 합격자

실기시험
- 시험과목 : 지게차운전 작업 및 도로주행
- 검정방법 : 작업형(10~30분 정도)
- 채점 : 채점기준(비공개)에 의거 현장에서 채점

최종 합격자 발표
- 발표일자 : 회별 발표일 별도 지정
- 발표방법 : 큐넷 홈페이지 또는 전화 ARS(1666-0100)를 통해 확인

자격증 발급
- 상장형 자격증 : 수험자가 직접 인터넷을 통해 발급·출력
- 수첩형 자격증 : 인터넷 신청 후 우편배송만 가능
  ※ 방문 발급 및 인터넷 신청 후 방문 수령 불가

검정현황

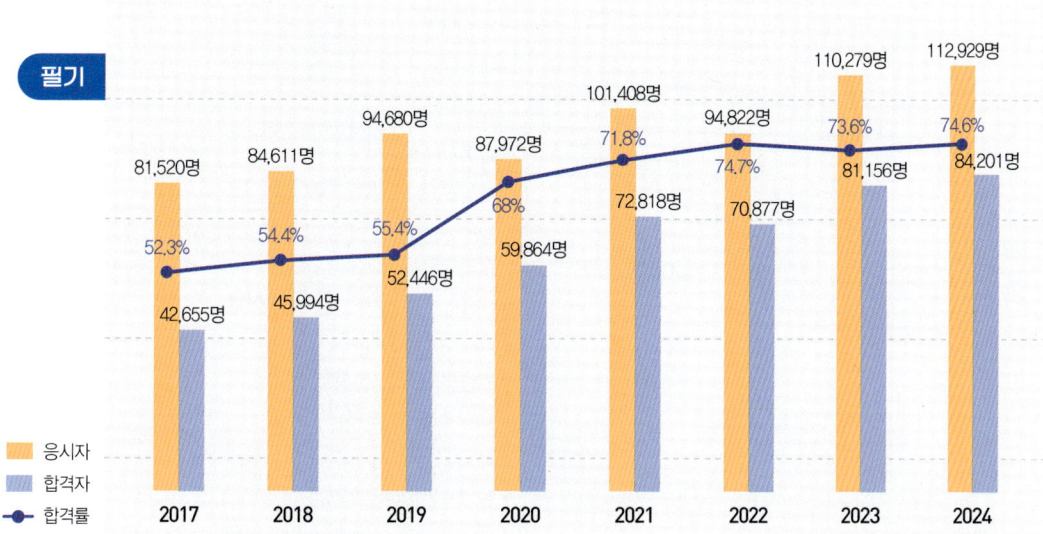

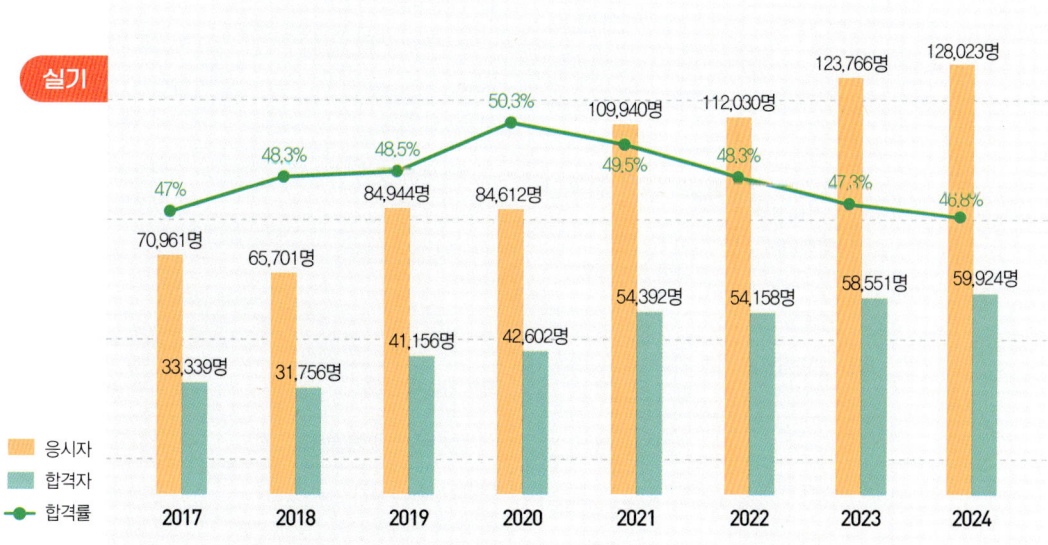

시험 안내

출제기준

필기과목명	주요항목	세부항목	세세항목	
지게차 주행, 화물 적재, 운반, 하역, 안전관리	안전관리	안전보호구 착용 및 안전장치 확인	• 안전보호구 • 안전장치	
		위험요소 확인	• 안전표시 • 위험요소	• 안전수칙
		안전운반 작업	• 장비사용설명서 • 작업안전 및 기타 안전사항	• 안전운반
		장비 안전관리	• 장비 안전관리 • 작업요청서 • 기계·기구 및 공구에 관한 사항	• 일상 점검표 • 장비 안전관리 교육
	작업 전 점검	외관점검	• 타이어 공기압 및 손상 점검 • 조향장치 및 제동장치 점검 • 엔진 시동 전후 점검	
		누유·누수 확인	• 엔진 누유 점검 • 유압 실린더 누유 점검 • 제동장치 및 조향장치 누유 점검 • 냉각수 점검	
		계기판 점검	• 게이지 및 경고등, 방향지시등, 전조등 점검	
		마스트·체인 점검	• 체인 연결부위 점검 • 마스트 및 베어링 점검	
		엔진시동 상태 점검	• 축전지 점검 • 시동장치 점검	• 예열장치 점검 • 연료계통 점검
	화물 적재 및 하역작업	화물의 무게중심 확인	• 화물의 종류 및 무게중심 • 화물의 결착	• 작업장치 상태 점검 • 포크 삽입 확인
		화물 하역작업	• 화물 적재상태 확인 • 하역 작업	• 마스트 각도 조절
	화물 운반작업	전·후진 주행	• 전·후진 주행방법	• 주행 시 포크의 위치
		화물 운반작업	• 유도자의 수신호	• 출입구 확인
	운전시야 확보	운전시야 확보	• 적재물 낙하 및 충돌사고 예방	• 접촉사고 예방
		장비 및 주변상태 확인	• 운전 중 작업장치 성능 확인 • 운전 중 장치별 누유·누수	• 이상 소음

필기과목명	주요항목	세부항목	세세항목	
지게차 주행, 화물 적재, 운반, 하역, 안전관리	작업 후 점검	안전주차	• 주기장 선정 • 주차 시 안전조치	• 주차 제동장치 체결
		연료 상태 점검	• 연료량 및 누유 점검	
		외관 점검	• 휠 볼트, 너트 상태 점검 • 윤활유 및 냉각수 점검	• 그리스 주입 점검
		작업 및 관리일지 작성	• 작업일지	• 장비관리일지
	건설기계관리법 및 도로교통법	도로교통법	• 도로교통방법에 관한 사항 • 도로교통법 관련 벌칙	• 도로표지판(신호, 교통표지)
		안전운전 준수	• 도로주행 시 안전운전	
		건설기계관리법	• 건설기계 등록 및 검사	• 면허 · 벌칙 · 사업
	응급대처	고장 시 응급처치	• 고장표시판 설치 • 고장유형별 응급조치	• 고장내용 점검
		교통사고 시 대처	• 교통사고 유형별 대처 • 교통사고 응급조치 및 긴급구호	
	장비구조	엔진구조	• 엔진 본체 구조와 기능 • 연료장치 구조와 기능 • 냉각장치 구조와 기능	• 윤활장치 구조와 기능 • 흡배기장치 구조와 기능
		전기장치	• 시동장치 구조와 기능 • 등화장치 구조와 기능 • 퓨즈 및 계기장치 구조와 기능	• 충전장치 구조와 기능
		전 · 후진 주행장치	• 조향장치의 구조와 기능 • 동력전달장치 구조와 기능 • 주행장치 구조와 기능	• 변속장치의 구조와 기능 • 제동장치 구조와 기능
		유압장치	• 유압펌프 구조와 기능 • 유압 실린더 및 모터 구조와 기능 • 컨트롤 밸브 구조와 기능 • 유압유	• 유압탱크 구조와 기능 • 기타 부속장치
		작업장치	• 마스트 구조와 기능 • 포크 구조와 기능 • 조작레버 구조와 기능	• 체인 구조와 기능 • 가이드 구조와 기능 • 기타 지게차의 구조와 기능

목차

빨리보는 간단한 키워드

PART 01 | 기출복원문제

제1회	기출복원문제	003
제2회	기출복원문제	019
제3회	기출복원문제	034
제4회	기출복원문제	048
제5회	기출복원문제	063
제6회	기출복원문제	076
제7회	기출복원문제	091

PART 02 | 모의고사

제1회	모의고사	107
제2회	모의고사	117
제3회	모의고사	127
제4회	모의고사	137
제5회	모의고사	147
제6회	모의고사	157
제7회	모의고사	167

정답 및 해설 177

빨간키

빨리보는 간단한 키워드

CHAPTER 01 지게차의 개요

[01] 지게차의 정의 및 분류

▍**지게차(Forklift)의 정의** : 작업자가 직접 들고 이동하기 어려운 화물들을 팰릿(Pallet, 파렛트) 위에 올려놓고, 강철로 제작된 2개의 포크(Fork)로 팰릿 하단부에 삽입한 후, 유압의 힘으로 상차 및 하역, 이동 작업을 하는 것을 주요 목적으로 만들어진 건설기계이다. 다른 명칭으로는 '포크리프트 트럭'이라고도 불린다.

▍**지게차의 분류**

① 동력원에 따른 분류 : 전동형, 디젤엔진형, LPG엔진형, 가솔린엔진형
② 차체형식에 따른 분류 : 리치형, 카운터밸런스형, 사이드포크형, 스트래들형
③ 바퀴 및 타이어에 따른 분류
　㉠ 바퀴 수에 따른 분류 : 단륜식, 복륜식
　㉡ 타이어에 따른 분류 : 공기주입식, 솔리드식

▍**지게차 용어**

① 지게차 기준부하 상태
　㉠ 정차 시 : 지면으로부터 수평하게 포크를 이용하여 화물을 30cm 위로 들었을 때, 포크 윗면에 하중이 최대로 분포되는 하중의 상태
　㉡ 주행 시 : 마스트를 가장 안쪽으로 기울인 상태
② 지세차의 적재능력(Load Capacity, 인양능력) : 마스트를 수직으로 세운 상태로 짐을 들어 올렸을 때, 정해진 하중의 중심 내에서 수직으로 들어 올릴 수 있는 화물의 최대 무게
③ 하중중심 : 포크의 수직면에서 포크 위에 놓인 화물의 무게중심까지의 거리
④ 장비중량 : 지게차에 연료나 냉각수 등이 포함된 상태의 총중량
⑤ 등판능력 : 지게차가 경사지를 오를 수 있는 최대각도로 단위는 %(퍼센트)와 °(도)로 표시

[02] 지게차의 각 명칭

▌정면도 및 평면도의 명칭

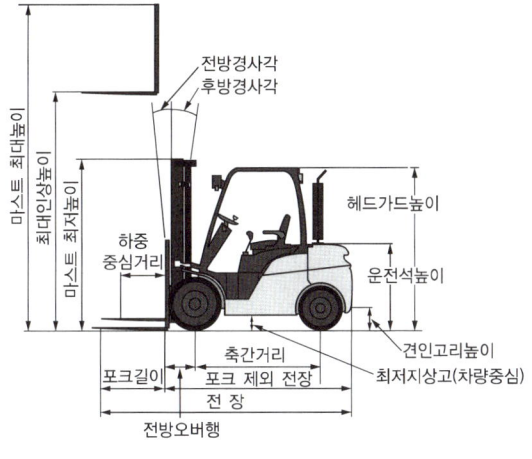

[정면도의 명칭]

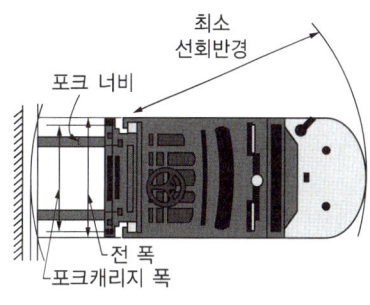

[평면도의 명칭]

① 전장 : 포크 바깥 끝부분에서 지게차 몸체의 뒤편 끝단까지의 전체 길이
② 전고 : 지면에서 지게차의 가장 윗부분까지의 전체 길이
③ 전폭 : 지게차를 전면이나 후면에서 보았을 때 차체의 양쪽에 돌출된 것 중 제일 긴 것을 기준으로 한 거리
④ 축간거리 : 지게차의 앞축과 뒤축 타이어의 중심 간 거리
⑤ 윤거 : 지게차 앞면에서 양쪽 타이어 폭의 중심 간 거리
⑥ 최저지상고 : 땅바닥에서부터 차체바닥 혹은 지면에서 마스트 최저점과의 거리
⑦ 자유인상높이 : 포크를 상승시킬 때 안쪽 마스트가 윗면에서 돌출되는 시점에 지면으로부터 포크 윗면까지의 높이
⑧ 최소선회반경(최소회전반경) : 무부하 상태에서 지게차가 최소 각도로 회전할 때, 지게차의 후면 끝단부가 그리는 원의 반지름

▌ 지게차의 외부 구조 및 실내 구조

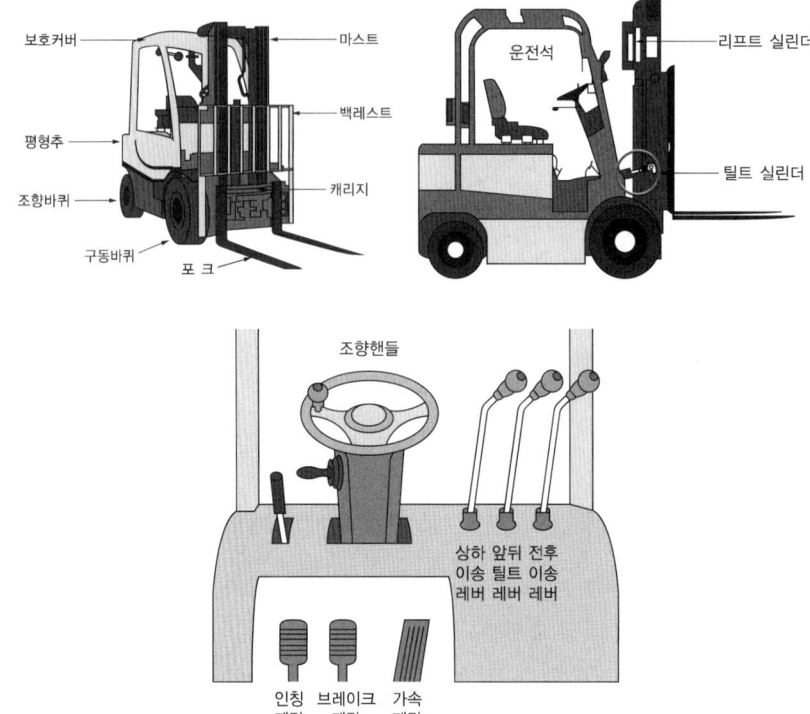

① 카운터웨이트(무게중심추, 평형추) : 지게차의 앞부분에 장착된 포크로 화물을 들어 올릴 때 무게중심이 앞으로 쏠리지 않도록 균형 유지를 위해 지게차의 뒷부분에 장착한 쇳덩이
② 캐리지(Carriage) : 마스트 레일을 따라 상승하거나 하강하는 장치로 핑거보드(Finger Board)와 포크(Fork)가 장착
③ 핑거보드 : 포크가 장착되는 부분으로 캐리지에 장착
④ 백레스트(Back Rest) : 포크로 화물을 들고 마스트를 뒤로 기울였을 때 화물이 마스트 쪽으로 떨어지는 것을 방지하기 위한 짐받이 틀
⑤ 인칭페달 : 높은 rpm이거나 저속에서 미세한 제어를 위한 것으로 지게차가 화물에 접근한 후 유압을 증가시켜 작업을 신속하게 처리하기 위해 밟아서 작동시키는 페달
⑥ 리프트 실린더 : 유압으로 마스트를 위나 아래로 움직일 때 사용하는 장치
⑦ 보호커버(오버헤드 가드) : 지게차 운전석의 윗부분에 떨어지는 낙하물을 막거나, 지게차의 전도·전복 사고 시 작업자를 보호하는 프레임의 일종
⑧ 사이드시프트 : 차체를 이동시키지 않고도 무게중심이 한쪽으로 쏠린 작업물을 들 때 포크의 위치를 좌우로 이동시켜서 균형을 맞추어 줄 수 있는 작업장치

CHAPTER 02 지게차의 구조 및 기능

[01] 지게차의 작업장치

▌마스트의 구조 및 기능

① 마스트(Mast)의 정의 : 지게차 전면부의 메인 기둥으로 표준 마스트는 이너마스트와 아웃마스트의 2단 구조로 되어 있다. 화물을 더 높은 장소에 적재나 하역하기 위해서 마스트의 인상높이를 높여야 하므로, 마스트를 추가로 장착한 다단 자유 인상 마스트도 최근 많이 사용되고 있다.
② 마스트의 종류 : 표준 마스트, 3단 자유 인상 마스트, 4단 자유 인상 마스트
③ 작업에 적합한 마스트 선정 절차 : 지게차 차종 선택 → 화물에 따른 검토 → 작업 조건 검토 → 허용 작업하중 검토 → 마스트 최종 선정
④ 마스트의 전경각과 후경각
　㉠ 마스트 전경각 : 지게차의 기준 무부하 상태에서 수직면을 기준으로 마스트를 운전석(Cabin)의 반대쪽으로 최대로 기울인 경사각으로 적정 범위는 10~12°이다.
　㉡ 마스트 후경각 : 지게차의 기준 무부하 상태에서 수직면을 기준으로 마스트를 운전석 쪽으로 최대로 기울인 경사각으로 적정 범위는 10~12°이다.
⑤ 마스트 부착 각종 작업장치 : 사이드 시프트, 회전 롤 클램프, 드럼 클램프, 힌지드 포크

▌체인의 구조 및 기능

① 체인의 정의 : 원동축과 종동축의 스프로킷에 연결되어 멀리 떨어진 두 축 간에 동력을 전달하는 쇠줄로 지게차에서는 마스트의 안내면을 따라 캐리지를 올리고, 내리는 역할을 한다.
② 지게차 체인장치의 점검항목
　㉠ 리프트 체인 상태
　㉡ 마스트 베어링 상태
　㉢ 마스트의 상하 작동 상태
　㉣ 좌우 리프트 체인 유격 상태
　㉤ 포크와 체인의 연결부위 균열 여부

③ 체인(롤러체인)의 구조

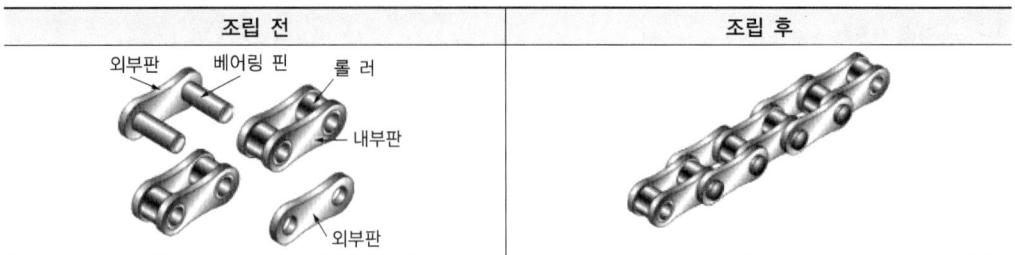

조립 전	조립 후

■ 포크와 가이드의 구조 및 기능

① 포크의 정의 : 화물을 들어 올릴 때 사용하는 2개의 지지대이며, 캐리지에 장착된다.

② 포크의 구조 및 명칭

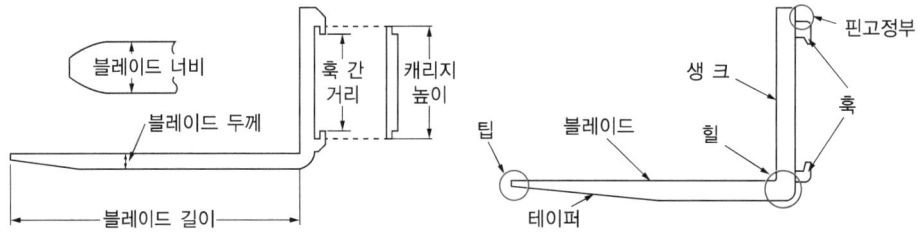

③ 포크 가이드 : 지게차를 주차할 때 포크에 의한 상해 방지를 위해 가이드를 끼워 놓는다.

[02] 지게차 엔진 구조

■ 엔진(기관) 본체의 구조 및 기능

① 엔진(Engine, 기관)의 정의 : 지게차가 주행하는 데 필요한 동력을 발생시키는 기계장치로 사용 연료에 따라 가솔린엔진, 디젤엔진, LPG엔진으로 구분된다.

② 엔진(기관)의 분류

기 준	종 류	내 용
연소장소에 따른 분류	내연기관	엔진의 내부에서 연료의 연소가 이루어져서 열에너지를 기계적 에너지로 바꾸는 기계장치
	외연기관	엔진의 외부에서 연료의 연소가 이루어져서 열에너지를 기계적 에너지로 바꾸는 기계장치
점화방식에 따른 분류	압축착화	디젤엔진
	전기점화	가솔린엔진, LPG엔진
냉각방식에 따른 분류	공랭식	엔진에서 열을 흡수한 유체를 열교환기로 흘려보내 공기와의 접촉을 통해 방열시키는 방식
	수랭식	냉각수를 워터펌프로 순환시켜 엔진의 열을 흡수하여 방열시키는 방식
행정길이에 따른 분류	장행정 엔진	실린더의 내경이 행정보다 작은 엔진
	단행정 엔진	실린더의 행정이 내경보다 작은 엔진

③ 지게차 엔진(기관)의 이상 현상
  ㉠ 엔진 시동 전 점검사항
    • 냉각수량
    • 엔진오일량
  ㉡ 지게차 엔진의 과열 원인
    • 팬벨트가 헐겁다.
    • 냉각수가 부족하다.
    • 물 펌프의 작동이 불량하다.
    • 냉각장치 내부에 물때가 많다.
    • 라디에이터(방열기) 코어가 막혔다.
  ㉢ 엔진의 배기 상태가 불량하여 배압이 높을 때 발생하는 현상
    • 엔진이 과열된다.
    • 엔진의 출력이 감소된다.
    • 피스톤 운동을 방해한다.
  ㉣ 엔진 운전 중 진동이 심할 때 점검해야 할 사항
    • 엔진의 점화시기 점검
    • 엔진과 차체의 연결 마운틴 점검
    • 연료계통의 공기 누설 여부 점검
  ㉤ 작업 중 엔진 온도가 급상승할 때 가장 먼저 냉각수량부터 점검한다.
④ 엔진부의 구조 및 주요 용어 정리

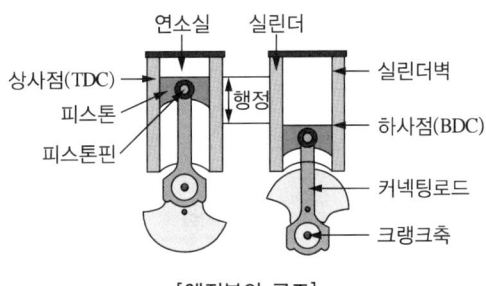

[엔진부의 구조]

  ㉠ 상사점(TDC) : 피스톤이 실린더 내에서 상하 직선왕복운동을 할 때 피스톤이 올라갈 수 있는 최대 상단지점
  ㉡ 하사점(BDC) : 피스톤이 실린더 내에서 상하 직선왕복운동을 할 때 피스톤이 내려갈 수 있는 최저 하단지점
  ㉢ 행정(Stroke) : 피스톤이 상사점이나 하사점에서 출발한 후 반대방향 끝까지 한 번 움직인 거리
  ㉣ 행정체적(배기량) : 실린더에서 피스톤이 움직인 거리의 총부피

  행정체적(V_S) = 실린더 단면적(A) × 행정길이(L) = $\dfrac{\pi d^2}{4} \times L$

  (여기서, d : 실린더 안지름)

ⓜ 압축비(ε) : 연소실체적과 행정체적을 더한 실린더의 총부피와 연소실체적과의 비

$$\varepsilon = \frac{\text{연소실체적}(V) + \text{행정체적}(V)}{\text{연소실체적}(V)}$$

ⓑ 텐셔너(오토텐셔너) : 엔진에서 캠축을 구동시키는 벨트나 체인이 헐거울 때 자동으로 조절하여 장력을 주는 장치

ⓢ 아이들러 : 엔진에서 벨트에 장력을 주는 장치로 텐셔너와 같은 기능을 하나, 고정형이라 위치이동은 불가능

ⓞ 인젝터 : 연료를 실린더나 기화기 안으로 공급해 주는 장치

ⓩ 연소실(간극체적) : 실린더의 맨 꼭대기부터 TDC 사이의 공간으로 연소가 실제 일어나는 공간

가솔린엔진과 디젤엔진

① 가솔린엔진 : 연료와 공기가 연소실 내에서 혼합되어 압축된 상태로 점화플러그에서 불꽃을 일으켜 착화시키는 전기점화기관이다. 휘발유를 연료로 사용하는 내연기관으로 소음이 적고, 고속 운전이 가능하여 승용차에 주로 사용된다.

② 디젤엔진 : 연소실 내에서 공기만을 압축하여 450~550℃의 고온이 되면 분사펌프로 연료를 분사하여 점화플러그 없이도 자연발화를 하는 자기착화기관이다. 경유를 연료로 사용하는 내연기관으로 소음이 크나 출력이 커서 대형 차량에 주로 사용된다.

③ 가솔린엔진과 디젤엔진의 차이점

구 분	가솔린엔진	디젤엔진
점화방식	전기불꽃점화	압축착화
최대압력	30~35kgf/cm^2	65~70kgf/cm^2
압축비	6~11 : 1	15~22 : 1
연소실 형상	간단하다.	복잡하다.
연료공급	기화기 또는 인젝터	분사펌프, 분사노즐
진동 및 소음	작다.	크다.
출력당 중량	작다.	크다.
제작비	저렴하다.	비싸다.
열효율	낮다.	높다.
연료소비율	높다.	낮다.
화재의 위험	높다.	낮다.

④ 연료의 구비조건
  ㉠ 가솔린엔진
    • 발열량이 클 것
    • 기화성이 좋을 것
    • 부식성이 없을 것
    • 앤티노크성이 클 것

- 옥탄가가 높을 것
- 저장 시 안정성이 있을 것
- 연소 후 유해 화합물이 남지 않을 것
  ⓛ 디젤엔진
    - 세탄가가 높을 것
    - 점도가 적당할 것
    - 불순물이 없을 것
    - 부식성이 없을 것
    - 착화성이 좋을 것
⑤ 디젤엔진에서 조속기(Governor)의 역할 : 엔진의 정지를 방지하고 연료 분사량을 조절함으로써 엔진(기관)의 회전속도를 제어한다.
⑥ 디젤엔진의 직접분사실식과 예연소실식의 차이점

직접분사실식	예연소실식
• 열효율이 높다. • 고속회전이 어렵다. • 연료소비량이 적다. • 디젤노크가 일어나기 쉽다. • 실린더헤드의 구조가 간단하다. • 시동이 용이하고, 예열플러그가 필요 없다. • 연소실 용적에 대한 표면적 비율이 낮아 냉각손실이 작다.	• 냉각손실이 크다. • 진동과 소음이 적다. • 디젤노크 발생이 적다. • 연료소비율이 큰 편이다.

노킹현상(Knocking)

① 노킹(노크)의 정의 : 연소 후반부에 미연소가스의 급격한 자기연소에 의한 충격파가 실린더 내부의 금속을 타격하면서 충격음을 발생하는 현상이다. 노킹현상이 발생하면 실린더 내의 압력이 급상승함으로써 스파크플러그나 피스톤, 실린더헤드, 크랭크축의 손상을 가져오며 출력 저하를 발생시킨다.
② 디젤노크의 방지대책
  ㉠ 압축비를 크게 한다.
  ㉡ 실린더 체적을 크게 한다.
  ㉢ 세탄가가 높은 연료를 사용한다.
  ㉣ 엔진의 회전속도와 착화온도를 낮게 한다.
  ㉤ 흡기의 온도, 압력, 실린더 외벽의 온도를 높게 한다.
③ 노킹 방지제 : 벤젠, 톨루엔, 아닐린, 에탄올

윤활장치의 구조 및 기능

① 윤활장치의 정의 : 엔진(기관)이 운전할 때 발생하는 마찰에 의한 베어링 등 부품의 고착을 방지하기 위해 마찰부에 오일을 공급하여 유막(Oil Film)을 형성시킴으로써 마모를 줄이고 효율을 높이기 위한 장치이다.

② 윤활장치의 기능 : 냉각작용, 밀봉작용, 마찰 및 마멸 감소, 방청작용, 윤활작용, 응력분산 및 완충
③ 윤활유의 분류
  ㉠ 윤활유의 윤활 방식에 따른 분류
    • 압송식(압송급유) : 오일펌프(Oil Pump)로 오일을 급유하는 방식으로 대부분의 기관에서 가장 많이 사용하는 방식
    • 전압송식 : 4행정 사이클 기관의 윤활 방식 중 피스톤과 피스톤 핀까지 윤활유를 압송하여 윤활하는 방식
    • 비산식 : 오일디퍼(Oil Dipper)로 마찰부에 오일을 급유하는 방식
  ㉡ 윤활유의 여과 방식에 따른 분류 : 분류식, 전류식, 샨트식
④ 오일펌프의 종류

기어펌프			로터리펌프
외접기어펌프	내접기어펌프	로터식오일펌프	
베인펌프	플런저펌프		피스톤펌프

⑤ 오일필터(오일여과기)의 종류
  ㉠ 엘리먼트 교환식(엘리먼트식)
  ㉡ 카트리지 교환식(카트리지식)

연료장치의 구조 및 기능

① **연료장치** : 실린더 내부에 마련된 연소실로 휘발유나 디젤, LPG 등의 연료를 공급해 주는 장치
② 연료분사의 3요소
  ㉠ 무화 : 노즐에서 분사되는 연료입자를 미세하게 만들어서 분무시키는 정도
  ㉡ 분포 : 연료입자가 연소실의 모든 곳에 균일하게 퍼지는 정도
  ㉢ 관통력 : 연료입자가 연소실의 먼 곳까지 관통해서 도달할 수 있는 힘
③ 디젤엔진 연료여과기에 설치된 오버플로 밸브의 역할
  ㉠ 여과기 각 부분 보호
  ㉡ 운전 중 공기 배출 작용
  ㉢ 연료공급펌프 소음발생 억제
④ 디젤엔진의 연료탱크에서 분사노즐까지 연료의 순환 순서
  연료탱크 → 연료공급펌프 → 연료필터 → 분사펌프 → 분사노즐

- 흡기 및 배기장치의 구조 및 기능
    ① 흡기 및 배기장치의 정의
        ㉠ 흡기장치 : 엔진(기관)으로 연소에 필요한 공기를 공급해 주는 장치
        ㉡ 배기장치 : 엔진(기관)에서 연소된 가스를 대기 중으로 배출시키는 장치
    ② 흡기장치의 종류 : 흡기다기관, 공기청정기(건식, 습식), 과급기, 인터쿨러
    ③ 과급기의 종류 : 터보차저, 슈퍼차저
    ④ 흡기다기관이 갖추어야 할 조건
        ㉠ 혼합기를 여러 실린더로 균일하게 공급할 것
        ㉡ 혼합기에 난류를 형성시켜 기화를 균일하게 만들 것
    ⑤ 배기장치의 구성요소
        ㉠ 배기다기관
        ㉡ 배기파이프
        ㉢ 소음기
    ⑥ 흡·배기밸브의 구비조건
        ㉠ 열전도율이 좋을 것
        ㉡ 열팽창률이 낮을 것
        ㉢ 고온과 가스에 잘 견딜 것
        ㉣ 열에 대한 저항력이 클 것

- 냉각장치의 구조 및 기능
    ① 냉각장치의 정의 : 연소열에 의해 엔진(기관)을 구성하는 부품들이 과열되지 않도록 열을 흡수하고, 방열기로 방출하여 엔진 내부를 적절한 온도로 유지하기 위한 장치이다.
    ② 냉각장치의 구조
        ㉠ 라디에이터(방열기, 응축기) : 엔진(기관)에서 열을 흡수한 물(냉각수)을 코어로 흐르게 하고, 이때 유입되는 공기를 냉각팬으로 밀어붙여 냉각시키는 장치로 방열장치에 속한다. 또한 고압의 기체냉매를 냉각시켜 액체로 상변화시킨다고 하여 응축기라고도 한다.
        ㉡ 라디에이터 캡 : 라디에이터에 냉각수를 주입하는 주입구의 압력식 뚜껑이다. 냉각수의 비등점(비점)을 대략 110~120℃로 높여서 냉각수의 손실을 방지한다.
        ㉢ 수온조절기 : 물재킷 내부에 설치되어 냉각수의 온도를 약 80℃ 전후로 유지시키는 온도조절 장치이다.
        ㉣ 물재킷(워터 재킷) : 실린더블록과 실린더헤드 내부에 열을 식히기 위한 냉각수의 이동통로이다.
        ㉤ 팬벨트 : 크랭크축(Crank Shaft)의 회전력을 워터펌프의 풀리와 발전기의 풀리에 전달함으로써 냉각팬을 회전시키는 벨트로 일반적으로 V벨트를 사용한다.

③ 엔진(기관)의 냉각 방식
  ㉠ 강제순환식
  ㉡ 압력순환식
  ㉢ 자연순환식
④ 냉각장치의 구조별 특징
  ㉠ 동절기에 냉각수가 얼면 엔진(기관)은 동파된다.
  ㉡ 엔진의 실린더 벽에서 마멸이 가장 크게 발생하는 부위는 상사점 부근이다.
⑤ 라디에이터(Radiator)
  ㉠ 냉각수에 전달된 엔진(기관)의 물재킷 등에서 흡수한 열을 냉각수로 흡수한 후 라디에이터에서 대기 중으로 열을 방출한다. 주행 시 대기가 내부로 들어와 자연 냉각될 수 있는 높이에 설치된다.
  ㉡ 라디에이터의 구성
    • 코 어
    • 냉각핀
    • 냉각수 주입구
    • 위 탱크
    • 아래 탱크
    • 오버플로 호스
  ㉢ 라디에이터의 구비조건
    • 공기의 흐름저항이 작을 것
    • 단위 면적당 방열량이 클 것
    • 가볍고 작으며, 강도가 클 것
    • 냉각수의 흐름저항이 작을 것
  ㉣ 가압식 라디에이터의 장점
    • 냉각수의 손실이 적다.
    • 방열기의 크기를 작게 할 수 있다.
    • 냉각수의 비등점을 높일 수 있다.
  ㉤ 라디에이터의 특징
    • 공기 흐름저항이 크면 안 된다.
    • 단위 면적당 방열량이 커야 한다.
    • 냉각효율을 높이기 위해 방열판이 설치된다.
    • 라디에이터의 재료 대부분은 알루미늄합금이 사용된다.

[03] 지게차 전기장치

■ 시동장치의 구조 및 기능

① 시동(始動)장치의 정의 : 스스로 회전할 수 없는 엔진에 외부 회전력을 주기 위해 스타트 모터를 작동시키면 이와 연결된 크랭크축이 회전하여 엔진을 구동시키는 장치로서 크랭킹 작업을 하는 전기장치이다.

② 시동장치의 구성요소
  ㉠ 스타트 모터(시동전동기)
  ㉡ 점화스위치(이그니션 스위치, 스타터 스위치)
  ㉢ 배터리(축전지)
  ㉣ 전기배선

③ 시동장치의 구성도
  이그니션 스위치(점화스위치, Key) → 스타트 모터 →
  피니언기어 → 크랭크축

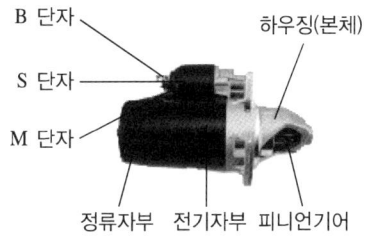

[스타트 모터(시동전동기)]

④ 스타트 모터(시동전동기) : 공회전 상태의 엔진에서 크랭크축의 회전과 관계없이 작동된다.
  ㉠ 직권전동기와 분권전동기의 차이점

직권전동기	분권전동기
• 부하가 크면 회전속도가 낮아지면서 전류량은 커진다. • 회전속도의 변화가 크다.	• 회전속도가 거의 일정하다. • 회전력이 비교적 작다.

  ㉡ 시동장치에서 스타트 릴레이의 설치 목적
    • 엔진 시동을 용이하게 한다.
    • 키 스위치(시동스위치)를 보호한다.
    • 회로에 충분한 전류가 공급될 수 있도록 하여 크랭킹이 원활하게 한다.

⑤ 시동전동기가 회전이 안 되거나 약할 때의 원인 및 점검항목

원 인	점검항목
• 시동스위치 접촉 불량이다. • 배터리 단자와 터널의 접촉이 나쁘다. • 배터리 전압이 낮다.	• 배선의 단선 여부 • 축전지의 방전 여부 • 배터리 단자의 접촉 여부

⑥ 시동전동기(기동전농기) 용어

용 어	내 용
정류자	기동전동기의 전기자코일에 항상 일정한 방향으로 전류가 흐르도록 하기 위해 설치한 것
그라울러시험기	기동전동기의 전기자코일을 시험하는 데 사용되는 시험기
계자코일	계자코일에 전류가 흐르면 강력한 전자석이 되며, 자력선을 형성함
로 터	AC 발전기에서 전류가 흐를 때 전자석이 되는 것

⑦ 예열플러그의 고장이 발생하는 경우
  ㉠ 엔진이 과열되었을 때
  ㉡ 예열시간이 길었을 때
  ㉢ 정격이 아닌 예열플러그를 사용했을 때

■ 점화장치의 구조 및 기능

① 점화(點火)장치의 정의 : 가솔린엔진이나 LPG엔진과 같은 내연기관의 실린더 내에서 압축된 혼합가스에 불꽃을 점화시켜 폭발에너지를 만드는 전기장치이다.

② 점화장치의 구성요소
  ㉠ 점화코일
  ㉡ 점화플러그
  ㉢ 크랭크 각 센서
  ㉣ 전자제어유닛(ECU)
  ㉤ 파워 트랜지스터(파워 TR)

③ 점화장치의 구비조건
  ㉠ 전연성이 우수할 것
  ㉡ 불꽃 에너지가 높을 것
  ㉢ 점화 시기의 제어가 정확할 것
  ㉣ 발생 전압이 높고, 여유 전압도 클 것
  ㉤ 노이즈에 의한 잡음과 전파에 방해가 없을 것

④ 점화코일(이그니션 코일)
  ㉠ 점화코일의 정의 : 가솔린엔진의 점화플러그에 고전압을 발생시키며, 불꽃을 발생시키는 변압기의 일종으로 내부 철심의 구조에 따라 '개자로형'과 '폐자로형'으로 분류된다.
  ㉡ 자동차에서 점화코일의 필요성 : 12V를 사용하는 자동차에서는 점화플러그에서의 불꽃 방전을 위해 10,000V 이상의 고전압을 발생시킬 필요성이 있어서 변압기의 일종인 점화코일의 사용은 필수적이다.

⑤ 디젤엔진의 예열장치 종류

코일형 예열플러그	실드형 예열플러그
기계적 강도 및 가스에 의한 부식에 약하다.	• 발열량이 크고, 열용량도 크다. • 예열플러그들 사이의 회로는 병렬로 결선되어 있다. • 예열플러그 하나가 단선되어도 나머지는 작동된다.

■ 충전장치의 구조 및 기능

① 충전장치의 정의
  ㉠ 엔진형 지게차의 충전장치 : 엔진의 회전력을 이용하여 배터리를 충전시키는 장치
  ㉡ 전동형 지게차의 충전장치 : 연료전지(Fuel Cell)를 충전시키는 장치

② 충전장치의 구조
  ㉠ 배터리(축전지)
  ㉡ 레귤레이터
  ㉢ 제너레이터(알터네이터)
  ㉣ 이그니션 스위치(스타터 스위치)

③ 충전장치의 구비조건
- ㉠ 내구성이 우수할 것
- ㉡ 전압에 맥동이 없을 것
- ㉢ 정비 등의 유지보수가 쉬울 것
- ㉣ 출력전압이 안정되고, 다른 전기회로에는 영향을 미치지 않을 것

④ 제너레이터(발전기)
- ㉠ 전류의 자기작용을 응용한 전기 발생 장치
- ㉡ 교류발전기의 특징
  - 전압 조정기만 필요하다.
  - 소형이며, 경량이다.
  - 브러시 수명이 길다.
  - 저속 발전 성능이 좋다.
- ㉢ 디젤엔진 가동 중 발전기가 고장 났을 때 발생할 수 있는 현상
  - 충전 경고등에 불이 들어온다.
  - 헤드램프를 켜면 불빛이 어두워진다.
  - 전류계의 지침이 (-)쪽을 가리킨다.

계기장치의 구조 및 기능

① 계기장치(계기판)의 정의 : 지게차 운행에 필요한 정보를 등화 및 디지털표시기를 사용해서 표시하여 작업자에게 현재 지게차의 상태를 지시해 주는 장치이다.

② 지게차의 실제 계기장치

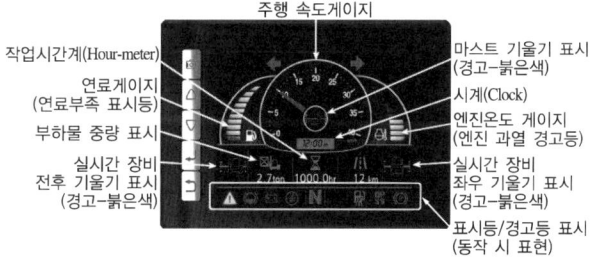

출처 : 현대 지게차

③ 계기판의 경고등 작동 시 조치방법

이상 현상	조치 내용
운전 중 갑자기 계기판에 충전 경고등이 점등되었다. 따라서 충전이 되지 않음을 확인했다.	• 축전지의 전압을 측정해서 이상 유무를 확인한다. • 충전계통을 확인해서 교체한다.

▌등화장치의 구조 및 기능

① 등화(燈火)장치의 정의 : 지게차에서 조명, 신호, 지시, 경고용 등 여러 목적으로 빛을 밝히는 장치로 램프나 배선, 스위치, 퓨즈 등으로 구성된다.

② 등화장치의 종류
- ㉠ 전조등
- ㉡ 방향지시등
- ㉢ 비상등
- ㉣ 후진등
- ㉤ 번호판등

③ 전조등의 구성요소
- ㉠ 전 구
- ㉡ 렌 즈
- ㉢ 반사경

④ 전조등 회로의 구성요소
- ㉠ 퓨 즈
- ㉡ 디머 스위치
- ㉢ 라이트 스위치

⑤ 등화장치의 고장 원인
- ㉠ 헤드라이트가 한쪽만 점등되었을 때의 고장 원인
  - 전구 불량
  - 전구 접지불량
  - 한쪽 회로의 퓨즈 단선
- ㉡ 운전 중 엔진오일 경고등이 점등되었을 때의 원인
  - 윤활계통이 막혔을 때
  - 오일필터가 막혔을 때
  - 오일 드레인 플러그가 열렸을 때

⑥ 등화장치 고장 시 해결 방법
- ㉠ 방향지시등의 한쪽 등이 빠르게 점멸하고 있을 때, 운전자가 가장 먼저 전구(램프)를 점검하여야 한다.
- ㉡ 실드빔 형식의 전조등을 사용하는 건설기계장비에서 전조등 밝기가 흐려 야간운전에 어려움이 있을 때 전조등을 교체하여야 한다.

⑦ 실드빔식 전조등의 특징
- ㉠ 내부에 불활성가스가 들어 있다.
- ㉡ 사용에 따른 광도의 변화가 적다.
- ㉢ 렌즈와 반사경, 필라멘트 일체형이다.
- ㉣ 대기 조건에 따라 반사경이 흐려지지 않는다.
- ㉤ 고장 시 렌즈를 교환할 수 없어 전조등 통째로 교체해야 한다.

■ 퓨즈의 구조 및 기능
① 퓨즈의 기능 : 전기장치를 구성하는 회로에 과도한 전류가 흐를 경우 해당 장치의 고장이나 화재를 막기 위한 과전류 보호장치이다.
② 퓨즈의 특징
  ㉠ 주로 직렬로 결선한다.
  ㉡ 지게차용 전기직렬회로에 사용하는 퓨즈의 용량은 회로 내 전류의 1.5~1.7배이다.
③ 지게차의 리프트 실린더 작동 회로에서 플로 프로텍터(벨로시티 퓨즈)를 사용하는 목적 : 컨트롤 밸브와 리프트 실린더 사이에서 배관 파손 시 적재물의 급강하를 방지한다.

■ 축전지의 구조 및 기능
① 축전지(Storage Battery)의 정의 : 절연체를 기준으로 양쪽에 두 장의 금속판을 마주 보게 한 다음, 각각 (+), (-) 전원을 연결한 뒤 전압을 가하면 두 판은 서로 잡아당기는 원리로 전기를 저장하는 장치이다. 그 용량은 정전용량이라고도 하며, 주로 사용하는 종류는 납산축전지와 MF(Maintenance Free) 축전지가 있다.
② 정전용량(Q) : 두 장의 금속판에 단위 전압을 가했을 때 전기를 저장할 수 있는 능력을 표시하는 단위
  $Q = C$(비례상수) $\times\ V$(전압)
③ 축전지의 가장 중요한 역할
  ㉠ 엔진 시동 시 기동장치에 전원을 공급한다.
  ㉡ 발전기 고장 시 일시적으로 전원을 공급한다.
  ㉢ 발전기 출력과 필요한 부하가 불균형할 때 중간에서 부하를 담당한다.
④ 축전지의 용량을 결정짓는 인자 : 셀당 극판 수, 극판의 크기, 전해액의 양

[04] 지게차 주행장치

■ 주행장치의 정의 및 종류
① 주행장치의 정의 : 지게차의 바퀴가 회전하는 데 필요한 모든 장치들이 함께 연동하여 작동함으로써 지게차를 원하는 목적지까지 이동시켜 주는 장치이다.
② 주행장치의 종류
  ㉠ 조향장치 : 핸들
  ㉡ 변속장치 : 수동기어장치, 자동기어장치
  ㉢ 제동장치 : 브레이크, 타이어
  ㉣ 현가장치 : 유압식 및 공압식 서스펜션
  ㉤ 동력전달장치 : 클러치, 커플링, 종감속장치, 차동기어장치

▌ 조향장치의 구조 및 기능

① **조향장치의 정의** : 운전자가 핸들을 돌리면 지게차의 방향을 바꾸어 주는 장치이다.
② **조향장치가 갖추어야 할 조건**
  ㉠ 정비가 용이할 것
  ㉡ 조향 휠의 회전과 바퀴의 선회 차가 크지 않을 것
  ㉢ 주행 중 충격이 조향장치에 미치지 않을 것
  ㉣ 고속 주행에서도 조향핸들을 조작함에 있어 안전성을 가질 것
  ㉤ 조작하기 쉽고, 방향 전환이 확실할 것
  ㉥ 회전 반지름이 작아서 폭이 좁은 도로에서도 방향 전환을 쉽게 할 것

▌ 변속장치의 구조 및 기능

① **변속기(트랜스미션)의 정의** : 지게차의 속도를 변속시키는 장치이다.
② **건설기계에서 변속기의 구비조건**
  ㉠ 전달효율이 좋아야 한다.
  ㉡ 단계 없이 연속적으로 변속되어야 한다.
  ㉢ 소형·경량이며, 수리하기가 쉬워야 한다.
  ㉣ 변속 조작이 쉽고, 신속·정확·정숙해야 한다.
③ **변속기의 필요성**
  ㉠ 엔진의 회전력을 증대시킨다.
  ㉡ 장비의 후진 시 필요로 한다.
  ㉢ 시동 시 장비를 무부하 상태로 한다.
④ **변속장치에서 클러치의 필요성**
  ㉠ 관성운동을 하기 위해
  ㉡ 기어 변속 시 엔진의 동력을 차단하기 위해
  ㉢ 엔진 시동 시 엔진을 무부하 상태로 만들기 위해

▌ 동력전달장치의 구조 및 기능

① **동력전달장치의 정의** : 엔진에서 발생한 동력을 지게차가 주행할 수 있도록 알맞게 속도를 변환시켜 구동바퀴에 그 힘을 전달하는 장치이다.
② **동력전달장치의 구조**
  ㉠ 엔 진
  ㉡ 구동축(액슬)
  ㉢ 변속기(트랜스미션)
  ㉣ 유압기어펌프
  ㉤ 토크컨버터 : 엔진의 동력을 터빈 샤프트를 거쳐 클러치 샤프트로 전달한다.

③ 차동기어장치(Differential Gear)
  ㉠ 지게차의 선회를 원활하게 하는 장치
  ㉡ 자동차가 울퉁불퉁한 요철 부분을 지나갈 때 서로 달라지는 좌우 바퀴의 회전수를 적절히 분해하여 구동시키는 장치로, 직교하는 사각구조의 베벨기어를 차동기어 열에 적용한 장치이다.

[차동기어장치]

④ 토크컨버터의 구성
  ㉠ 임펠러 : 입력축인 엔진과 직결되어 엔진과 같은 회전수로 회전하는 펌프의 일종이다.
  ㉡ 단방향 클러치 : 터빈의 회전력이 커지면 오일의 방향이 바뀌면서 스테이터의 뒷면에 부딪쳐 펌프의 회전을 방해하는데, 이것을 방지하기 위한 장치이다.
  ㉢ 스테이터 : 임펠러와 터빈 사이에 장착되며, 오일의 흐름 방향을 바꾸고 회전력을 증대시켜서 동력을 터빈으로 전달한다.
  ㉣ 터빈 : 스테이터의 동력을 출력축에 전달한다.

⑤ 토크컨버터와 유체클러치의 주요 구성요소

구 분	토크컨버터	유체클러치
구성요소	펌프(임펠러), 터빈, 스테이터	펌프(임펠러), 터빈

⑥ 용어 정리

용 어	내 용
자재 이음(유니버설 조인트)	추진축의 각도 변화를 가능하게 하는 이음
클러치 디스크	플라이휠과 압력판 사이에 설치되어 있으며, 변속기 압력축을 통해 변속기에 동력을 전달하는 장치
수동변속기 클러치판	수동변속기가 장착된 동력전달장치의 클러치판은 변속기 입력축 스플라인에 장착됨

■ 제동장치의 구조 및 기능

① 제동장치(Brake)의 정의 : 움직이는 기계장치의 속도를 줄이거나 정지시키는 장치로 마찰력을 이용하여 운동에너지를 열에너지로 변환시킨다.
② 제동장치의 구조
  ㉠ 딥스틱(Dipstick)
  ㉡ 온도센서
  ㉢ 컨트롤 밸브
  ㉣ 변속기(트랜스미션) 오일 필터
  ㉤ 브레이크 라인 에어 브리더
③ 제동장치의 구비조건
  ㉠ 신뢰성이 클 것
  ㉡ 내구성이 클 것
  ㉢ 마찰력이 좋을 것
  ㉣ 정비와 점검이 편할 것
  ㉤ 제동이 정확하고, 효과가 클 것

④ 제동방식의 분류
　㉠ 유압식 브레이크
　㉡ 전자식 브레이크
　㉢ 공기식 브레이크
　㉣ 배력식 브레이크
　㉤ 하이드로 백

■ 현가장치의 구조 및 기능
① 현가장치(Suspension System) : 자동차가 주행하는 동안 노면으로부터 전달되는 충격이나 진동을 완화시켜 바퀴와 노면과의 접착력을 향상시키고 승차감을 높여 주는 장치로 차축과 차체 사이에 설치된다.
② 현가장치의 구성 : 스프링(원통 코일 스프링), 쇼크 업소버(Shock Absorber), 스태빌라이저
③ 현가장치가 갖추어야 할 기능
　㉠ 주행 안정성이 있어야 한다.
　㉡ 구동력 및 제동력 발생 시 적당한 강성이 있어야 한다.
　㉢ 차체의 안정성을 위해 원심력이 발생되지 않도록 해야 한다.
　㉣ 승차감의 향상을 위해 상하 움직임에 적당한 유연성이 있어야 한다.
④ 현가장치의 종류
　㉠ 일체 차축식 현가장치(Rigid Axle Suspension, 일체식 현가장치)
　㉡ 독립식 현가장치(Independent Suspension)
　　• 위시본식 현가장치(Wishbone Type Suspension)
　　• 맥퍼슨식 현가장치(Mcpherson Type Suspension)

[05] 지게차 유압장치

■ 유체의 정의 및 분류
① 유체의 정의
　㉠ 유체 : 기체나 액체를 하나의 용어로 부르는 말
　㉡ 압축성 유체 : 기체는 외부 압력을 받으면 그 부피가 줄어든다. 이를 압축성 유체라 한다.
　㉢ 비압축성 유체 : 액체는 외부 압력을 받으면 그 부피가 거의 줄어들지 않는다. 이를 비압축성 유체라 한다.
② 유체의 분류

유체(流體) ─┬─ 유체(油體) - 유압(油壓) - 액체 - 비압축성
　　　　　 └─ 기체(氣體) - 공압(空壓) - 기체 - 압축성

③ 유압(油壓)과 공압(空壓, 기압)의 응답속도(반응속도) : 액체 > 기체
④ 유압의 장단점

장 점	단 점
• 응답성이 우수하다. • 일정한 힘과 토크를 낼 수 있다. • 소형장치로 큰 힘을 발생시킨다. • 무단변속이 가능하며, 원격제어가 가능하다.	• 고압이므로 위험하다. • 기름이 누설될 우려가 있다. • 작은 이물질에 영향을 크게 받는다. • 유체의 온도에 따라 속도나 성능이 변한다.

⑤ 유압장치의 구성요소
  ㉠ 동력 발생원 : 유압펌프, 유압모터
  ㉡ 유압 발생부 : 유압펌프, 유압모터, 오일탱크
  ㉢ 유압 청정부 : 여과기
  ㉣ 유압 제어부 : 유량제어, 압력제어, 방향제어
  ㉤ 부속장치 : 오일냉각기, 가열기, 축압기 등
  ㉥ 유압 작동부 : 액추에이터(유압모터, 유압실린더 등)

⑥ 공유압 기호

유압동력원	공압동력원	유압펌프	공기압 모터	전동기	필 터

회전형 전기 액추에이터	가변용량형 유압펌프	정용량형 펌프

유압 파일럿(내부)	유압 파일럿(외부)	단동 실린더	단동식 양로드형

복동식 편로드형	복동 실린더 양로드형	오일탱크	공기탱크	소음기

⑦ 축압기
  ㉠ 축압기의 역할 : 유압펌프에서 발생한 유압을 저장하고, 맥동을 제거한다.
  ㉡ 축압기의 종류 : 공기 압축형-피스톤식(Piston Type), 다이어프램식(Diaphragm Type), 블래더식(Bladder Type)

■ 유압펌프의 구조 및 기능
① **유압펌프의 정의** : 공압 대신 유압을 에너지원으로 사용하는 펌프로 유압에너지를 기계적 에너지로 변환시키는 기계장치이다.
② **유압펌프의 분류**

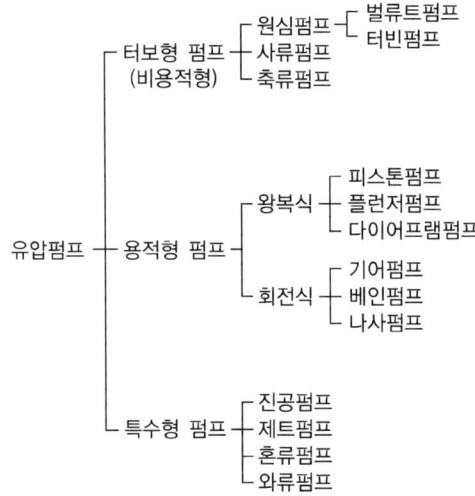

㉠ 원심펌프 : 원통을 중심으로 축을 회전시킬 때, 유체가 원심력을 받아서 중심 부분의 압력이 낮아지고, 중심에서 먼 곳의 압력은 높아지는 원리를 이용하여 유체를 송출한다. 날개(임펠러)를 회전시켜 유체에 원심력으로 인한 에너지를 줌으로써 유체를 낮은 곳에서 높은 곳으로 끌어올릴 수 있도록 한 펌프이다. 그 종류에는 속도에너지를 압력에너지로 변환하는 방법에 따라 벌류트펌프와 터빈펌프가 있다.

㉡ 베인펌프 : 회전자인 로터(Rotor)에 방사형으로 설치된 베인(Vane, 깃)이 캠링의 내부를 회전하면서 베인과 캠링 사이에 폐입된 유체를 흡입구에서 출구로 송출하는 펌프이다. 유량이 일정하므로 용석형 펌프에 속한다.

㉢ 기어펌프 : 2개의 맞물리는 기어를 케이싱 안에서 회전시켜 유압을 발생시키는 기어로 구조가 간단해서 많이 사용되는 기어이다.

㉣ 피스톤펌프 : 피스톤과 플런저의 구분은 작동부 단면이 연결부보다 크면 피스톤이고, 연결부의 끝부분이 작동부가 되면 플런저이다. 피스톤이나 플런저 작동부의 왕복운동에 의해 펌프를 작동시키는 펌프로 고압이나 고속 펌프에 적합하다.

㉤ 나사펌프 : 나사와 케이싱 사이의 홈으로 유체를 압축시켜 유압을 발생시키는 펌프로 장기간 사용해도 성능 저하가 적은 펌프이다.

③ **펌프의 3요소** : 송출유량(m^3/min), 양정(m), 회전수(rpm)
④ **유압펌프 관련 이론**
  ㉠ 파스칼의 원리
  ㉡ 폐입현상

ⓒ 펌프의 이론동력(L)을 구하는 식

$L = pQ$
$\quad = rHQ, \ p = rH$를 대입
$\quad = \rho g HQ, \ r = \rho g$를 대입
$\quad = 1,000 \times 9.8 HQ = 9,800 QH(\text{W}) = 9.8 QH(\text{kW})$

(여기서, p : 유체의 압력, Q : 유량)

ⓔ 유압펌프의 토출량을 나타내는 단위 LPM = L/min(유량의 분당 리터를 나타내는 단위)

■ 유압실린더 및 유압모터의 구조 및 기능

① 유압실린더
  ㉠ 유압실린더의 정의 : 유압에너지를 이용하여 직선형의 이동운동을 발생시키는 유압기기
  ㉡ 유압실린더의 종류
    • 복동식 실린더 싱글로드형
    • 복동식 실린더 더블로드형
    • 단동식 실린더 플런저형
    • 단동식 실린더 피스톤형
    • 단동식 실린더 램형
    • 복동식 실린더 램형
  ㉢ 유압실린더의 움직임이 느리거나 불규칙할 때의 원인
    • 피스톤링이 마모되었다.
    • 유압유의 점도가 너무 높다.
    • 회로 내에 공기가 혼입되어 있다.
  ㉣ 유압실린더를 교환하였을 경우 조치해야 할 작업
    • 누유 점검
    • 공기빼기 작업
    • 시운전하여 작동상태 점검

② 유압모터
  ㉠ 유압모터의 정의 : 유압에너지를 기계적 에너지로 변화시켜서 회전운동을 발생시키는 유압기기로 구동방식에 따라 기어모터, 베인모터, 피스톤모터로 분류한다. 유압에너지를 기계적 일로 변환한다.
  ㉡ 유압모터의 종류 : 기어모터, 베인모터, 레이디얼 플런지모터, 액시얼 플런저모터, 요동모터
  ㉢ 유압모터의 회전속도가 규정 속도보다 느릴 경우의 원인
    • 오일의 내부누설
    • 유압유의 유입량 부족
    • 각 작동부의 마모 또는 파손

▍유압밸브의 구조 및 기능

① **유압밸브의 정의** : 관로 내부에서 유체가 흐를 때 압력이나 방향, 유량이나 흐름의 정지를 위해 사용하는 부속장치로 배관에 부착되어 사용된다.
② **밸브의 분류**
  ㉠ 압력제어밸브 : 릴리프밸브, 감압밸브, 카운터밸런스밸브, 시퀀스밸브, 무부하밸브
  ㉡ 유량제어밸브 : 유량제어밸브, 교축밸브
  ㉢ 방향제어밸브 : 체크밸브, 셔틀밸브, 스풀밸브, 방향전환밸브
③ **채터링 현상** : 유압계통에서 릴리프밸브의 스프링 장력이 약화될 때 발생될 수 있는 현상으로 볼이 밸브의 시트를 때려 소음을 발생시키는 현상
④ **캐비테이션(공동현상)의 특징** : 소음 증가, 공동현상, 오일탱크의 오버플로

▍유압탱크의 구조 및 기능

① **유압탱크의 기능**
  ㉠ 오일의 저장
  ㉡ 오일의 역류 방지
  ㉢ 오일온도 조정(방열)
  ㉣ 계통 내의 필요한 유량 확보
  ㉤ 배플(Baffle)에 의해 기포발생 방지 및 소멸
  ㉥ 탱크 외벽의 방열에 의해 적정온도 유지
② **유압탱크의 구비조건**
  ㉠ 적당한 크기의 주유구 및 스트레이너를 설치한다.
  ㉡ 드레인(배출 밸브) 및 유면계를 설치한다.
  ㉢ 오일에 이물질이 혼입되지 않도록 밀폐되어야 한다.

▍유압유의 기능

① **유압장치의 일상점검 항목**
  ㉠ 오일의 양 점검
  ㉡ 변질상태 점검
  ㉢ 오일의 누유 여부 점검
② **작동유의 적정온도** : 유압회로에서 작동유의 적정온도는 45~80℃이다.
③ **유압 오일의 온도 상승에 따른 불량현상**
  ㉠ 점도 저하
  ㉡ 펌프효율 저하
  ㉢ 밸브류의 기능 저하
④ **유압장치의 수명 연장** : 유압장치 수명 연장의 가장 중요한 요소는 오일량 점검 및 필터 교환이다.

CHAPTER 03 지게차 작업

■ **화물의 무게중심 확인**
① 무게중심의 정의 : 물체의 각 부분에 작용하는 중력을 합한 합력의 작용점으로, 질량중심이라고도 한다.
② 적재 및 하역 시 : 화물을 적재·하역할 때에는 가장 먼저 화물의 중량과 무게중심을 확인해야 한다.
③ 지게차에 작용하는 화물의 무게중심 : 지게차의 포크에 화물을 실으면 지게차의 앞바퀴를 중심으로 앞으로 회전하려는 모멘트가 발생한다. 따라서 지게차의 뒷부분에 카운터웨이트(무게중심추)를 장착시켜서 발생한 모멘트를 상쇄시킨다. 이때 화물의 무게중심 위치에 따라 발생하는 모멘트가 다르므로 화물을 취급할 때에는 무게중심을 고려해서 포크에 실어야 한다.

■ **화물의 운반 작업과 상차 및 하역 작업**
① 지게차의 적재방법
  ㉠ 화물을 올릴 때는 포크를 수평으로 한다.
  ㉡ 포크로 물건을 찌르거나 물건을 끌어서 올리지 않는다.
  ㉢ 화물을 올릴 때는 가속페달을 밟는 동시에 레버를 조작한다.
  ㉣ 화물의 무게중심을 맞추기 위해 카운터웨이트를 지게차의 뒷부분에 장착한다.
② 지게차를 운전하여 화물 운반 시 주의사항
  ㉠ 노면이 좋지 않을 때는 저속으로 운행한다.
  ㉡ 경사지 운전 시 화물을 위쪽으로 향하도록 한다.
  ㉢ 노면에서 약 20~30cm 상승 후 이동한다.
③ 화물의 하역 순서
  ㉠ 화물의 바로 앞에서 지게차 속도를 감속한다.
  ㉡ 화물 앞에 접근하였을 때에는 일단정지한다.
  ㉢ 적재된 화물의 붕괴나 다른 위험이 없는지 확인한다.
  ㉣ 마스트는 수직, 포크는 수평으로 하여 팰릿의 스키드 위치까지 상승시킨다.
  ㉤ 포크를 꽂을 위치를 확인한 후 정면으로 천천히 꽂는다.
  ㉥ 포크를 꽂은 후 5~10cm 들어 올리고, 팰릿과 스키드를 10~20cm 정도 앞으로 당겨서 일단 내린다.
  ㉦ 다시 한번 포크를 끝까지 깊숙이 꽂아 넣고, 화물이 포크의 수직 전면 또는 백레스트에 가볍게 접촉하면 상승시킨다.
  ㉧ 화물을 상승시킨 후 안전하게 내릴 수 있는 위치로 이동하고 다시 화물을 천천히 내린다.
  ㉨ 지상으로부터 5~10cm의 높이까지 내리고, 마스트를 충분히 뒤로 기울인 후 포크를 바닥에서 약 15~20cm의 위치에 놓고 목적하는 장소로 운반한다.

④ 포크 삽입 방법
  ㉠ 포크를 팰릿 너비에 맞게 조정한다.
  ㉡ 포크의 길이는 화물의 2/3 이상이어야 한다.
  ㉢ 포크를 직각으로 만든 후 화물에 천천히 접근시킨다.

■ 운전시야 확보
① 운전시야를 확보하는 방법
  ㉠ 작업장의 위험요소를 미리 파악한다.
  ㉡ 보조자의 도움으로 운행동선을 확인할 수 있다.
  ㉢ 시야확보가 불가능할 때는 후진으로 주행한다.
  ㉣ 운전 중 주행방향이 보이지 않을 때는 정지하고 확인한다.
  ㉤ 주행 중 작업자와 보행자의 안전거리를 확보하여 접촉사고를 예방한다.
② 지게차 작업 공간의 확보기준
  ㉠ 지게차 1대가 지나는 운행경로의 폭 : 지게차 1대의 최대 폭에서 +60cm 이상
  ㉡ 지게차 2대가 지나는 운행경로의 폭 : 지게차 2대의 최대 폭(2대의 폭 합산)에서 +90cm 이상

CHAPTER 04 지게차 도로주행

[01] 도로주행 시 준수사항

■ 긴급자동차의 우선 통행(도로교통법 제29조)

① 교차로나 그 부근에서 긴급자동차가 접근하는 경우에는 차마와 노면전차의 운전자는 교차로를 피하여 일시정지하여야 한다.
② 모든 차와 노면전차의 운전자는 ①에 따른 곳 외의 곳에서 긴급자동차가 접근한 경우에는 긴급자동차가 우선 통행할 수 있도록 진로를 양보하여야 한다.
③ 고속도로 진입 시의 우선순위(도로교통법 제65조) : 자동차(긴급자동차는 제외)의 운전자는 고속도로에 들어가려고 하는 경우에는 그 고속도로를 통행하고 있는 다른 자동차의 통행을 방해하여서는 아니 되며, 긴급자동차 외의 자동차의 운전자는 긴급자동차가 고속도로에 들어가는 경우에는 그 진입을 방해하여서는 아니 된다.

■ 신호 또는 지시에 따를 의무(도로교통법 제5조 제2항)

도로를 통행하는 보행자, 차마 또는 노면전차의 운전자는 교통안전시설이 표시하는 신호 또는 지시와 교통정리를 하는 경찰공무원 또는 경찰보조자(경찰공무원 등)의 신호 또는 지시가 서로 다른 경우에는 경찰공무원 등의 신호 또는 지시에 따라야 한다.

■ 도로교통법에 따라 도로를 주행할 때의 준수사항

① 신호를 준수하며 운전할 것
② 안전속도를 준수하며 방어 운전할 것
③ 노면의 장애물을 확인하며, 안전 운전할 것
④ 야간 운행 시 전조등이나 경광등을 점등할 것
⑤ 지게차에 형광 및 반사판 등 안전부착물을 부착할 것
⑥ 보행자 보호 및 타 차량에 대하여 양보 운전을 할 것
⑦ 차선을 준수하여 우측 끝 차선으로 운전할 것
⑧ 안전을 위하여 운전석에는 운전자만 탑승하고 운전할 것
⑨ 마스트 장치로 인하여 발생하는 사각지대의 시야를 확보할 것
⑩ 안전주행을 위하여 도로주행 시 포크의 끝부분이 보행자의 안전을 고려하도록 횡단보도 정지선을 준수하여 정지할 것

■ 도로주행 시 지게차 준수사항

① 노면의 상태에 충분한 주의를 하여야 한다.
② 포크의 끝을 올려서 안으로 경사지게 한다.
③ 화물 적재공간에 사람을 태워서는 안 된다.
④ 주행 시 포크 높이는 지면으로부터 약 20cm 정도 들어 올린다.
⑤ 짐을 싣고 주행할 때는 절대로 속도를 내서는 안 된다.

■ 교차로 통행

① 지게차의 교차로 통행방법
  ㉠ 교차로에서는 다른 차를 앞지르지 못한다(도로교통법 제22조 제3항 제1호).
  ㉡ 교차로에서는 우회전할 때 서행해야 한다(도로교통법 제25조 제1항).
  ㉢ 좌회전할 때는 교차로의 중심 안쪽으로 서행한다(도로교통법 제25조 제2항).
  ㉣ 교통정리를 하고 있지 아니하는 교차로에서 좌회전하려고 하는 차의 운전자는 그 교차로에서 직진하거나 우회전하려는 다른 차가 있을 때에는 그 차에 진로를 양보하여야 한다(도로교통법 제26조 제4항).
  ㉤ 교차로에서는 정차하지 못한다(도로교통법 제32조 제1호).
  ㉥ 좌·우회전할 때 방향지시기 등으로 신호해야 한다(도로교통법 시행령 [별표 2]).
② 교차로나 그 부근에서 긴급자동차가 접근하는 경우에는 교차로를 피하여 일시정지하여야 한다(도로교통법 제29조 제4항).
③ 교차로에서 황색등화 시 운전조치(도로교통법 시행규칙 [별표 2])
  ㉠ 차마는 정지선이 있거나 횡단보도가 있을 때에는 그 직전이나 교차로의 직전에 정지하여야 하며, 이미 교차로에 차마의 일부라도 진입한 경우에는 신속히 교차로 밖으로 진행하여야 한다.
  ㉡ 차마는 우회전할 수 있고, 우회전하는 경우에는 보행자의 횡단을 방해하지 못한다.

■ 도로에서 지게차 고장 시 응급대처 방법

① 시동이 꺼졌을 때에는 후면 안전거리에 고장표시판을 설치한 후 고장 내용을 점검한다.
② 제동불량 시 안전주차하고 후면 안전거리에 고장표시판을 설치한 후 고장 내용을 점검한다.
③ 타이어 펑크 시 안전주차하고 후면 안전거리에 고장표시판을 설치 후 정비사에게 지원을 요청한다.
④ 전·후진 주행장치 고장 시 안전주차하고 후면 안전거리에 고장표시판을 설치 후 견인 조치를 의뢰한다.
⑤ 마스트 유압라인 고장 시 안전주차하고 후면 안전거리에 고장표시판을 설치한 후 포크를 마스트에 고정하여 응급 운행할 수 있다.

■ 지게차 전진 및 후진 시 유의사항

① 작업 진행 시 적재된 화물의 낙하에 주의하며, 제한속도를 준수하여 주행해야 한다.
② 후진작업 시 후사경과 후진경고음을 확인하며, 노면과 주변 상황에 따라 주행해야 한다.

[02] 도로교통법

▌ 정차 및 주차의 금지(법 제32조)

① 교차로·횡단보도·건널목이나 보도와 차도가 구분된 도로의 보도(주차장법에 따라 차도와 보도에 걸쳐서 설치된 노상주차장은 제외)
② 교차로의 가장자리나 도로의 모퉁이로부터 5m 이내인 곳
③ 안전지대가 설치된 도로에서는 그 안전지대의 사방으로부터 각각 10m 이내인 곳
④ 버스여객자동차의 정류지임을 표시하는 기둥이나 표지판 또는 선이 설치된 곳으로부터 10m 이내인 곳. 다만, 버스여객자동차의 운전자가 그 버스여객자동차의 운행시간 중에 운행노선에 따르는 정류장에서 승객을 태우거나 내리기 위하여 차를 정차하거나 주차하는 경우에는 제외
⑤ 건널목의 가장자리 또는 횡단보도로부터 10m 이내인 곳
⑥ 다음의 곳으로부터 5m 이내인 곳
　㉠ 소방기본법에 따른 소방용수시설 또는 비상소화장치가 설치된 곳
　㉡ 소방시설 설치 및 관리에 관한 법률에 따른 소방시설로서 대통령령으로 정하는 시설이 설치된 곳
⑦ 시·도경찰청장이 도로에서의 위험을 방지하고 교통의 안전과 원활한 소통을 확보하기 위하여 필요하다고 인정하여 지정한 곳
⑧ 시장 등이 지정한 어린이 보호구역

▌ 주차 금지의 장소(법 제33조)

① 터널 안 및 다리 위
② 다음의 곳으로부터 5m 이내인 곳
　㉠ 도로공사를 하고 있는 경우에는 그 공사 구역의 양쪽 가장자리
　㉡ 다중이용업소의 안전관리에 관한 특별법에 따른 다중이용업소의 영업장이 속한 건축물로 소방본부장의 요청에 의하여 시·도경찰청장이 지정한 곳
③ 시·도경찰청장이 도로에서의 위험을 방지하고 교통의 안전과 원활한 소통을 확보하기 위하여 필요하다고 인정하여 지정한 곳

▌ 앞지르기 금지의 장소(법 제22조 제3항)

① 교차로
② 터널 안
③ 다리 위
④ 도로의 구부러진 곳, 비탈길의 고갯마루 부근 또는 가파른 비탈길의 내리막 등 시·도경찰청장이 도로에서의 위험을 방지하고 교통의 안전과 원활한 소통을 확보하기 위하여 필요하다고 인정하는 곳으로서 안전표지로 지정한 곳

■ 승차 또는 적재의 방법과 제한(법 제39조 제1항)

모든 차의 운전자는 승차 인원, 적재중량 및 적재용량에 관해 대통령령으로 정하는 운행상의 안전기준을 넘어서 승차하거나 적재한 상태에서 운전을 하기 위해서는 출발지를 관할하는 경찰서장의 허가를 받아야 한다.

■ 도로교통법상 교통안전표지의 종류(시행규칙 제8조)
① **주의표지** : 도로상태가 위험하거나 도로 또는 그 부근에 위험물이 있는 경우에 필요한 안전조치를 할 수 있도록 이를 도로사용자에게 알리는 표지
② **규제표지** : 도로교통의 안전을 위하여 각종 제한·금지 등의 규제를 하는 경우에 이를 도로사용자에게 알리는 표지
③ **지시표지** : 도로의 통행방법·통행구분 등 도로교통의 안전을 위하여 필요한 지시를 하는 경우에 도로사용자가 이에 따르도록 알리는 표지
④ **보조표지** : 주의표지·규제표지 또는 지시표지의 주기능을 보충하여 도로사용자에게 알리는 표지
⑤ **노면표시** : 도로교통의 안전을 위하여 각종 주의·규제·지시 등의 내용을 노면에 기호·문자 또는 선으로 도로사용자에게 알리는 표지

■ 음주운전의 처벌 기준(법 제148조의2)

구 분		기 준
위 반	0.03% 이상 0.08% 미만	1년 이하의 징역이나 500만원 이하의 벌금
	0.08% 이상 0.2% 미만	1년 이상 2년 이하의 징역이나 500만원 이상 1천만원 이하의 벌금
	0.2% 이상	2년 이상 5년 이하의 징역이나 1천만원 이상 2천만원 이하의 벌금
	음주 측정거부	1년 이상 5년 이하의 징역이나 500만원 이상 2천만원 이하의 벌금
형 확정 날부터 10년 내 위반 시	0.03% 이상 0.2% 미만	1년 이상 5년 이하의 징역이나 500만원 이상 2천만원 이하의 벌금
	0.2% 이상	2년 이상 6년 이하의 징역이나 1천만원 이상 3천만원 이하의 벌금
	음주 측정거부	1년 이상 6년 이하의 징역이나 500만원 이상 3천만원 이하의 벌금

■ 벌점의 누산점수 초과로 인한 면허취소 기준(시행규칙 [별표 28])

기 간	1년	2년	3년
벌점 또는 누산점수	121점 이상	201점 이상	271점 이상

※ 1회 위반·사고로 인한 벌점 또는 연간 누산점수가 표의 벌점 또는 누산점수에 도달한 때에 그 운전면허를 취소한다.

■ 준수사항에 따른 도로교통법 사례
　① 도로의 중앙선이 황색실선과 황색점선의 복선으로 설치된 때 : 점선 쪽에서만 중앙선을 넘어서 앞지르기를 할 수 있음
　② 서행해야 할 장소(법 제31조 제1항)
　　㉠ 교통정리를 하고 있지 아니하는 교차로
　　㉡ 도로가 구부러진 부근
　　㉢ 비탈길의 고갯마루 부근
　　㉣ 가파른 비탈길의 내리막
　　㉤ 시·도경찰청장이 도로에서의 위험을 방지하고 교통의 안전과 원활한 소통을 확보하기 위하여 필요하다고 인정하여 안전표지로 지정한 곳
　③ 최고속도의 100분의 20을 줄인 속도로 운행하여야 하는 경우(시행규칙 제19조)
　　㉠ 비가 내려 노면이 젖어 있는 경우
　　㉡ 눈이 20mm 미만 쌓인 경우
　④ 최고속도의 100분의 50을 줄인 속도로 운행하여야 하는 경우
　　㉠ 노면이 얼어붙은 경우
　　㉡ 눈이 20mm 이상 쌓인 경우
　　㉢ 폭우·폭설·안개 등으로 가시거리가 100m 이내인 경우
　⑤ 도로교통법에 의한 통고처분의 수령을 거부하거나 범칙금을 기간 안에 납부하지 못한 자의 처리 : 즉결심판에 회부됨
　⑥ 밤에 도로에서 자동차를 주정차할 때 켜야 하는 등화(시행령 제19조 제2항) : 미등 및 차폭등
　⑦ 교차로에서 차마의 정지선 : 백색실선

■ 도로교통법 용어
　① **주차** : 운전자가 승객을 기다리거나 화물을 싣거나 차가 고장나거나 그 밖의 사유로 차를 계속 정지 상태에 두는 것 또는 운전자가 차에서 떠나서 즉시 그 차를 운전할 수 없는 상태에 두는 것을 말한다.
　② **정차** : 운전자가 5분을 초과하지 아니하고 차를 정지시키는 것으로서 주차 외의 정지 상태를 말한다.
　③ **안전거리** : 같은 방향으로 가고 있는 앞차가 갑자기 정지하게 되는 경우, 그 앞차와의 충돌을 피할 수 있는 거리로 정지거리보다 약간 긴 정도의 거리를 말한다.
　④ **정지거리** : 공주거리와 제동거리의 합으로, 운전자가 위험을 느끼고 제동되기 전까지 주행한 거리(공주거리)와 제동되기 시작하여 정지될 때까지 주행한 거리(제동거리)의 합을 말한다.

■ 운전면허의 종류 및 운전가능 범위(시행규칙 [별표 18])

종류		운전가능범위
제1종	대형면허	• 승용자동차 • 승합자동차 • 화물자동차 • 건설기계[덤프트럭, 아스팔트살포기, 노상안정기, 콘크리트믹서트럭, 콘크리트펌프, 천공기(트럭적재식), 콘크리트믹서트레일러, 아스팔트콘크리트재생기, 도로보수트럭, 3t 미만의 지게차] • 특수자동차[대형견인차, 소형견인차 및 구난차(구난차 등)는 제외] • 원동기장치자전거
	보통면허	• 승용자동차 • 승차정원 15명 이하의 승합자동차 • 적재중량 12t 미만의 화물자동차 • 건설기계(도로를 운행하는 3t 미만의 지게차로 한정) • 총중량 10t 미만의 특수자동차(구난차 등은 제외) • 원동기장치자전거
	소형면허	• 3륜화물자동차 • 3륜승용자동차 • 원동기장치자전거
	특수면허	• 대형견인차(견인형 특수자동차, 제2종 보통면허로 운전할 수 있는 차량) • 소형견인차(총중량 3.5t 이하의 견인형 특수자동차, 제2종 보통면허로 운전할 수 있는 차량) • 구난차(구난형 특수자동차, 제2종 보통면허로 운전할 수 있는 차량)
제2종	보통면허	• 승용자동차 • 승차정원 10명 이하의 승합자동차 • 적재중량 4t 이하의 화물자동차 • 총중량 3.5t 이하의 특수자동차(구난차 등은 제외) • 원동기장치자전거
	소형면허	• 이륜자동차(운반차 포함) • 원동기장치자전거
	원동기장치자전거면허	원동기장치자전거

[03] 도로표지판(도로교통법 시행규칙 [별표 6])

■ 주의표지

회전형교차로표지	2방향통행표지	노면고르지못함표지	위험표지

규제표지

통행금지표지	진입금지표지	직진금지표지	앞지르기금지표지	정차·주차금지표지
통행금지	진입금지			주정차금지
차중량제한표지	차높이제한표지	차폭제한표지	최저속도제한표지	일시정지표지
5.5t	3.5m	2.2m	30	정지 STOP

지시표지

회전교차로표지	일방통행표지	비보호좌회전표지	통행우선표지
	일방통행	비보호	

보조표지

거리표지	안전속도표지	통행규제표지	통행주의표지
100m 앞부터	안전속도 30	건너가지 마시오	속도를 줄이시오
충돌주의표지	중량표지	노폭표지	해제표지
충 돌 주 의	3.5t	3.5m	해 제

노면표시

좌회전, 직진, 우회전금지표시	직진 및 좌회전, 직진 및 우회전금지표시	정차·주차금지표시	서행표시
			천천히

일시정지표시	양보표시	정차금지지대표시	진행방향표시
정지	양보		

[04] 건설기계관리법

건설기계(Construction Equipment)의 정의(법 제2조 제1항 제1호)
건설공사에 사용할 수 있는 기계로서 대통령령으로 그 종류를 정한다.

대통령령으로 정한 건설기계(시행령 [별표 1])

건설기계명	범위
① 불도저	무한궤도 또는 타이어식인 것
② 굴착기	무한궤도 또는 타이어식으로 굴착장치를 가진 자체중량 1t 이상인 것
③ 로더	무한궤도 또는 타이어식으로 적재장치를 가진 자체중량 2t 이상인 것(단, 차체굴절식 조향장치가 있는 자체중량 4t 미만인 것은 제외)
④ 지게차	타이어식으로 들어올림장치와 조종석을 가진 것(단, 전동식으로 솔리드타이어를 부착한 것 중 도로가 아닌 장소에서만 운행하는 것은 제외)
⑤ 스크레이퍼	흙·모래의 굴착 및 운반장치를 가진 자주식인 것
⑥ 덤프트럭	적재용량 12t 이상인 것(단, 적재용량 12t 이상 20t 미만의 것으로 화물운송에 사용하기 위하여 자동차관리법에 의한 자동차로 등록된 것을 제외)
⑦ 기중기	무한궤도 또는 타이어식으로 강재의 지주 및 선회장치를 가진 것[궤도(레일)식인 것은 제외]
⑧ 모터그레이더	정지장치를 가진 자주식인 것
⑨ 롤러	조종석과 전압장치를 가진 자주식인 것, 피견인 진동식인 것
⑩ 노상안정기	노상안정장치를 가진 자주식인 것

건설기계명	범 위
⑪ 콘크리트배칭플랜트	골재저장통·계량장치 및 혼합장치를 가진 것으로서 원동기를 가진 이동식인 것
⑫ 콘크리트피니셔	정리 및 사상장치를 가진 것으로 원동기를 가진 것
⑬ 콘크리트살포기	정리장치를 가진 것으로 원동기를 가진 것
⑭ 콘크리트믹서트럭	혼합장치를 가진 자주식인 것(재료의 투입·배출을 위한 보조장치가 부착된 것을 포함)
⑮ 콘크리트펌프	콘크리트배송능력이 5m³/h 이상으로 원동기를 가진 이동식과 트럭적재식인 것
⑯ 아스팔트믹싱플랜트	골재공급장치·건조가열장치·혼합장치·아스팔트공급장치를 가진 것으로 원동기를 가진 이동식인 것
⑰ 아스팔트피니셔	정리 및 사상장치를 가진 것으로 원동기를 가진 것
⑱ 아스팔트살포기	아스팔트살포장치를 가진 자주식인 것
⑲ 골재살포기	골재살포장치를 가진 자주식인 것
⑳ 쇄석기	20kW 이상의 원동기를 가진 이동식인 것
㉑ 공기압축기	공기배출량이 2.83m³/min(매 cm²당 7kg 기준) 이상의 이동식인 것
㉒ 천공기	천공장치를 가진 자주식인 것
㉓ 항타 및 항발기	원동기를 가진 것으로 해머 또는 뽑는 장치의 중량이 0.5t 이상인 것
㉔ 자갈채취기	자갈채취장치를 가진 것으로 원동기를 가진 것
㉕ 준설선	펌프식·버킷식·디퍼식 또는 그래브식으로 비자항식인 것(단, 선박법에 따른 선박으로 등록된 것은 제외)
㉖ 특수건설기계	①부터 ⑮까지의 규정 및 ㉗에 따른 건설기계와 유사한 구조 및 기능을 가진 기계류로서 국토교통부장관이 따로 정하는 것
㉗ 타워크레인	수직타워의 상부에 위치한 지브(Jib)를 선회시켜 중량물을 상하, 전후 또는 좌우로 이동시킬 수 있는 것으로서 원동기 또는 전동기를 가진 것(단, 산업집적활성화 및 공장설립에 관한 법률 제16조에 따라 공장등록대장에 등록된 것은 제외)

건설기계조종사면허의 종류(시행규칙 [별표 21])

면허의 종류	조종할 수 있는 건설기계
① 불도저	불도저
② 5t 미만의 불도저	5t 미만의 불도저
③ 굴착기	굴착기
④ 3t 미만의 굴착기	3t 미만의 굴착기
⑤ 로 더	로 더
⑥ 3t 미만의 로더	3t 미만의 로더
⑦ 5t 미만의 로더	5t 미만의 로더
⑧ 지게차	지게차
⑨ 3t 미만의 지게차	3t 미만의 지게차
⑩ 기중기	기중기
⑪ 롤 러	롤러, 모터그레이더, 스크레이퍼, 아스팔트피니셔, 콘크리트피니셔, 콘크리트살포기 및 골재살포기
⑫ 이동식 콘크리트펌프	이동식 콘크리트펌프
⑬ 쇄석기	쇄석기, 아스팔트믹싱플랜트 및 콘크리트배칭플랜트
⑭ 공기압축기	공기압축기
⑮ 천공기	천공기(타이어식, 무한궤도식 및 굴진식을 포함. 단, 트럭적재식은 제외), 항타 및 항발기

면허의 종류	조종할 수 있는 건설기계
⑯ 5t 미만의 천공기	5t 미만의 천공기(트럭적재식은 제외)
⑰ 준설선	준설선 및 자갈채취기
⑱ 타워크레인	타워크레인
⑲ 3t 미만의 타워크레인	3t 미만의 타워크레인 중 세부규격에 적합한 타워크레인

■ **건설기계(지게차) 등록신청(법 제3조)** : 건설기계의 소유자가 대통령령으로 정하는 바에 따라 건설기계를 등록할 때에는 특별시장·광역시장·특별자치시장·도지사 또는 특별자치도지사(시·도지사)에게 건설기계 등록신청을 하여야 한다.

■ **건설기계사업의 등록(법 제21조 제1항)** : 건설기계사업을 하려는 자(지방자치단체는 제외)는 대통령령으로 정하는 바에 따라 사업의 종류별로 특별자치시장·특별자치도지사·시장·군수 또는 자치구의 구청장(시장·군수·구청장)에게 등록하여야 한다.

■ **국내에서 제작된 건설기계 등록 시 필요서류(시행령 제3조 제1항)**
  ① 건설기계의 출처를 증명하는 서류(건설기계제작증)
  ② 매수증서(행정기관으로부터 매수한 건설기계만)
  ③ 건설기계의 소유자임을 증명하는 서류(단, ① 또는 ②의 서류가 건설기계의 소유자임을 증명할 수 있는 경우 제외)
  ④ 건설기계제원표
  ⑤ 자동차손해배상 보장법 제5조에 따른 보험 또는 공제의 가입을 증명하는 서류

■ **건설기계의 등록 말소(법 제6조)**
시·도지사는 등록된 건설기계가 다음의 어느 하나에 해당하는 경우에는 그 소유자의 신청이나 시·도지사의 직권으로 등록을 말소할 수 있다. 다만, 다음의 ①, ⑤, ⑧(제34조의2 제2항에 따라 폐기한 경우로 한정) 또는 ⑫에 해당하는 경우에는 직권으로 등록을 말소하여야 한다.
  ① 거짓이나 그 밖의 부정한 방법으로 등록을 한 경우
  ② 건설기계가 천재지변 또는 이에 준하는 사고 등으로 사용할 수 없게 되거나 멸실된 경우
  ③ 건설기계의 차대(車臺)가 등록 시의 차대와 다른 경우
  ④ 건설기계가 건설기계안전기준에 적합하지 아니하게 된 경우
  ⑤ 정기검사 명령, 수시검사명령 또는 정비명령에 따르지 아니한 경우
  ⑥ 건설기계를 수출하는 경우
  ⑦ 건설기계를 도난당한 경우
  ⑧ 건설기계를 폐기한 경우
  ⑨ 건설기계해체재활용업을 등록한 자(건설기계해체재활용업자)에게 폐기를 요청한 경우

⑩ 구조적 제작 결함 등으로 건설기계를 제작자 또는 판매자에게 반품한 경우
⑪ 건설기계를 교육·연구 목적으로 사용하는 경우
⑫ 대통령으로 정하는 내구연한을 초과한 건설기계. 다만, 정밀진단을 받아 연장된 경우는 그 연장기간을 초과한 건설기계
⑬ 건설기계를 횡령 또는 편취당한 경우

■ **건설기계등록번호표의 표시내용(시행규칙 제13조)** : 기종, 용도, 등록번호

■ **건설기계(지게차) 검사(법 제13조 제1항)**
① 신규등록검사 : 건설기계를 신규로 등록할 때 실시하는 검사
② 정기검사 : 건설공사용 건설기계로서 3년의 범위에서 국토교통부령으로 정하는 검사유효기간이 끝난 후에 계속하여 운행하려는 경우에 실시하는 검사와 대기환경보전법 및 소음·진동관리법에 따른 운행차의 정기검사
  ※ 지게차는 1t 이상일 경우 정기검사 유효기간을 2년으로 한다. 다만, 신규등록일(수입된 중고건설기계의 경우에는 제작연도의 12월 31일)로부터 20년 초과 경과된 경우 검사유효기간은 1년으로 한다.
③ 구조변경검사 : 건설기계의 주요 구조를 변경하거나 개조한 경우 실시하는 검사
④ 수시검사 : 성능이 불량하거나 사고가 자주 발생하는 건설기계의 안전성 등을 점검하기 위하여 수시로 실시하는 검사와 건설기계 소유자의 신청을 받아 실시하는 검사

■ **건설기계의 구조변경 불가능 범위(시행규칙 제42조 단서)**
① 건설기계의 기종변경
② 육상작업용 건설기계규격의 증가
③ 적재함의 용량 증가를 위한 구조변경

■ **건설기계조종사면허 적성검사 기준(시행규칙 제76조 제1항)**
① 두 눈을 동시에 뜨고 잰 시력(교정시력을 포함)이 0.7 이상이고 두 눈의 시력이 각각 0.3 이상일 것
② 55dB(보청기를 사용하는 사람은 40dB)의 소리를 들을 수 있고, 언어분별력이 80% 이상일 것
③ 시각은 150° 이상일 것
④ 다음의 사유에 해당되지 아니할 것
  ㉠ 건설기계 조종상의 위험과 장해를 일으킬 수 있는 정신질환자 또는 뇌전증환자로서 국토교통부령으로 정하는 사람
  ㉡ 건설기계 조종상의 위험과 장해를 일으킬 수 있는 마약·대마·향정신성의약품 또는 알코올중독자로서 국토교통부령으로 정하는 사람

■ 국토교통부령으로 정하는 소형건설기계(시행규칙 제73조 제2항)

① 5t 미만의 불도저
② 5t 미만의 로더
③ 5t 미만의 천공기(트럭적재식은 제외)
④ 3t 미만의 지게차
⑤ 3t 미만의 굴착기
⑥ 3t 미만의 타워크레인
⑦ 공기압축기
⑧ 콘크리트펌프(이동식에 한정)
⑨ 쇄석기
⑩ 준설선

■ 대형건설기계의 범위(건설기계 안전기준에 관한 규칙 제2조 제33호)

대형건설기계란 다음의 어느 하나에 해당하는 건설기계를 말한다.
① 길이가 16.7m를 초과하는 건설기계
② 너비가 2.5m를 초과하는 건설기계
③ 높이가 4m를 초과하는 건설기계
④ 최소회전반경이 12m를 초과하는 건설기계
⑤ 총중량이 40t을 초과하는 건설기계(단, 굴착기, 로더 및 지게차는 운전중량이 40ton을 초과하는 경우를 말한다)
⑥ 총중량 상태에서 축하중이 10t을 초과하는 건설기계(단, 굴착기, 로더 및 지게차는 운전중량 상태에서 축하중이 10ton을 초과하는 경우를 말한다)

■ 건설기계 등록 및 검사

내용	기간
건설기계를 도난당한 날로부터 얼마 이내에 등록말소를 신청해야 하는가? (건설기계관리법 제6조 제2항 관련)	2개월 이내
검사에 불합격된 건설기계에 대해서는 ( ) 이내의 기간을 정하여 해당 건설기계의 소유자에게 검사를 완료한 날(검사를 대행하게 한 경우에는 검사결과를 보고받은 날)부터 10일 이내에 정비명령을 해야 한다(건설기계관리법 시행규칙 제31조 제1항 관련).	31일
건설기계 운전면허의 효력정지 사유가 발생한 경우 관련법상 효력정지기간은? (건설기계관리법 제28조 관련)	1년 이내

■ 벌칙

① 2년 이하의 징역 또는 2천만원 이하의 벌금(건설기계관리법 제40조)
  ㉠ 등록되지 아니한 건설기계를 사용하거나 운행한 자
  ㉡ 등록이 말소된 건설기계를 사용하거나 운행한 자
  ㉢ 시·도지사의 지정을 받지 아니하고 등록번호표를 제작하거나 등록번호를 새긴 자

- ㉣ 검사대행자 또는 그 소속 직원에게 재물이나 그 밖의 이익을 제공하거나 제공 의사를 표시하고 부정한 검사를 받은 자
- ㉤ 건설기계의 주요 구조나 원동기, 동력전달장치, 제동장치 등 주요 장치를 변경 또는 개조한 자
- ㉥ 무단 해체한 건설기계를 사용·운행하거나 타인에게 유상·무상으로 양도한 자
- ㉦ 결함사실의 공개 또는 시정조치를 하지 아니하는 제작자 등에 대한 시정명령을 이행하지 아니한 자
- ㉧ 등록을 하지 아니하고 건설기계사업을 하거나 거짓으로 등록을 한 자
- ㉨ 등록이 취소되거나 사업의 전부 또는 일부가 정지된 건설기계사업자로서 계속하여 건설기계사업을 한 자

② 1년 이하의 징역 또는 1천만원 이하의 벌금(건설기계관리법 제41조)
- ㉠ 거짓이나 그 밖의 부정한 방법으로 등록을 한 자
- ㉡ 등록번호를 지워 없애거나 그 식별을 곤란하게 한 자
- ㉢ 구조변경검사 또는 수시검사를 받지 아니한 자
- ㉣ 정비명령을 이행하지 아니한 자
- ㉤ 사용·운행 중지 명령을 위반하여 사용·운행한 자
- ㉥ 사업정지명령을 위반하여 사업정지기간 중에 검사를 한 자
- ㉦ 형식승인, 형식변경승인 또는 확인검사를 받지 아니하고 건설기계의 제작 등을 한 자
- ㉧ 사후관리에 관한 명령을 이행하지 아니한 자
- ㉨ 내구연한을 초과한 건설기계 또는 건설기계 장치 및 부품을 운행하거나 사용한 자와 그러한 자의 운행 또는 사용을 알고도 말리지 아니하거나 운행 또는 사용을 지시한 고용주
- ㉩ 부품인증을 받지 아니한 건설기계 장치 및 부품을 사용한 자와 그러한 자의 사용을 알고도 말리지 아니하거나 사용을 지시한 고용주
- ㉪ 매매용 건설기계를 운행하거나 사용한 자
- ㉫ 폐기인수 사실을 증명하는 서류의 발급을 거부하거나 거짓으로 발급한 자
- ㉬ 폐기요청을 받은 건설기계를 폐기하지 아니하거나 등록번호표를 폐기하지 아니한 자
- ㉭ 건설기계조종사면허를 받지 아니하고 건설기계를 조종한 자
- ㉮ 건설기계조종사면허를 거짓이나 그 밖의 부정한 방법으로 받은 자
- ㉯ 소형 건설기계의 조종에 관한 교육과정의 이수에 관한 증빙서류를 거짓으로 발급한 자
- ㉰ 술에 취하거나 마약 등 약물을 투여한 상태에서 건설기계를 조종한 자와 그러한 자가 건설기계를 조종하는 것을 알고도 말리지 아니하거나 건설기계를 조종하도록 지시한 고용주
- ㉱ 건설기계조종사면허가 취소되거나 건설기계조종사면허의 효력정지처분을 받은 후에도 건설기계를 계속하여 조종한 자
- ㉲ 건설기계를 도로나 타인의 토지에 버려둔 자

③ 300만원 이하의 과태료(건설기계관리법 제44조 제1항)
- ㉠ 등록번호표를 부착하지 아니하거나 봉인하지 아니한 건설기계를 운행한 자
- ㉡ 정기검사를 받지 아니한 자
- ㉢ 건설기계임대차 등에 관한 계약서를 작성하지 아니한 자

  ② 정기적성검사 또는 수시적성검사를 받지 아니한 자
  ⑩ 시설 또는 업무에 관한 보고를 하지 아니하거나 거짓으로 보고한 자
  ⑪ 소속 공무원의 검사·질문을 거부·방해·기피한 자
  ⑦ 정당한 사유 없이 직원의 출입을 거부하거나 방해한 자

④ 100만원 이하의 과태료(건설기계관리법 제44조 제2항)
  ㉠ 수출의 이행 여부를 신고하지 아니하거나 폐기 또는 등록을 하지 아니한 자
  ㉡ 등록번호표를 부착·봉인하지 아니하거나 등록번호를 새기지 아니한 자
  ㉢ 등록번호표를 가리거나 훼손하여 알아보기 곤란하게 한 자 또는 그러한 건설기계를 운행한 자
  ㉣ 등록번호의 새김명령을 위반한 자
  ㉤ 건설기계안전기준에 적합하지 아니한 건설기계를 사용하거나 운행한 자 또는 사용하게 하거나 운행하게 한 자
  ㉥ 조사 또는 자료제출 요구를 거부·방해·기피한 자
  ㉦ 검사유효기간이 끝난 날부터 31일이 지난 건설기계를 사용하게 하거나 운행하게 한 자 또는 사용하거나 운행한 자
  ㉧ 특별한 사정없이 건설기계임대차 등에 관한 계약과 관련된 자료를 제출하지 아니한 자
  ㉨ 건설기계사업자의 의무를 위반한 자
  ㉩ 안전교육 등을 받지 아니하고 건설기계를 조종한 자

⑤ 50만원 이하의 과태료(건설기계관리법 제44조 제3항)
  ㉠ 임시번호표를 붙이지 아니하고 운행한 자
  ㉡ 건설기계의 등록사항 중 변경사항이 있는 경우에 신고를 하지 아니하거나 거짓으로 신고한 자
  ㉢ 등록의 말소를 신청하지 아니한 자
  ㉣ 등록번호표와 관련해 지정받은 사항을 위반하여 변경신고를 하지 아니하거나 거짓으로 변경신고한 자
  ㉤ 등록번호표를 반납하지 아니한 자
  ㉥ 국토교통부령으로 정하는 범위를 벗어나 건설기계를 정비한 자
  ㉦ 제작, 조립 또는 수입된 건설기계의 형식신고 및 형식변경신고를 하지 아니한 자
  ㉧ 건설기계 등록사항 중의 변경사항에 대해 신고를 하지 아니하거나 거짓으로 신고한 자
  ㉨ 건설기계사업자의 지위를 승계한 경우 신고를 하지 아니하거나 거짓으로 신고한 자
  ㉩ 매매용 건설기계를 사업장에 제시하거나 판 경우에 신고를 하지 아니하거나 거짓으로 신고한 자
  ㉪ 등록말소사유 변경신고를 하지 아니하거나 거짓으로 신고한 자
  ㉫ 건설기계의 소유자 또는 점유자의 금지행위를 위반하여 건설기계를 세워 둔 자

건설기계조종사면허의 취소·정지처분 기준(시행규칙 [별표 22])

① 거짓이나 그 밖의 부정한 방법으로 건설기계조종사면허를 받은 경우 : 취소
② 건설기계조종사면허의 효력정지기간 중 건설기계를 조종한 경우 : 취소
③ 건설기계조종사면허의 결격사유 중 어느 하나에 해당하게 된 경우 : 취소
④ 건설기계의 조종 중 고의 또는 과실로 중대한 사고를 일으킨 경우
  ㉠ 인명피해
   - 고의로 인명피해(사망·중상·경상 등)를 입힌 경우 : 취소
   - 과실로 산업안전보건법에 따른 중대재해가 발생한 경우 : 취소
   - 그 밖의 인명피해를 입힌 경우
     – 사망 1명마다 : 면허효력정지 45일
     – 중상 1명마다 : 면허효력정지 15일
     – 경상 1명마다 : 면허효력정지 5일
  ㉡ 재산피해(피해금액 50만원마다) : 면허효력정지 1일(90일을 넘지 못함)
  ㉢ 건설기계의 조종 중 고의 또는 과실로 도시가스사업법에 따른 가스공급시설을 손괴하거나 가스공급시설의 기능에 장애를 입혀 가스의 공급을 방해한 경우 : 면허효력정지 180일
⑤ 국가기술자격법에 따른 해당 분야의 기술자격이 취소되거나 정지된 경우 : 국가기술자격법 제16조에 따라 조치
⑥ 건설기계조종사면허증을 다른 사람에게 빌려준 경우 : 취소
⑦ 건설기계종사자 및 고용주의 준수사항을 위반하여 술에 취하거나 마약 등 약물을 투여한 상태에서 조종한 경우
  ㉠ 술에 취한 상태(혈중알코올농도 0.03% 이상 0.08% 미만)에서 건설기계를 조종한 경우 : 면허효력정지 60일
  ㉡ 술에 취한 상태에서 건설기계를 조종하다가 사고로 사람을 죽게 하거나 다치게 한 경우 : 취소
  ㉢ 술에 만취한 상태(혈중알코올농도 0.08% 이상)에서 건설기계를 조종한 경우 : 취소
  ㉣ 2회 이상 술에 취한 상태에서 건설기계를 조종하여 면허효력정지를 받은 사실이 있는 사람이 다시 술에 취한 상태에서 건설기계를 조종한 경우 : 취소
  ㉤ 약물(마약, 대마, 향정신성 의약품 및 유해화학물질 관리법 시행령에 따른 환각물질)을 투여한 상태에서 건설기계를 조종한 경우 : 취소
⑧ 정기적성검사를 받지 않고 1년이 지난 경우 : 취소
⑨ 정기적성검사 또는 수시적성검사에 불합격한 경우 : 취소

CHAPTER 05 지게차 점검 및 유지보수

■ 엔 진
① 지게차 엔진의 과열 원인
  ㉠ 팬벨트가 헐겁다.
  ㉡ 냉각수가 부족하다.
  ㉢ 물 펌프의 작동이 불량하다.
  ㉣ 냉각장치 내부에 물때가 많다.
  ㉤ 라디에이터(방열기) 코어가 막혔다.
② 작업 중 엔진 온도가 급상승할 때 점검할 부분 : 가장 먼저 냉각수량부터 점검한다.

■ 디젤엔진
① 디젤노크의 방지대책
  ㉠ 압축비를 크게 한다.
  ㉡ 실린더 체적을 크게 한다.
  ㉢ 세탄가가 높은 연료를 사용한다.
  ㉣ 엔진의 회전속도와 착화온도를 낮게 한다.
  ㉤ 흡기의 온도, 압력, 실린더 외벽의 온도를 높게 한다.
② 디젤엔진에서 시동이 되지 않는 원인 : 배터리 방전으로 교체가 필요한 상태
③ 디젤기관에서 연료 라인에 공기가 혼입되었을 때의 현상 : 완전연소가 일어나지 못하면서 엔진(기관)이 떨리는 부조현상이 발생

■ 오 일
① 피스톤과 실린더 사이의 간극이 너무 클 때 일어나는 현상 : 엔진오일의 소비 증가
② 펌프가 오일을 토출하지 않을 때의 원인
  ㉠ 오일이 부족하다.
  ㉡ 오일탱크의 유면이 낮다.
  ㉢ 흡입관으로 공기가 유입된다.
③ 엔진오일량이 초기 점검 시보다 증가했을 때 그 원인 : 냉각수의 유입
④ 유압 작동유의 점도가 너무 높을 때 나타나는 현상 : 동력 손실이 증가
⑤ 엔진(기관)에서 작동 중인 엔진오일 속 가장 많이 포함되는 이물질 : 카본(Carbon, 탄소)
⑥ 엔진에서 윤활유의 소비가 과대하게 되는 원인 : 피스톤링 마멸

■ 그 외 점검 및 유지보수
　① 헤드라이트가 한쪽만 점등되었을 때의 고장 원인
　　㉠ 전구 불량
　　㉡ 전구 접지 불량
　　㉢ 한쪽 회로의 퓨즈 단선
　② 건설기계에서 시동전동기가 회전이 안 될 경우 점검할 사항
　　㉠ 배선의 단선 여부
　　㉡ 축전지의 방전 여부
　　㉢ 배터리 단자의 접촉 여부
　③ MF 축전지의 유지보수 시 장점 : 증류수를 보충할 필요가 없다.
　④ 축전지의 용량만 크게 하는 방법 : 병렬로 연결하여 사용
　⑤ 축전지 점검창을 통해 충전상태를 확인 방법
　　㉠ 창이 초록색이면 정상
　　㉡ 창이 초록색이 안 보이면 충전
　　㉢ 창이 충전해도 초록색이 안 보이면 교체
　⑥ 유압장치에서 금속가루나 불순물을 제거하기 위해 필요한 부품
　　㉠ 필터
　　㉡ 스트레이너
　⑦ 브레이크 장치 내부 파이프에 베이퍼록이 발생하는 원인
　　㉠ 드럼의 과열
　　㉡ 잔압의 저하
　　㉢ 오일의 변질에 의한 비등점 저하
　　㉣ 드럼과 라이닝의 끌림에 의한 가열
　　㉤ 긴 내리막길에서 과도한 브레이크 사용
　⑧ 파워스티어링에서의 핸들이 무거워 조향하기 힘든 상태일 때의 원인 : 조향펌프에 오일 부족
　⑨ 자동변속기 장착 건설기계의 출력 저하 시 점검해야 할 항목
　　㉠ 오일의 부족
　　㉡ 토크컨버터 고장
　　㉢ 엔진고장으로 출력 부족

CHAPTER 06 안전관리

[01] 안전보호구 및 안전장치

▌안전보호구의 정의

작업자가 산업재해 예방을 위해 작업 전 반드시 착용해야 하는 기구나 장치로, 산업현장에서 발생하는 어떤 위험 요인으로부터 작업자를 보호하는 안전용품

▌안전보호구의 구비조건

① 품질이 좋아야 한다.
② 마감 처리가 좋으며, 외관도 보기 편해야 한다.
③ 위험으로부터 작업자를 충분히 보호할 성능을 가져야 한다.
④ 착용이 간단하고, 착용 후 작업하는 데 불편함을 주지 않아야 한다.

▌안전보호구의 종류

① 안전모
② 안전화
③ 안전띠
④ 안전조끼(동절기/하절기)
⑤ 무릎보호대
⑥ 안전보호복
⑦ 방한덮개
⑧ 신발 덮개용 각반
⑨ 격리형 방호장치

▌안전장치의 정의

산업현장에서 작업자를 보호하고 기계의 손상을 방지하기 위해 만들거나 설치하는 장치나 구조물로 방호장치라고도 한다.

▌ 지게차의 주요 안전장치(방호장치)

① 헤드가드(오버헤드가드) : 운전자의 윗부분에서 떨어지는 낙하물을 막거나, 지게차의 전도·전복사고 시 작업자를 보호하는 프레임의 일종
② 주행연동 안전띠(안전벨트) : 타이어식 지게차의 좌석안전띠는 속도가 30km/h 이상일 때 설치한다.
③ 포크 급강하 방지장치
④ OPSS(Operator Presence Sensing System, 운전자 안전 센싱 시스템) : 시트에서 작업자 하차 시 모든 기능을 정지시키는 장치
⑤ 포크 받침대 : 정비 시 급강하를 막는다.
⑥ 전방 및 후방 경보장치 : 전진 또는 후진 시 물체와 충돌을 방지하기 위한 장치
⑦ 지게차 전도방지 안전장치

[02] 안전보건표지

▌ 안전보건표지의 정의

작업장에서 작업자의 행동의 실수 혹은 판단이 잘못되기 쉬운 곳, 중대재해를 일으킬 우려가 있는 장소의 안전을 위해 표시하는 안전표지

▌ 안전보건표지의 종류 : 금지표지, 경고표지, 지시표지, 안내표지

▌ 안전보건표지의 종류(산업안전보건법 시행규칙 [별표 6])

① 금지표지

출입금지	보행금지	차량통행금지	사용금지
탑승금지	금 연	화기금지	물체이동금지

② 경고표지

인화성물질 경고	산화성물질 경고	폭발성물질 경고	급성독성물질 경고

부식성물질 경고	발암성·변이원성· 생식독성·전신독성· 호흡기과민성물질 경고	방사성물질 경고	고압전기 경고

매달린 물체 경고	낙하물 경고	고온 경고	저온 경고

몸균형 상실 경고	레이저광선 경고	위험장소 경고	

③ 지시표지

보안경 착용	방독마스크 착용	방진마스크 착용	보안면 착용	안전모 착용

귀마개 착용	안전화 착용	안전장갑 착용	안전복 착용	

④ 안내표지

녹십자표지	응급구호표지	들 것	세안장치	비상용기구

비상구	좌측비상구	우측비상구

■ 안전보건표지의 색도기준 및 용도(산업안전보건법 시행규칙 [별표 8])

색 상	용 도	사 례
빨간색(7.5R 4/14)	금 지	정지신호, 소화설비 및 그 장소, 유해행위의 금지
	경 고	화학물질 취급 장소에서의 유해·위험경고
노란색(5Y 8.5/12)	경 고	화학물질 취급 장소에서의 유해·위험경고 이외의 위험경고, 주의표지 또는 기계방호물
파란색(2.5PB 4/10)	지 시	특정 행위의 지시 및 사실의 고지
녹색(2.5G 4/10)	안 내	비상구 및 피난소, 사람 또는 차량의 통행표지
흰색(N9.5)		파란색 또는 녹색에 대한 보조색
검은색(N0.5)		문자 및 빨간색 또는 노란색에 대한 보조색

[03] 안전수칙 및 법령

■ 작업장의 안전수칙

① 작업복과 안전장구는 반드시 착용한다.
② 엔진을 불필요하게 공회전하지 않는다.
③ 지게차의 식별을 위해 형광 테이프를 부착한다.
④ 기계의 청소나 손질은 운전을 정지시킨 후 실시한다.

산업재해의 분류(통계적 분류)

① **사망** : 업무로 인해서 목숨을 잃게 되는 경우
② **중경상** : 부상으로 인하여 2주 이상의 노동 상실을 가져온 상해 정도
③ **경상해** : 부상으로 1일 이상 7일 이하의 노동 상실을 가져온 상해 정도
④ **무상해 사고** : 응급처치 이하의 상처로 작업에 종사하면서 치료를 받는 상해 정도

추락 위험이 있는 장소에서 작업할 때의 준수사항

① 로프를 사용한다.
② 안전띠를 사용한다.

화재의 종류에 따른 사용 소화기

분류	A급 화재	B급 화재	C급 화재	D급 화재
명칭	일반(보통)화재	유류 및 가스화재	전기화재	금속화재
가연물질	나무, 종이, 섬유 등의 고체 물질	기름, 윤활유, 페인트 등의 액체 물질	전기설비, 기계, 전선 등의 물질	가연성 금속 (Al분말, Mg분말)
소화효과	냉각효과	질식효과	질식 및 냉각효과	질식효과
표현색상	백색	황색	청색	-
소화기	물, 분말소화기, 포(포말)소화기, 이산화탄소소화기, 강화액소화기, 산, 알칼리소화기	분말소화기, 포(포말)소화기, 이산화탄소소화기	분말소화기, 유기성소화기, 이산화탄소소화기, 무상강화액소화기, 할로겐화합물소화기	건조된 모래(건조사)
사용 불가능 소화기	-	-	포(포말)소화기	물(금속가루는 물과 반응하여 폭발의 위험성이 있음)

기계설비의 위험점의 종류

① **협착점** : 왕복운동하는 요소와 움직임이 없는 고정부 사이의 물림점
② **끼임점** : 고정부와 회전하는 요소 사이의 물림점
③ **물림점** : 회전하는 요소와 회전하는 요소 사이의 물림점
④ **절단점** : 회전 또는 왕복운동을 하는 절삭날 등 돌출부의 위험점
⑤ **접선물림점** : 회전부의 접선 방향으로 물려 들어갈 위험이 있는 곳
⑥ **회전말림점** : 회전하는 요소에 장갑 등이 말려 들어가는 곳

[04] 위험요소 확인

▌ 운전자에 의한 위험요소
① 운전자의 시야 불량
② 운전자의 운전 미숙
③ 과속에 의한 충돌
④ 과속에 의한 전복
⑤ 경사면에서의 전도

▌ 위험요소에 따른 발생사고
① 충 돌
② 추 락
③ 낙 하
④ 차량 전도
⑤ 고소작업 시 포크에서 떨어짐

▌ 작업자가 확인해야 할 위험요소
① 지게차는 운전자만 탑승해야 한다.
② 작업장에서 차량의 위치를 주변에 알려 위험을 경고해야 한다.
③ 작업장치와 주행장치의 정상작동 여부를 사전에 확인해야 한다.
④ 장비사용설명서에 따라 운전자가 정위치에 있을 때만 작업장치를 작동할 수 있다.
⑤ 지게차가 주변 사람들에게 잘 인식되도록 형광, 야광색의 안전부착물을 부착해야 한다.
⑥ 작업장치의 오작동 방지를 위해 운전자의 복장, 손, 안전화, 운전석 바닥의 오염 여부를 확인하고 청결히 한다.

▌ 위험요인에 대한 안전대책
① 지게차 작업 시 안전통로 확보
② 지게차 안전장치 설치
③ 전용 작업구간에 보행자의 출입금지
④ 작업구역 내 장애물 제거
⑤ 안전표지판을 설치하고, 안전표지 부착
⑥ 사각지역에 반사경 설치
⑦ 지게차 운전자의 시야 확보
⑧ 유자격자만 지게차 운전

▌소화 작업의 기본요소

① 산소를 차단
② 점화원을 제거
③ 가연물질을 제거

▌벨트에 대한 안전사항

① 벨트의 이음쇠는 돌기가 없는 구조로 한다.
② 벨트를 걸 때나 벗길 때에는 기계를 정지한 상태에서 실시한다.
③ 벨트가 풀리에 감겨 돌아가는 부분은 커버나 덮개를 설치한다.
④ 바닥면에서 2m 이내에 있는 벨트는 작업자에게 위험을 주는 높이므로 반드시 덮개를 설치해야 한다.

[05] 안전운반 작업

▌작업 형태에 따른 안전사항

작업 형태	안전사항
화물을 들어 올려 이동할 때	• 화물에 천천히 접근하여 포크를 팰릿의 넓이에 맞춰 완전히 직각이 되게 한다. • 포크의 길이는 화물의 2/3 이상으로 한다.
화물을 높게 쌓을 때	화물의 낙하 방지를 위해 마스트를 뒤로 충분히 기울여 서서히 접근하여 쌓는다.
중량물을 들어 올릴 때	체인블록을 이용하여 들어 올린다.

▌안전 작업 절차

작업계획 수립 → 안전교육 실시 → 개인 안전보호구와 안전사고 관련 내용 숙지 → 지게차 정상 작동여부 확인 → 안전장치 및 보조장치 이상 여부 확인 → 작업장 주변상태 및 신호수와 배치상태 확인 → 안전 작업 → 작업 후 장비 이상 여부 확인

▌적재물 상차 후 안전 운반 시 유의사항

① 적재물의 낙하 방지를 위하여 포크 간격을 조절한 후 균형을 유지하면서 서행 운전한다.
② 상부 장애물 접촉에 주의해야 한다(리프트 실린더를 조작하여 마스트의 상하 높이를 조절할 수 있음).

▌지게차의 작업 경사안정도

① 주행 시 전후안정도 : 18%
② 주행 시 좌우안정도 : 15 + (1.1 × 주행속도)
③ 하역 작업 시 전후안정도 : 4%(단, 5t 이상의 지게차는 3.5%)
④ 하역 작업 시 좌우안정도 : 6%

[06] 장비 안전관리 및 안전교육

▌ 지게차 안전점검 항목

구 분	점검 항목
전·후진 작동상태	작업 전·후진 레버를 조작하여 레버가 부드럽게 작동하는지 점검
제동장치 작동상태	브레이크페달을 밟아 페달 유격이 정상인지 점검
주차브레이크 작동상태	주차브레이크가 원활하게 해제되고 확실히 제동되는지 점검
리프트 실린더의 작동상태	• 리프트 실린더 작동 레버를 조작하여 리프트 실린더의 누유 여부, 실린더 로드의 손상 여부를 점검 • 리프트 실린더 내벽의 마모 정도를 점검. 마모가 심하면 실린더 로드의 내부 섭동으로 포크가 자연적으로 하강한다.
핸들의 작동상태	• 조향핸들 조작 시 핸들에 이상 진동이 느껴지는지 점검 • 조향핸들의 유격상태를 점검
연료 누유 및 각종 오일의 누유상태	• 유압호스 및 파이프 연결부위의 누유상태 점검 • 작업 전 주기된 지게차의 지면을 확인하여 연료 및 각종 오일의 누유 흔적 점검

▌ 지게차 안전사고의 유형별 발생 원인

사고 유형	발생 원인
지게차 바퀴에 작업자 협착	운전자 전방 주시 미확보
크레인 레일을 지날 때 크레인과 충돌(지게차 전도의 경우)	• 운전자 전방 주시 미확보 • 작업 지휘자 및 유도자 미배치
지게차 포크로 상차한 팰릿 위로 작업자와 둥근 배관 이동 중 작업자와 물체 낙하	무게중심 이동

▌ 사업장에서의 안전교육 주기

① 정기교육
② 특별교육
③ 채용 시 교육
④ 작업 내용 변경 시 교육

▌ 전담 직원의 안전 관련 교육사항

① 안전관리자 교육
② 보건관리자 교육
③ 안전보건관리책임자 교육

지게차 작업 중 주요 위험 요인
① 전도
② 충돌
③ 낙하
④ 추락

안전점검의 종류
① 수시점검
② 정기점검
③ 특별점검
④ 정밀안전점검
⑤ 정밀안전진단
⑥ 긴급안전점검

하인리히의 도미노 이론
① 1단계 - 선천적 결함
② 2단계 - 개인적 결함
③ 3단계 - 불안전한 행동 및 불안전한 상태
④ 4단계 - 사고발생
⑤ 5단계 - 재해

하인리히의 사고예방 기본원리 5단계
① 1단계 - 조직
② 2단계 - 사실의 발견
③ 3단계 - 평가분석
④ 4단계 - 시정책의 선정
⑤ 5단계 - 시정책의 적용

[07] 기계, 기구 및 공구에 관한 안전관리 사항

▍ 공구를 안전하게 취급하는 방법

① 공구는 사용 후 공구함에 보관한다.
② 공구는 기계나 재료 위에 올려놓지 않는다.
③ 작업에 적합한 공구를 사용한다.
④ 불량 공구는 반납하고, 함부로 수리해서 사용하지 않는다.

▍ 해머작업의 안전수칙

① 자기 체중에 비례해서 선택한다.
② 공동으로 해머작업 시는 호흡을 맞춘다.
③ 해머를 사용할 때 자루 부분의 상태를 확인한다.
④ 열처리된 재료는 해머로 때리지 않도록 주의한다.
⑤ 장갑이나 기름이 묻은 손으로 자루를 잡지 않는다.
⑥ 녹이 있는 재료를 작업할 때는 보호안경을 착용한다.
⑦ 자루가 불안정한 것(쐐기가 없는 것 등)은 사용하지 않는다.
⑧ 해머의 타격면이 넓어진 것은 변형된 것이므로 사용하지 않는다.

▍ 선반작업 시 안전수칙

① 선반을 점검할 때는 장갑을 끼지 않는다.
② 기계 위에 공구나 재료를 올려놓지 않는다.
③ 가동 전에 주유 부분에 반드시 주유를 한다.
④ 절삭공구의 장착은 가능한 한 짧게 고정시킨다.
⑤ 선반이 가동될 때에는 자리를 이탈하지 않는다.
⑥ 자동 이송을 할 때는 기계를 정지시키지 않는다.
⑦ 가공물 측정이나 속도변환은 기계를 정지시키고 한다.
⑧ 연속적으로 생성되는 칩은 칩 제거용 기구(쇠솔)를 사용하여 제거한다.

▍ 밀링작업 시 안전수칙

① 칩 커버를 반드시 설치한다.
② 기계 가동 중에는 자리를 이탈하지 않는다.
③ 가공물을 바른 자세에서 단단하게 고정한다.
④ 밀링으로 절삭한 칩은 날카로우므로 주의하여 청소한다.
⑤ 주축 속도를 변속할 때는 주축을 정지한 후 변환시킨다.
⑥ 절삭공구나 가공물을 설치할 때는 반드시 전원을 끄고 한다.
⑦ 가동 전에 각종 레버, 자동이송, 급속이송장치를 반드시 점검한다.
⑧ 정면 커터로 절삭 시 시선은 커터 날 끝 45°의 대각선 방향에서 떨어져서 한다.

▌연삭작업 시 안전수칙

① 숫돌 덮개를 설치한다.
② 숫돌을 정확히 고정한다.
③ 보안경을 반드시 착용한다.
④ 가공 중 정면에 서지 않는다.
⑤ 사용 전 3분 이상 공회전한다.
⑥ 연삭숫돌의 측면을 사용하지 않는다.
⑦ 양쪽 숫돌의 입도는 다른 것을 설치해도 된다.
⑧ 숫돌을 나무 해머로 가볍게 두들겨 음향검사를 한다.
⑨ 받침대와 숫돌의 간격은 3mm 이내로 적절하게 유지한다.
⑩ 숫돌바퀴는 제조 후 사용할 원주 속도의 1.5~2배 정도로 안전검사를 한다.

▌작업용 공구의 관리방법

① 공구는 항상 적정 수량을 보유할 것
② 공구별로 장소를 지정하여 보관할 것
③ 사용한 공구는 항상 깨끗이 한 후 보관할 것
④ 공구 사용 후나 점검 시 파손된 공구는 교환할 것

▌무거운 짐을 이동할 때 주의사항

① 지렛대를 이용한다.
② 사람이 들기 힘겨우면 기계를 이용한다.
③ 2인 이상이 작업할 때는 힘센 사람과 약한 사람과의 균형을 잡는다.

▌물품을 운반할 때 주의사항

① 화물은 규정에 맞게 적재한다.
② 안전사고 예방에 가장 유의한다.
③ 정밀한 물품을 쌓을 때는 상자에 넣도록 한다.
④ 약하고 가벼운 것을 위로, 무거운 것을 아래에 쌓는다.
⑤ 인력으로 운반 시 무리한 자세로 장시간 취급하지 않도록 한다.

▌작업장의 사다리식 통로의 설치방법

① 견고한 구조로 설치한다.
② 발판의 간격은 일정하게 한다.
③ 사다리가 넘어지거나 미끄러지지 않도록 조치한다.

▌차체 용접 시 주의사항

① 용접 부위에 인화될 물질이 없는지 확인한 후 용접한다.
② 전기용접 시 반드시 차체의 배터리 접지선을 제거한다.
③ 유리 등에 불똥이 튀어 흔적이 생기지 않도록 보호막을 씌운다.

교육은 우리 자신의 무지를 점차 발견해 가는 과정이다.

− 윌 듀란트 −

PART 01

기출복원문제

제1회~제7회 기출복원문제

합격의 공식 시대에듀 www.sdedu.co.kr

제1회 기출복원문제

01 디젤기관의 장점이 아닌 것은?

① **가속성이 좋고, 운전이 정숙하다.**
② 열효율이 높다.
③ 화재의 위험이 적다.
④ 연료소비율이 낮다.

02 오일펌프에서 펌프량이 적거나 유압이 낮은 원인이 아닌 것은?

① **오일탱크에 오일이 너무 많을 때**
② 펌프 흡입라인(여과망) 막힘이 있을 때
③ 기어와 펌프 내벽 사이 간격이 클 때
④ 기어 옆 부분과 펌프 내벽 사이 간격이 클 때

해설
오일탱크에 오일이 너무 많은 경우 오일의 넘침이 발생하거나 엔진 내의 오일압력이 높아져 엔진부품의 손상이 발생할 수 있으며, 연소실에 침투한 오일의 연소로 백색의 매연이 발생할 수 있다.
유압이 낮아지는 이유
• 오일 팬의 오일량이 부족한 경우
• 크랭크축, 캠축 베어링의 과다마멸로 인해 간극이 커졌을 경우
• 오일펌프의 마멸 또는 윤활회로에 오일 누출이 생긴 경우
• 유압조절 밸브 스프링 장력이 약하거나 파손된 경우
• 엔진오일의 점도가 낮은 경우
• 오일 여과기가 막힌 경우

03 프라이밍 펌프를 이용하여 디젤기관의 연료장치 내에 있는 공기를 배출하기에 어려운 곳은?

① 공급펌프   ② 연료펌프
③ 분사펌프   ④ **분사노즐**

해설
프라이밍 펌프는 디젤기관의 연료분사펌프에 연료공급, 공기 빼기 작업에 필요한 장치이다.
④ 분사노즐은 펌프로부터 전달된 고압의 연료를 안개 모양으로 연소실에 분사하는 부분이다.

04 다음 중 지게차의 체인장력을 조정하는 방법이 아닌 것은?

① **조정 후 로크너트를 로크시키지 않는다.**
② 좌우 체인이 동시에 평행한가를 확인한다.
③ 포크를 지상에서 10~15cm 올린 후 조정한다.
④ 손으로 체인을 눌러보아 양쪽이 다르면 조정너트로 조정한다.

해설
지게차의 체인장력 조정방법
• 좌우 체인이 동시에 평행한가를 확인한다.
• 포크를 지상에서 조금 올린 후 조정한다.
• 손으로 체인을 눌렀을 때 양쪽이 다르면 조정너트로 조정한다.
• 체인장력 조정 후 로크너트를 조여 준다.

05 디젤기관과 관련이 없는 것은?

① 착 화
② **점 화** ✓
③ 예열플러그
④ 세탄가

해설
② 점화장치는 가솔린기관에 속한다.
가솔린기관과 디젤기관

구 분	가솔린기관	디젤기관
연소방법	전기점화 (점화플러그)	압축열에 의한 자기착화
속도 조절	흡입되는 혼합가스 의 양(기화기)	분사되는 연료의 양

06 냉각장치에서 밀봉 압력식 라디에이터 캡을 사용하는 이유로 가장 적합한 것은?

① 엔진 온도를 높일 때
② 엔진 온도를 낮게 할 때
③ 압력밸브가 고장일 때
④ **냉각수의 비점을 높일 때** ✓

해설
압력식 캡은 비점(끓는점)을 올려 냉각효과를 증대시키는 역할을 한다.
밀봉 압력식 라디에이터 캡
- 냉각수 주입구 덮개로 냉각 계통을 밀폐시켜 내부의 온도, 압력을 조정하여 냉각효과를 상승시키는 압력식 캡
- 냉각수의 팽창과 같은 크기의 보조 물탱크를 설치, 냉각수가 팽창하였을 때 외부로의 배출을 방지

07 냉각장치에서 라디에이터의 구비조건으로 틀린 것은?

① **공기의 흐름저항이 클 것** ✓
② 단위 면적당 방열량이 클 것
③ 가볍고 작으며, 강도가 클 것
④ 냉각수의 흐름저항이 작을 것

해설
라디에이터(방열기)
워터펌프에 의해 물통로를 순환하면서 온도가 높아진 냉각수가 공기와 접촉하면서 냉각시키는 역할을 하는 것으로, 공기의 흐름저항이 크면 냉각효율이 좋지 않다.

08 축전지 터미널에 부식이 발생하였을 때 나타나는 현상과 거리가 먼 것은?

① 기동전동기의 회전력이 작아진다.
② 엔진 크랭킹이 잘되지 않는다.
③ 전압강하가 발생된다.
④ **시동스위치가 손상된다.** ✓

해설
축전지 터미널이 부식된 경우 축전기의 충전이 불량해진다. 그로 인해 전장품의 출력에 영향을 미치게 되지만, 시동스위치가 손상되지는 않는다.

09 엔진을 정지하고 계기판 전류계의 지시침을 살펴보니 정상에서 (−) 방향을 지시하고 있다. 그 원인이 아닌 것은?

① 전조등 스위치가 점등위치에서 방전하고 있다.
② 배선에서 누전되고 있다.
③ 시동 시 엔진의 예열장치를 동작시키고 있다.
✔ **발전기에서 축전지로 충전되고 있다.**

해설
발전기에서 축전지로 충전이 이루어질 때는 전류계의 지시침이 (+) 방향을 지시한다. 그러므로 전류계의 지시침이 (−) 방향을 지시하고 있다면 충전이 되지 않는 경우임을 알 수 있다.

10 기관에서 압축가스가 누설되어 압축 압력이 저하될 수 있는 원인에 해당되는 것은?

✔ **실린더헤드 개스킷 불량**
② 매니폴드 개스킷 불량
③ 워터펌프 불량
④ 냉각팬의 벨트 유격 과대

해설
실린더헤드 개스킷
• 압축된 고온·고압 연소가스의 누설방지, 물 또는 오일 등의 실린더 내부 유입을 방지하는 역할을 한다.
• 기관에서 실린더헤드 개스킷 불량이나 기관 균열이 발생하면 냉각계통으로 배기가스가 누설되는 원인이 된다.

11 디젤기관을 가동시킨 후 충분한 시간이 지났는데도 냉각수 온도가 정상적으로 상승하지 않을 경우 그 고장의 원인이 될 수 있는 것은?

① 냉각팬 벨트의 헐거움
✔ **수온조절기가 열린 채 고장**
③ 물 펌프의 고장
④ 라디에이터 코어의 막힘

해설
충분한 시간이 지났는데도 냉각수 온도가 정상적으로 상승하지 않는다면 수온조절기가 열린 채 고장 난 경우이다. 수온조절기가 열린 채 고장이 나면 과랭의 원인이 되고, 닫힌 채 고장이 나면 과열의 원인이 된다.

12 다음 중 엔진오일에 대한 설명으로 가장 알맞은 것은?

① 엔진오일에는 거품이 많이 들어 있는 것이 좋다.
② 엔진오일 순환상태는 오일 레벨 게이지로 확인한다.
✔ **겨울보다 여름에는 점도가 높은 오일을 사용한다.**
④ 엔진을 시동한 후 유압경고등이 꺼지면 엔진을 멈추고 점검한다.

해설
여름에는 점도가 높은 오일을 사용하고, 겨울에는 점도가 낮은 오일을 사용한다.

13 1kW는 몇 PS인가?

① 0.75
② 1.36
③ 75
④ 736

해설
1kW = 1,000W, 1PS = 735W, 1kW = 1.36PS
∴ $\frac{1,000}{735} ≒ 1.36$

14 수동식 변속기가 장착된 건설기계에서 기어의 이상음이 발생하는 이유가 아닌 것은?

① 기어 백래시 과다
② 변속기의 오일 부족
③ 변속기 베어링의 마모
④ 웜과 웜기어의 마모

해설
웜과 웜기어는 핸들 구동에 주로 사용되는 기어 형태로 변속기 기어의 이상음과는 거리가 멀다.
건설기계 기어의 이상음 발생
- 입력축 베어링이나 출력축 베어링의 마모
- 부축기어의 니들 베어링이나 스러스트 심의 마모
- 기어의 손상, 백래시 및 엔드 플레이 과다
- 싱크로나이저 기구의 손상
- 급유 부족 또는 윤활유의 오염 및 손상

15 축전지의 용량만을 크게 하는 방법으로 맞는 것은?

① 직렬연결법
② 병렬연결법
③ 직·병렬연결법
④ 논리회로 연결법

해설
- 직렬연결 : 전압은 개수의 2배가 되고, 용량은 일정하다(= 전압 증가, 용량 일정).
- 병렬연결 : 용량은 개수의 2배가 되고, 전압은 일정하다(= 용량 증가, 전압 일정).

16 실드빔 형식의 전조등을 사용하는 건설기계장비에서 전조등 밝기가 흐려 야간운전에 어려움이 있을 때 올바른 조치방법으로 맞는 것은?

① 렌즈를 교환한다.
② 전조등을 교환한다.
③ 반사경을 교환한다.
④ 전구를 교환한다.

해설
실드빔 형식의 전조등은 전조등 전체를 일체형으로 교환해야 한다.
실드빔형 전조등의 특징
- 렌즈, 반사경, 필라멘트가 일체형이다.
- 내부에 불활성 가스가 들어 있다.
- 광도의 변화가 적고, 반사경이 흐려지지 않는다.

17 회로의 전압이 12V이고, 저항이 6Ω일 때 전류는 얼마인가?

① 1A
✓ ② 2A
③ 3A
④ 4A

해설
$I = \dfrac{V}{R} = \dfrac{12V}{6\Omega} = 2A$

18 건설기계형식에 관한 승인을 얻거나 그 형식을 신고한 자는 당사자 간에 별도의 계약이 없는 경우에 건설기계를 판매한 날로부터 몇 개월 동안 무상으로 건설기계를 정비해 주어야 하는가?(단, 관계 법령에 따라 유상으로 정비하거나 정비에 필요한 부품을 공급하는 경우는 제외한다)

① 3개월　　② 6개월
✓ ③ 12개월　　④ 24개월

해설
건설기계형식에 관한 승인을 얻거나 그 형식을 신고한 자(제작자 등)는 건설기계를 판매한 날부터 12개월(당사자 간에 12개월을 초과하여 별도 계약하는 경우에는 그 해당 기간) 동안 무상으로 건설기계의 정비 및 정비에 필요한 부품을 공급하여야 한다. 단, 취급설명서에 따라 관리하지 아니함으로 인하여 발생한 고장 또는 하자와 정기적으로 교체하여야 하는 부품 또는 소모성 부품에 대하여는 유상으로 정비하거나 정비에 필요한 부품을 공급할 수 있다(건설기계관리법 시행규칙 제55조 제1항).

19 지게차로 화물을 싣고 경사지에서 주행할 때 안전상 올바른 운전방법은?

① 포크를 높이 들고 주행한다.
✓ ② 내려갈 때에는 저속 후진한다.
③ 내려갈 때에는 변속 레버를 중립에 놓고 주행한다.
④ 내려갈 때에는 시동을 끄고 차력으로 주행한다.

해설
지게차 주행 시 주의사항
• 주행 조작은 시동 후 5분 정도 경과한 후에 한다.
• 화물을 싣고 경사지를 내려갈 때에는 후진으로 운행한다.
• 이동할 때 포크는 지면에서 20~30cm 정도만 올린다.
• 큰 화물에 의해 전면의 시야가 방해를 받을 때에는 후진으로 운행한다.
• 경사지를 오르거나 내려올 때에는 급회전을 하지 않는다.

20 예열플러그를 빼서 확인해 보았더니 심하게 오염되어 있었다. 그 원인은 무엇인가?

✓ ① 불완전연소 또는 노킹
② 엔진과열
③ 플러그의 용량 과다
④ 냉각수 부족

해설
예열플러그는 디젤기관의 착화성능을 향상시켜 주는 것으로, 기온이 낮을 때 시동을 돕는 장치이다. 예열플러그의 오염은 불완전연소나 노킹에 의해 발생한다.

21 지게차의 유압탱크 유량을 점검하기 전 포크의 적절한 위치는?

✅ **포크를 지면에 내려놓고 점검한다.**
② 최대적재량의 하중으로 포크는 지상에서 떨어진 높이에서 점검한다.
③ 포크를 최대로 높여 점검한다.
④ 포크를 중간 높이에서 점검한다.

> **해설**
> 지게차의 유압 오일량 점검은 주차 상태에서 실시하고, 포크는 지면에 내려놓는다.

22 타이어의 트레드에 대한 설명으로 틀린 것은?

① 트레드가 마모되면 구동력과 선회능력이 저하된다.
✅ **트레드가 마모되면 지면과의 접촉 면적이 크게 됨으로써 마찰력이 증대되어 제동성능은 좋아진다.**
③ 타이어의 공기압이 높으면 트레드의 양단부보다 중앙부의 마모가 크다.
④ 트레드가 마모되면 열의 발산이 불량하게 된다.

> **해설**
> 트레드가 마모되면 지면과의 접촉 면적은 크게 되지만, 타이어에 발열이 많아지고 마찰력이 감소되어 제동성능은 나빠진다.

23 브레이크 파이프 내에 베이퍼록이 발생하는 원인과 가장 거리가 먼 것은?

① 드럼의 과열
② 지나친 브레이크 조작
③ 잔압의 저하
✅ **라이닝과 드럼의 간극 과대**

> **해설**
> 라이닝과 드럼의 간극 과대는 베이퍼록의 발생과 무관하다.
> 베이퍼록 발생 원인
> • 긴 내리막길에서 과도한 브레이크의 사용
> • 비등점이 낮은 브레이크 오일 사용
> • 드럼과 라이닝 마찰열의 냉각능력 저하
> • 마스터 실린더, 브레이크슈 리턴 스프링의 절손에 의한 잔압 저하

24 유압유의 구비조건으로 옳지 않은 것은?

① 비압축성이어야 한다.
② 점도지수가 커야 한다.
③ 인화점 및 발화점이 높아야 한다.
✅ **체적탄성계수가 작아야 한다.**

> **해설**
> 유압유 구비조건
> • 체적탄성계수가 커야 한다.
> • 유동점이 낮고 윤활성이 좋아야 한다.
> • 물리적·화학적 성질이 변하지 않고, 산성에 대한 안정성이 좋아야 한다.
> • 인화점 및 발화점이 높고 내화성이 좋아야 한다.
> • 열전달률이 높아야 한다.
> • 열팽창계수가 작아야 한다.
> • 점도지수가 커야 한다.
> • 비압축성이어야 한다.

25 파워 스티어링에서 핸들이 무거워 조향하기 힘든 상태일 때의 원인으로 맞는 것은?

① 바퀴가 습지에 있다.
✅ **조향펌프에 오일이 부족하다.**
③ 볼 조인트의 교환시기가 되었다.
④ 핸들 유격이 크다.

해설
파워 스티어링은 오일의 유압에 의해서 작동되므로 오일이 누설되는 등 부족해지면 스티어링 휠을 돌리는 힘이 많이 들고, 심하면 오일펌프가 손상되므로 주기적인 점검이 필요하다.

26 지게차의 일반적인 조향방식은?

① 앞바퀴 조향방식이다.
✅ **뒷바퀴 조향방식이다.**
③ 허리꺾기 조향방식이다.
④ 작업조건에 따라 바꿀 수 있다.

해설
지게차의 특징
- 앞바퀴 구동방식이며, 뒷바퀴 조향방식이다.
- 도로 조건이 나쁘면 완충장치가 없어 불리하다.
- 최소 회전반경은 약 1.8~2.7m, 안쪽 바퀴의 조향각은 65~75°이다.

27 정기검사 신청을 받은 검사대행자는 며칠 이내에 검사일시 및 장소를 신청인에게 통보하여야 하는가?

① 20일
② 15일
✅ **5일**
④ 3일

해설
검사신청을 받은 시·도지사 또는 검사대행자는 신청을 받은 날부터 5일 이내에 검사일시와 검사장소를 지정하여 신청인에게 통보하여야 한다(건설기계관리법 시행규칙 제23조 제4항).

28 지게차에서 리프트 실린더의 상승력이 부족한 원인과 거리가 먼 것은?

① 오일필터의 막힘
② 유압펌프의 불량
③ 리프트 실린더에서 유압유 누출
✅ **틸트로크 밸브의 밀착 불량**

해설
지게차의 리프트 상승이 원활하지 않은 것은 리프트 실린더의 상승력이 부족한 것이므로 유압계통을 점검해야 한다.

29 자동차에서 팔을 차체 밖으로 내어 45° 밑으로 펴서 상하로 흔들고 있을 때의 신호는?

① **서행신호**
② 정지신호
③ 주의신호
④ 앞지르기신호

[해설]
신호의 시기 및 방법(도로교통법 시행령 [별표 2])
• 정지신호 : 팔을 차체 밖으로 내어 45° 밑으로 펴거나 자동차안전기준에 따라 장치된 제동등을 켤 것
• 앞지르기신호 : 오른팔 또는 왼팔을 차체의 왼쪽 또는 오른쪽 밖으로 수평으로 펴서 손을 앞뒤로 흔들 것

31 건설기계 등록번호표의 색상 구분 중 틀린 것은?

① 관용 번호판은 흰색 바탕에 검은색 문자이다.
② 대여사업용 번호판은 주황색 바탕에 검은색 문자이다.
③ 자가용 번호판은 흰색 바탕에 검은색 문자이다.
④ **임시운행 번호표는 흰색 바탕에 청색 문자이다.**

[해설]
건설기계 등록번호표의 색상 및 일련번호 숫자 기준(건설기계관리법 시행규칙 [별표 1, 별표 2])
• 비사업용(관용) : 흰색 바탕에 검은색 문자, 0001~0999
• 비사업용(자가용) : 흰색 바탕에 검은색 문자, 1000~5999
• 대여사업용 : 주황색 바탕에 검은색 문자, 6000~9999
• 임시운행 번호표 : 흰색 바탕에 검은색 문자

30 다음 그림의 교통안전표지는 무엇인가?

① 차간거리 최저 50m이다.
② 차간거리 최고 50m이다.
③ 최저속도 제한표지이다.
④ **최고속도 제한표지이다.**

[해설]

차중량 제한	최저속도 제한	차간거리 확보
5.5t	30	50m

32 다음 중 건설기계사업이 아닌 것은?

① **건설기계수출업**
② 건설기계대여업
③ 건설기계정비업
④ 건설기계매매업

[해설]
건설기계사업이란 건설기계대여업, 건설기계정비업, 건설기계매매업 및 건설기계해체재활용업을 말한다(건설기계관리법 제2조).

33 편도 4차로 일반도로에서 4차로가 버스전용차로일 때 건설기계는 어느 차로로 통행하여야 하는가?

① 1차로
✅ 3차로
③ 4차로
④ 한가한 차로

해설
차로에 따른 통행차의 기준(도로교통법 시행규칙 [별표 9])

도 로	차로 구분	통행할 수 있는 차종
고속도로 외의 도로	왼쪽 차로	승용자동차 및 경형·소형·중형 승합자동차
	오른쪽 차로	대형 승합자동차, 화물자동차, 특수자동차, 도로교통법에 따른 건설기계, 이륜자동차, 원동기장치자전거

※ 비 고
- 왼쪽 차로 : 차로를 반으로 나누어 1차로에 가까운 부분의 차로(단, 차로수가 홀수인 경우 가운데 차로는 제외)
- 오른쪽 차로 : 왼쪽 차로를 제외한 나머지 차로

해설
건설기계 등록의 말소 사유(건설기계관리법 제6조)
- 거짓이나 그 밖의 부정한 방법으로 등록을 한 경우
- 건설기계가 천재지변 또는 이에 준하는 사고 등으로 사용할 수 없게 되거나 멸실된 경우
- 건설기계의 차대(車臺)가 등록 시의 차대와 다른 경우
- 건설기계가 건설기계안전기준에 적합하지 아니하게 된 경우
- 정기검사 명령, 수시검사 명령 또는 정비 명령에 따르지 아니한 경우
- 건설기계를 수출하는 경우
- 건설기계를 도난당한 경우
- 건설기계를 폐기한 경우
- 건설기계해체재활용업을 등록한 자(건설기계해체재활용업자)에게 폐기를 요청한 경우
- 구조적 제작 결함 등으로 건설기계를 제작자 또는 판매자에게 반품한 경우
- 건설기계를 교육·연구 목적으로 사용하는 경우
- 대통령령으로 정하는 내구연한을 초과한 건설기계. 다만, 정밀진단을 받아 연장된 경우는 그 연장기간을 초과한 건설기계
- 건설기계를 횡령 또는 편취당한 경우

34 건설기계의 등록을 말소할 수 있는 사유에 해당하지 않는 것은?

① 건설기계를 폐기한 경우
② 건설기계를 수출하는 경우
✅ 건설기계를 장기간 운행하지 않게 된 경우
④ 건설기계를 교육·연구 목적으로 사용하는 경우

35 유압의 압력을 올바르게 나타낸 것은?

① 압력 − 단면적 × 가해진 힘
✅ 압력 = 가해진 힘/단면적
③ 압력 = 단면적/가해진 힘
④ 압력 = 가해진 힘 − 단면적

해설
- 유압의 압력 = $\dfrac{\text{가해진 힘}}{\text{단면적}}$
- 압력은 두 물체의 접촉면 또는 물체 내에서 서로 미는 힘으로, 힘이 면에 수직이 아닐 때 그것을 수직과 평행으로 나누어 수직 성분이 서로 미는 힘이다.

36 철길건널목 통과방법에 대한 설명으로 옳지 않은 것은?

① 철길건널목에서는 앞지르기를 하여서는 안 된다.
② 철길건널목 부근에서는 주정차를 하여서는 안 된다.
☑ 철길건널목에 일시정지 표지가 없을 때에는 서행하면서 통과한다.
④ 철길건널목에서는 일시정지하여(신호기 등이 표시하는 신호에 따르는 경우는 제외) 안전을 확인한 후에 통과한다.

해설
철길건널목의 통과(도로교통법 제24조)
- 모든 차 또는 노면전차의 운전자는 건널목 앞에서 일시정지하여 안전을 확인한 후에 통과(단, 신호기 등이 표시하는 신호에 따르는 경우에는 정지하지 않고 통과할 수 있음)한다.
- 모든 차 또는 노면전차의 운전자는 건널목의 차단기가 내려져 있거나 내려지려고 하는 경우 건널목의 경보기가 울리고 있는 동안에는 그 건널목으로 들어가서는 아니 된다.
- 모든 차 또는 노면전차의 운전자는 건널목을 통과하다가 고장 등의 사유로 건널목 안에서 차 또는 노면전차를 운행할 수 없게 된 경우에는 즉시 승객을 대피시키고 비상 신호기 등을 사용하거나 그 밖의 방법으로 철도공무원이나 경찰공무원에게 그 사실을 알려야 한다.

37 건설기계등록번호표를 가리거나 훼손하여 알아보기 곤란하게 한 자 또는 그러한 건설기계를 운행한 자에게 부과하는 과태료로 옳은 것은?

① 50만원 이하　☑ 100만원 이하
③ 300만원 이하　④ 1천만원 이하

해설
100만원 이하 과태료 부과(건설기계관리법 제44조 제2항)
- 수출의 이행 여부를 신고하지 아니하거나 폐기 또는 등록을 하지 아니한 자
- 등록번호표를 부착·봉인하지 아니하거나 등록번호를 새기지 아니한 자
- 등록번호표를 가리거나 훼손하여 알아보기 곤란하게 한 자 또는 그러한 건설기계를 운행한 자
- 등록번호의 새김명령을 위반한 자
- 건설기계안전기준에 적합하지 아니한 건설기계를 사용하거나 운행한 자 또는 사용하게 하거나 운행하게 한 자
- 조사 또는 자료제출 요구를 거부·방해·기피한 자
- 검사유효기간이 끝난 날부터 31일이 지난 건설기계를 사용하게 하거나 운행하게 한 자 또는 사용하거나 운행한 자
- 특별한 사정 없이 건설기계임대차 등에 관한 계약과 관련된 자료를 제출하지 아니한 자
- 건설기계사업자의 의무를 위반한 자
- 안전교육 등을 받지 아니하고 건설기계를 조종한 자

38 엔진과 연결되어 같은 회전수로 회전하는 토크컨버터의 구성품은?

① 터 빈
☑ 펌 프
③ 스테이터
④ 변속기 출력측

해설
토크컨버터는 펌프, 터빈, 스테이터로 구성된다. 펌프는 엔진과 직결되어 오일을 동력의 전달매체로 하여 같은 회전수로 전달 토크로 변환하고, 스테이터는 오일(유체)의 방향을 바꿔 회전력을 증가시키고 토크를 전달한다.

39 신개발시험, 연구목적 운행을 제외한 건설기계의 임시운행기간은 며칠 이내인가?

① 5일
② 10일
✓ ③ 15일
④ 20일

해설
건설기계관리법 시행규칙 제6조에 따라 신개발 건설기계를 시험·연구의 목적으로 운행하는 경우를 제외한 미등록 건설기계의 임시운행기간은 15일로 한다.

40 지게차 주행 시 주의하여야 할 사항들 중 틀린 것은?

① 짐을 싣고 주행할 때는 절대로 속도를 내서는 안 된다.
② 노면의 상태에 충분한 주의를 하여야 한다.
✓ ③ 포크의 끝을 밖으로 경사지게 한다.
④ 적하장치에 사람을 태워서는 안 된다.

해설
지게차 주행 시 주의사항
• 화물을 싣고 경사지를 내려갈 때에는 후진으로 운행한다.
• 경사지를 오르거나 내려올 때에는 급회전을 하지 않는다.
• 포크는 이동 시 지면에서 20~30cm 정도 올린다.
• 큰 화물에 의해 전면의 시야가 방해를 받을 때에는 후진으로 운행한다.
• 운행 조작은 시동 후 5분 정도 경과한 후에 한다.

41 금속 간의 마찰을 방지하기 위한 방안으로 마찰계수를 저하시키기 위하여 사용되는 첨가제는?

① 방청제
✓ ② 유성 향상제
③ 점도지수 향상제
④ 유동점 강하제

해설
금속 간의 마찰 방지를 위해 마찰계수를 저하시키는 첨가제로 사용되는 것이 유성 향상제이다.
유성 향상제
• 유막이 끊어지는 경계 윤활의 마찰을 저하시키고, 마찰면의 하중이 낮고 온도가 실온보다 많이 상승하지 않을 때 사용한다.
• 유성 향상제 : 지방유, 에스테르, 알코올 등을 사용한다.

42 다음은 유압기기 점검 중 이상 발견 시 조치사항이다. (   ) 안의 내용을 순서대로 나열한 것은?

> 작동유가 누출되는 상태라면 이음부를 더 조여주거나 부품을 (   )하는 등 응급조치를 하는 것이 당연하지만, 그 원인을 조사하여 재발을 방지하고 고장이 더 확대되지 않도록 유압기기 전체를 (   )하는 일도 필요하다.

① 플러싱, 교환
✓ ② 교환, 재점검
③ 열화, 재점검
④ 재점검, 교환

43 유압 실린더의 작동속도가 느릴 경우 그 원인으로 옳은 것은?

① 엔진오일 교환시기가 경과되었을 때
❷ **유압회로 내에 유량이 부족할 때**
③ 운전실에 있는 가속페달을 작동시켰을 때
④ 릴리프 밸브의 세팅 압력이 높을 때

해설
② 유압 실린더의 작동속도는 유량에 따라 달라진다.
유압 실린더의 작동속도가 느릴 때의 원인
• 피스톤 링이 마모되었다.
• 유압유의 점도가 너무 높았다.
• 유압회로 내 유량 부족 또는 공기가 혼입되었다.

44 공유압 기호 중 그림이 나타내는 것은?

❶ **유압동력원**
② 공압동력원
③ 전동기
④ 원동기

해설

명 칭	기 호	비 고
유압동력원	▶─	일반기호
공압동력원	▷─	일반기호
전동기	Ⓜ─	-
원동기	M─	(전동기를 제외)

45 배터리 전해액처럼 강산이나 알칼리 등의 액체를 취급할 때 가장 적합한 복장은?

① 면장갑 착용
② 면직으로 만든 옷
③ 나일론으로 만든 옷
❹ **고무로 만든 옷**

46 수공구 사용 시 안전사고 발생 원인으로 틀린 것은?

① 힘에 맞지 않는 공구를 사용하였다.
❷ **수공구의 성능을 알고 선택하였다.**
③ 사용방법이 미숙하였다.
④ 사용공구의 점검 및 정비를 소홀히 하였다.

해설
수공구 사용 시의 안전수칙
• 안전한 자세와 동작으로 작업에 임한다.
• 정리정돈 및 청결 유지 등 안전수칙을 준수한다.
• 작업의 목적, 규격에 맞는 공구를 선택한다.
• 결함이 없는 안전한 공구를 사용하며, 사용 후 일정한 장소에 보관한다.
• 무리한 힘과 충격을 가하지 않고, 손에 묻은 물이나 기름을 잘 닦아야 한다.
• 공구는 재료나 기계 위에 놓지 말고, 특히 끝이 예리한 공구는 주머니에 넣지 않도록 유의한다.

47 적색 원형으로 만들어지는 안전표지판은?

① 경고표지
② 안내표지
③ 지시표지
❹ **금지표지**

해설
- 경고표지 : 노란 삼각형 또는 적색 마름모꼴
- 안내표지 : 녹색 원형 및 사각형
- 지시표지 : 파란 원형

48 지게차의 리프트 실린더(Lift Cylinder) 작동회로에서 플로 프로텍터(벨로시티 퓨즈)를 사용하는 주된 목적은?

❶ **컨트롤 밸브와 리프트 실린더 사이에서 배관 파손 시 적재물 급강하를 방지한다.**
② 포크의 정상 하강 시 천천히 내려올 수 있게 한다.
③ 짐을 하강할 때 신속하게 내려올 수 있도록 작용한다.
④ 리프트 실린더 회로에서 포크 상승 중 중간 정지 시 내부 누유를 방지한다.

해설
플로 프로텍터(벨로시티 퓨즈)는 상승된 적재물의 급강하를 방지한다.

49 안전보건표지의 종류 중 안내표지에 속하지 않는 것은?

① 녹십자표지
② 응급구호표지
③ 비상구
❹ **출입금지**

해설
안전보건표지의 종류
- 금지표지 : 출입금지, 보행금지, 차량통행금지, 사용금지, 탑승금지, 화기금지 등
- 경고표지 : 인화성물질 경고, 산화성물질 경고, 폭발성물질 경고, 급성독성물질 경고 등
- 지시표지 : 보안경 착용, 안전모 착용, 귀마개 착용, 안전화 착용 등
- 안내표지 : 녹십자표지, 응급구호표지, 비상용기구, 비상구 등

50 체인블록을 이용하여 무거운 물체를 이동시키고자 할 때 가장 안전한 방법은?

❶ **체인이 느슨한 상태에서 급격히 잡아당기면 재해가 발생할 수 있으므로 시간적 여유를 가지고 작업한다.**
② 작업의 효율을 위해 가는 체인을 사용한다.
③ 내릴 때는 하중 부담을 줄이기 위해 최대한 빠른 속도로 실시한다.
④ 무조건 최단거리 코스로 빠른 시간 내에 이동시켜야 한다.

51 폐기요청을 받은 건설기계를 폐기하지 아니하거나 등록번호표를 폐기하지 아니한 자에 대한 벌칙은?

① 2년 이하의 징역 또는 2천만원 이하의 벌금
☑ 1년 이하의 징역 또는 1천만원 이하의 벌금
③ 100만원 이하의 벌금
④ 100만원 이하의 과태료

해설
폐기요청을 받은 건설기계를 폐기하지 아니하거나 등록번호표를 폐기하지 아니한 자는 1년 이하의 징역 또는 1천만원 이하의 벌금에 처한다(건설기계관리법 제41조).

52 전기화재에 적합하며, 화재 때 화점에 분사하는 소화기로 산소를 차단하는 소화기는?

① 포말 소화기
☑ 이산화 탄소 소화기
③ 분말 소화기
④ 증발 소화기

해설
이산화 탄소 소화기는 이산화 탄소를 높은 압력으로 압축·액화시킨 것으로, 질식·냉각하여 소화한다.
화재의 분류
• A급 화재 : 일반(보통)화재
• B급 화재 : 유류 및 가스화재
• C급 화재 : 전기화재
• D급 화재 : 금속화재

53 안전보건표지 중 다음 그림이 표시하는 것으로 맞는 것은?

① 독극물 경고
② 폭발물 경고
☑ 고압전기 경고
④ 낙하물 경고

해설

급성독성물질 경고	폭발성물질 경고	낙하물 경고

54 건설기계관리법령상 건설기계를 도로에 계속하여 방치하거나 정당한 사유 없이 타인의 토지에 방치한 자에 대한 벌칙은?

① 2년 이하의 징역 또는 1천만원 이하의 벌금
☑ 1년 이하의 징역 또는 1천만원 이하의 벌금
③ 2백만원 이하의 벌금
④ 1백만원 이하의 벌금

해설
건설기계를 도로나 타인의 토지에 버려둔 자는 1년 이하의 징역 또는 1천만원 이하의 벌금에 처한다(건설기계관리법 제41조 제19호).

55 감전사고 예방을 위한 주의사항의 내용으로 틀린 것은?

① 젖은 손으로는 전기기기를 만지지 않는다.
② 코드를 뺄 때는 반드시 플러그의 몸체를 잡고 뺀다.
③ 전력선에 물체를 접촉하지 않는다.
❹ 220V는 단상이고, 저압이므로 생명의 위협은 없다.

해설
220V로 감전되었을 때 사망할 확률이 110V에 비해 훨씬 높다.
감전재해 방지 대책
- 전기설비의 수시점검, 관리책임자 지정 및 작업자의 사전교육
- 위험표지판 부착 및 보호접지
- 충전부 노출 시 절연방호구
- 고전압·충전부의 근접작업 시 보호구 착용

56 연소의 3요소가 아닌 것은?

① 가연성 물질
② 산소(공기)
③ 점화원
❹ 이산화 탄소

해설
연소의 3요소
연료(가연물), 열(점화원), 산소

57 스패너 작업 시 유의할 사항으로 틀린 것은?

① 스패너의 입이 너트의 치수에 맞는 것을 사용해야 한다.
② 스패너의 자루에 파이프를 이어서 사용해서는 안 된다.
❸ 스패너와 너트 사이에서 쐐기를 넣고 사용하는 것이 편리하다.
④ 너트에 스패너를 깊이 물리도록 하여 조금씩 앞으로 당기는 식으로 풀고 조인다.

해설
스패너와 너트 사이에는 치수가 서로 맞아서 유격이 거의 없는 것으로 사용해야 한다. 쐐기 등을 사용하면 고정이 힘들어 사고가 발생할 수 있다.

58 운전자가 업무상 필요한 주의를 게을리하거나 중대한 과실로 다른 사람의 건조물을 손괴한 경우의 벌칙으로 옳은 것은?

① 1년 이하의 징역이나 1천만원 이하의 벌금
② 1년 이하의 금고나 1천만원 이하의 벌금
❸ 2년 이하의 금고나 500만원 이하의 벌금
④ 2년 이하의 징역이나 500만원 이하의 벌금

해설
차 또는 노면전차의 운전자가 업무상 필요한 주의를 게을리하거나 중대한 과실로 다른 사람의 건조물이나 그 밖의 재물을 손괴한 경우에는 2년 이하의 금고나 500만원 이하의 벌금에 처한다(도로교통법 제151조).

59 벨트에 대한 안전사항으로 틀린 것은?

① 벨트의 이음쇠는 돌기가 없는 구조로 한다.
② 벨트를 걸 때나 벗길 때에는 기계를 정지한 상태에서 실시한다.
③ 벨트가 풀리에 감겨 돌아가는 부분은 커버나 덮개를 설치한다.
❹ **바닥면으로부터 2m 이내에 있는 벨트는 덮개를 제거한다.**

> **해설**
> 바닥면으로부터 2m 이내는 작업자의 행동반경이므로 벨트의 커버나 덮개를 반드시 설치하고, 제거하지 않도록 한다.
> 벨트, 풀리의 안전
> • 벨트와 풀리면 사이의 회전축에 끼여 협착되는 사고가 많으므로 안전사고에 유의해야 한다.
> • 벨트를 풀리에 걸 때는 완전히 멈춘 후 작업한다.
> • 안전커버와 안전시설을 설치하도록 한다.

60 가동하고 있는 엔진에서 화재가 발생하였다. 불을 끄기 위한 조치 방법으로 가장 올바른 것은?

① 원인분석을 하고, 모래를 뿌린다.
② 포말소화기를 사용한 후, 엔진 시동스위치를 끈다.
❸ **엔진 시동스위치를 끄고, ABC소화기를 사용한다.**
④ 엔진을 급가속하여 팬의 강한 바람을 일으켜 불을 끈다.

> **해설**
> 엔진에서 화재가 발생하면 긴급히 시동을 끄고 전원공급을 차단한 후에 ABC소화기를 사용해서 화재를 진압해야 한다. ABC소화기는 A급(일반화재), B급(유류 및 가스화재), C급(전기화재) 화재에 모두 사용이 가능하다.

기출복원문제

01 디젤기관의 고장 원인과 가장 거리가 먼 것은?

① 각 실린더의 분사압력과 분사량이 다르다.
② 분사시기, 분사간격이 다르다.
❸ **윤활펌프의 유압이 높다.**
④ 각 피스톤의 중량차가 크다.

[해설]
윤활펌프의 압력이 낮은 경우 고장의 원인이 된다.
디젤기관의 고장 원인
- 실린더 내 압력이 낮을 때
- 실린더에 공급되는 연료량의 부족 시
- 연료분사량이 적을 때
- 연료분사펌프의 기능이 불량할 때
- 노킹이 일어날 때
- 압축 불량, 연료 분사시기, 상태 및 흡·배기밸브 불량으로 불완전연소 시
- 운동부의 마찰, 고착 및 펌프류의 동력 등의 증대

02 디젤기관에서 에어클리너가 막히면 어떤 현상이 일어나는가?

① 배기색은 희고, 출력은 정상이다.
② 배기색은 희고, 출력은 증가한다.
❸ **배기색은 검고, 출력은 저하된다.**
④ 배기색은 검고, 출력은 증가한다.

[해설]
에어클리너(공기청정기)
- 연소에 필요한 공기를 실린더로 흡입할 때 먼지 등을 여과하여 피스톤 등의 마모를 방지하는 장치
- 공기청정기의 막힘 : 배기색은 검고 출력은 저하된다.

03 건설기계장비 작업 시 계기판에서 냉각수 경고등이 점등되었을 때 운전자로서 가장 적합한 조치는?

① 오일량을 점검한다.
② 작업이 모두 끝나면 곧바로 냉각수를 보충한다.
❸ **작업을 중지하고 점검 및 정비를 받는다.**
④ 라디에이터를 교환한다.

[해설]
냉각수 경고등은 냉각수가 부족할 때 점등되는 것으로, 즉시 작업을 중지하고 점검 및 정비를 받아야 한다.
냉각수량 경고등 점등 원인
- 냉각수량이 부족할 때
- 냉각 계통의 물 호스가 파손되었을 때
- 라디에이터 캡이 열린 채 운행하였을 때

04 엔진의 회전수를 나타낼 때 rpm이란?

① 시간당 엔진 회전수
❷ **분당 엔진 회전수**
③ 초당 엔진 회전수
④ 10분간 엔진 회전수

[해설]
rpm = 1분당 엔진 회전수

05 겨울철에 연료탱크를 가득 채우는 가장 주된 이유는?

① 연료가 적으면 증발하여 손실되므로
② 연료가 적으면 출렁거리기 때문에
❸ **공기 중의 수분이 응축되어 물이 생기기 때문에**
④ 연료 게이지에 고장이 발생하기 때문에

해설
겨울철 기온이 하강하면 연료탱크 안의 습기가 응축(결로)되어 물방울이 생기므로, 탱크에 연료를 가득 채워 방지할 수 있다.

06 실드빔식 전조등에 대한 설명 중 틀린 것은?

① 광도의 변화가 적다.
❷ **렌즈를 교환할 수 있다.**
③ 반사경이 흐려지는 일이 없다.
④ 내부에 불활성 가스가 들어 있다.

해설
실드빔형은 필라멘트가 끊어지면 렌즈나 반사경에 이상이 없어도 전조등 전체를 교환해야 하는 단점이 있다.

07 기관에서 팬벨트의 장력이 너무 강할 경우에 발생될 수 있는 현상은?

① 기관이 과열된다.
② 충전부족 현상이 생긴다.
❸ **발전기 베어링이 손상된다.**
④ 기관이 과랭된다.

해설
기관에서 팬벨트의 장력이 너무 강하면 발전기 베어링이 손상된다.
팬벨트
• 크랭크축의 동력을 물 펌프와 발전기에 전달하는 벨트이다.
• V-벨트라고도 한다.

08 디젤엔진의 연료탱크에서 분사노즐까지 연료의 순환 순서로 맞는 것은?

① 연료탱크 → 연료공급펌프 → 분사펌프 → 연료필터 → 분사노즐
② 연료탱크 → 연료필터 → 분사펌프 → 연료공급펌프 → 분사노즐
❸ **연료탱크 → 연료공급펌프 → 연료필터 → 분사펌프 → 분사노즐**
④ 연료탱크 → 분사펌프 → 연료필터 → 연료공급펌프 → 분사노즐

09 윤활유의 성질 중 가장 중요한 것은?

① 온 도
② 점 도 ✓
③ 습 도
④ 건 도

[해설]
점도는 윤활유의 성질 중 가장 기본이 되는 성질로, 액체가 유동할 때 나타나는 마찰저항(내부저항)을 말한다.
윤활유의 기능
- 방청작용, 냉각작용, 윤활작용
- 마찰 및 마멸 감소
- 응력분산 및 완충
- 기밀(밀봉, 밀폐)작용

10 유압펌프에서 펌프량이 적거나 유압이 낮은 원인이 아닌 것은?

① 오일탱크에 오일이 너무 많을 때 ✓
② 펌프 흡입라인(여과망) 막힘이 있을 때
③ 기어와 펌프 내벽 사이 간격이 클 때
④ 기어 옆 부분과 펌프 내벽 사이 간격이 클 때

[해설]
① 오일탱크에 오일이 너무 적을 때 유압이 낮아진다.
유압이 낮아지는 원인
- 오일이 희석되어 점도가 낮음
- 유압조절 밸브 접촉 불량, 밸브 스프링 장력이 작음
- 오일팬 내 오일 부족, 마찰 과다
- 볼트의 조임 불량
- 오일 통로 파손, 오일의 누출

11 기관의 연소실 방식에서 흡기가열식 예열장치를 사용하는 것은?

① 직접분사실식 ✓
② 예연소실식
③ 와류실식
④ 공기실식

[해설]
예열장치에는 일반적으로 직접분사실식에 사용하는 흡기가열식과 복실식(예연소실식, 와류실식, 공기실식), 연소실에 사용하는 예열플러그식이 있다.

12 납산축전지에 증류수를 자주 보충시켜야 한다면 그 원인에 해당될 수 있는 것은?

① 충전 부족이다.
② 극판이 황산화되었다.
③ 과충전되고 있다. ✓
④ 과방전되고 있다.

[해설]
축전지에 증류수를 자주 부어야 하는 원인은 과충전으로 황산 농도가 짙어지기 때문이다.
납산축전지의 잦은 보충
- 축전지 케이스 손상이나 누출
- 과충전된 경우
- 전압 조정기가 불량인 경우

13 건설기계에서 시동전동기가 회전이 안 될 경우 점검할 사항이 아닌 것은?

① 축전지의 방전 여부
② 배터리 단자의 접촉 여부
✅ **팬벨트의 이완 여부**
④ 배선의 단선 여부

> 해설
> ③ 팬벨트는 냉각팬을 회전시키는 벨트이다.
> 시동전동기가 회전하지 않는 원인
> • 브러시 스프링이 강하다.
> • 전기자 코일이 단락되었다.
> • 축전지가 과방전되었다.
> • 배터리의 출력이 낮다.
> • 시동전동기가 손상되었다.
> • 배선과 스위치 손상으로 접촉 불량이다.
> • 정류자와 브러시의 접촉 불량이다.
> • 엔진 내부의 피스톤이 고착되었다.

14 엔진을 시동하기 전에 해야 할 가장 중요한 일반적인 점검사항은?

① 실린더의 오염도
② 충전장치
③ 유압계의 지침
✅ **엔진오일량과 냉각수량**

> 해설
> 엔진오일의 양과 냉각수량의 점검은 엔진 시동을 걸기 전에 이루어져야 한다.

15 일반적인 축전지 터미널의 식별법으로 적합하지 않은 것은?

① (+), (−)의 표시로 구분한다.
✅ **터미널의 요철로 구분한다.**
③ 굵고 가는 것으로 구분한다.
④ 적색과 흑색 등의 색으로 구분한다.

> 해설
> 축전지 터미널은 (+), (−)의 표시, 굵은 선과 가는 선, 적색과 흑색으로 구분하며, 요철로 구분하지는 않는다.

16 건설기계 전조등의 성능을 유지하기 위하여 가장 좋은 방법은?

① 단선으로 한다.
✅ **복선식으로 한다.**
③ 축전지와 직결시킨다.
④ 굵은선으로 갈아 끼운다.

> 해설
> 전조등은 렌즈, 반사경, 필라멘트로 구성되고, 병렬로 연결된 복선식으로 파손·손상되지 않고 양호한 상태여야 한다.
> ※ 복선식은 접지 쪽에도 전선을 사용하는 방식으로 주로 전조등과 같이 큰 전류가 흐르는 회로에서 사용된다.

17 운전 중 갑자기 계기판에 충전 경고등이 점등되었다. 그 현상으로 맞는 것은?

① 정상적으로 충전이 되고 있음을 나타낸다.
✓ **충전이 되지 않고 있음을 나타낸다.**
③ 충전계통에 이상이 없음을 나타낸다.
④ 주기적으로 점등되었다가 소등되는 것이다.

해설
충전 경고등
- 발전기나 전압조정기 고장으로 충전이 되지 않을 때 점등
- 벨트 파손, 벨트 느슨함, 미끄러짐이 주원인임

18 12V용 납산축전지의 방전종지 전압은?

① 12V　　　✓ **10.5V**
③ 7.5V　　　④ 1.75V

해설
12V용 납산축전지에는 6개의 셀이 있고, 방전종지 전압은 1.75V이므로 1.75 × 6 = 10.5V이다.

19 건설기계장비가 시동이 되지 않아 시동장치를 점검하고 있다. 적절하지 않은 것은?

① 마그네트 스위치 점검
② 기동전동기의 고장 여부 점검
✓ **발전기의 성능 점검**
④ 축전지의 (+)선 접촉 상태 점검

20 타이어의 트레드에 대한 설명으로 틀린 것은?

① 트레드가 마모되면 구동력과 선회능력이 저하된다.
✓ **트레드가 마모되면 지면과 접촉면적이 크게 됨으로써 마찰력이 증대되어 제동성능은 좋아진다.**
③ 타이어의 공기압이 높으면 트레드의 양단부보다 중앙부의 마모가 크다.
④ 트레드가 마모되면 열의 발산이 불량하게 된다.

해설
② 트레드가 마모되면 지면과 접촉면적은 크나 마찰력이 감소되어 제동성능이 나빠진다.

21 유압모터의 종류에 포함되지 않는 것은?

① 기어형
② 베인형
③ 플런저형
✓ **터빈형**

해설
유압모터의 종류 : 기어형, 베인형, 피스톤형, 플런저형 등

22 앞바퀴 정렬 요소 중 캠버의 필요성에 대한 설명으로 틀린 것은?

① 앞차축의 휨을 적게 한다.
② 조향휠의 조작을 가볍게 한다.
③ **조향 시 바퀴의 복원력이 발생한다.**
④ 토(Toe)와 관련성이 있다.

해설
캠버의 필요성
- 수직하중에 의한 앞차축의 휨을 방지한다.
- 조향 핸들의 조향 조작력을 가볍게 한다.
- 하중을 받았을 때 바퀴의 아래쪽이 바깥쪽으로 벌어지는 것을 방지한다.

24 술에 취한 상태의 기준은 혈중알코올농도가 최소 몇 % 이상인 경우인가?

① 0.25
② **0.03**
③ 0.8
④ 0.2

해설
운전이 금지되는 술에 취한 상태의 기준은 혈중알코올농도가 0.03% 이상이다(도로교통법 제44조 제4항).

23 건설기계조종사의 면허취소 사유에 해당하는 것은?

① 과실로 인하여 1명을 3개월 이상의 부상을 입힌 경우
② **면허의 효력정지 기간 중 건설기계를 조종한 경우**
③ 과실로 인하여 10명에게 경상을 입힌 경우
④ 건설기계로 1천만원 이상의 재산 피해를 냈을 경우

해설
건설기계조종사면허의 효력정지 기간 중 건설기계를 조종한 경우 면허취소된다(건설기계관리법 시행규칙 [별표 22]).

25 지게차의 체인장력 조정법이 아닌 것은?

① **조정 후 로크너트를 로크시키지 않는다.**
② 좌우 체인이 동시에 평행한가를 확인한다.
③ 포크를 지상에서 10~15cm 올린 후 조정한다.
④ 손으로 체인을 눌러보아 양쪽이 다르면 조정너트로 조정한다.

해설
지게차의 체인장력 조정방법
- 좌우 체인이 동시에 평행한가를 확인한다.
- 포크를 지상에서 조금 올린 후 조정한다.
- 손으로 체인을 눌렀을 때 양쪽이 다르면 조정너트로 조정한다.
- 체인장력 조정 후 로크너트를 조여 준다.

26 유압 작동유의 점도가 너무 높을 때 발생되는 현상은?

☑ ① 동력손실 증가
② 내부누설 증가
③ 펌프효율 증가
④ 내부마찰 감소

해설
유압의 점도

점도가 너무 낮을 경우	점도가 너무 높을 경우
• 내부 오일 누설의 증대 • 압력유지의 곤란 • 유압펌프, 모터 등의 용적효율 저하 • 기기마모의 증대 • 압력발생 저하로 정확한 작동 불가	• 동력손실 증가로 기계효율의 저하 • 소음이나 공동현상 발생 • 유동저항의 증가로 인한 압력손실의 증대 • 내부마찰의 증대에 의한 온도의 상승 • 유압기기 작동의 불활발

27 지게차의 화물 운반작업 중 가장 적당한 것은?

① 댐퍼를 뒤로 13° 정도 경사시켜 운반한다.
☑ ② 마스트를 뒤로 4° 정도 경사시켜 운반한다.
③ 샤퍼를 뒤로 6° 정도 경사시켜 운반한다.
④ 바이브레이터를 뒤로 8° 정도 경사시켜 운반한다.

28 등록되지 아니한 건설기계를 사용하거나 운행한 자의 벌칙은?

① 1년 이하의 징역 또는 1천만원 이하의 벌금
☑ ② 2년 이하의 징역 또는 2천만원 이하의 벌금
③ 20만원 이하의 벌금
④ 10만원 이하의 벌금

해설
2년 이하의 징역 또는 2천만원 이하의 벌금(건설기계관리법 제40조)
• 등록되지 아니한 건설기계를 사용하거나 운행한 자
• 등록이 말소된 건설기계를 사용하거나 운행한 자
• 시·도지사의 지정을 받지 아니하고 등록번호표를 제작하거나 등록번호를 새긴 자
• 검사대행자 또는 그 소속 직원에게 재물이나 그 밖의 이익을 제공하거나 제공 의사를 표시하고 부정한 검사를 받은 자
• 건설기계의 주요 구조나 원동기, 동력전달장치, 제동장치 등 주요 장치를 변경 또는 개조한 자
• 무단 해체한 건설기계를 사용·운행하거나 타인에게 유상·무상으로 양도한 자
• 결함사실의 공개 또는 시정조치를 하지 아니하는 제작자 등에 대한 시정명령을 이행하지 아니한 자
• 등록을 하지 아니하고 건설기계사업을 하거나 거짓으로 등록을 한 자
• 등록이 취소되거나 사업의 전부 또는 일부가 정지된 건설기계사업자로서 계속하여 건설기계사업을 한 자

29 지게차 작업장치의 포크가 한쪽으로 기울어지는 가장 큰 원인은?

☑ ① 한쪽 체인이 늘어짐
② 한쪽 롤러의 마모
③ 한쪽 실린더의 작동유 부족
④ 한쪽 리프트 실린더의 마모

30 앞지르기를 할 수 없는 경우에 해당되는 것은?

① **앞차의 좌측에 다른 차가 앞차와 나란히 진행하고 있을 때** ✓
② 앞차가 우측으로 진로를 변경하고 있을 때
③ 앞차가 그 앞차와의 안전거리를 확보하고 있을 때
④ 앞차가 양보 신호를 할 때

해설
앞지르기 금지의 시기 및 장소(도로교통법 제22조)
- 시 기
  - 앞차의 좌측에 다른 차가 앞차와 나란히 가고 있는 경우
  - 앞차가 다른 차를 앞지르고 있거나 앞지르려고 하는 경우
  - 이 법이나 이 법에 따른 명령에 따라 정지하거나 서행하고 있는 차
  - 경찰공무원의 지시에 따라 정지하거나 서행하고 있는 차
  - 위험을 방지하기 위하여 정지하거나 서행하고 있는 차
- 장 소
  - 교차로, 터널 안, 다리 위
  - 도로의 구부러진 곳, 비탈길의 고갯마루 부근 또는 가파른 비탈길의 내리막 등 시·도경찰청장이 도로의 위험을 방지하고 교통의 안전과 원활한 소통에 필요함을 인정하는 곳으로서 안전표지로 지정한 곳

31 건설기계 등록 시 전시, 사변 등 국가비상사태에는 며칠 이내 등록을 신청하여야 하는가?

① **5일** ✓   ② 7일
③ 10일   ④ 30일

해설
등록의 신청(건설기계관리법 시행령 제3조 제2항)
규정에 의한 건설기계 등록신청은 건설기계를 취득한 날(판매를 목적으로 수입된 건설기계의 경우에는 판매한 날)부터 2월 이내에 하여야 한다. 단, 전시·사변 기타 이에 준하는 국가비상사태하에서는 5일 이내에 신청하여야 한다.

32 타이어식 건설기계의 좌석 안전띠는 속도가 몇 km/h 이상일 때 설치하여야 하는가?

① 10km/h
② **30km/h** ✓
③ 40km/h
④ 50km/h

해설
타이어식 건설기계의 좌석 안전띠는 속도가 30km/h 이상일 때 설치한다(건설기계관리법 시행규칙 [별표 8]).

33 주정차가 금지되어 있지 않은 장소는?

① 교차로
② 건널목
③ 횡단보도
④ **경사로의 정상 부근** ✓

해설
경사로의 정상 부근은 횡단보도나 교차로가 아니라면 주차나 정차를 할 수 있다.

34 교차로 또는 그 부근에서 긴급자동차가 접근하였을 때 피양방법으로 가장 적절한 것은?

✓ ① 교차로를 피하여 도로의 우측 가장자리에 일시정지한다.
② 그 자리에 즉시 정지한다.
③ 그대로 진행방향으로 진행을 계속한다.
④ 서행하면서 앞지르기하라는 신호를 보낸다.

[해설]
교차로나 그 부근에서 긴급자동차가 접근하는 경우에는 차마와 노면전차의 운전자는 교차로를 피하여 일시정지하여야 한다(도로교통법 제29조 제4항).

35 도로교통법상 폭우·폭설·안개 등으로 가시거리가 100m 이내일 때 최고속도의 감속으로 맞는 것은?

① 20%
✓ ② 50%
③ 60%
④ 80%

[해설]
자동차 등의 속도(도로교통법 시행규칙 제19조)
• 최고속도의 100분의 20을 줄인 속도로 운행
 - 비가 내려 노면이 젖어 있는 경우
 - 눈이 20mm 미만 쌓인 경우
• 최고속도의 100분의 50을 줄인 속도로 운행
 - 폭우·폭설·안개 등으로 가시거리가 100m 이내인 경우
 - 노면이 얼어 붙은 경우
 - 눈이 20mm 이상 쌓인 경우

36 다음 그림의 교통안전표지는 무엇인가?

① 차간거리 최저 50m이다.
② 차간거리 최고 50m이다.
✓ ③ 최저속도 제한표지이다.
④ 최고속도 제한표지이다.

[해설]
교통안전표지

차중량제한	최고속도제한	차간거리 확보
5.5t	50	50m

37 유압유의 흐름을 한쪽으로만 허용하고 반대방향의 흐름을 제어하는 밸브는?

① 릴리프 밸브
✓ ② 체크 밸브
③ 카운터 밸런스 밸브
④ 매뉴얼 밸브

[해설]
체크 밸브
유압회로에서 역류를 방지하고 회로 내의 잔류압력을 유지하는 밸브이다.

38 2개 이상의 분기회로에서 실린더나 모터의 작동 순서를 결정하는 자동제어 밸브는?

① 리듀싱 밸브
② 릴리프 밸브
✓ ③ 시퀀스 밸브
④ 파일럿 체크 밸브

해설
① 리듀싱 밸브 : 유압회로에서 입구 압력을 감압하여 유압실린더 출구 설정압력 유압으로 유지하는 밸브
② 릴리프 밸브 : 계통 내의 최대압력을 설정함으로써 계통을 보호하는 밸브
④ 파일럿 체크 밸브 : 체크 밸브의 일종으로, 출구 측 압력에 의해 닫힌 포핏을 파일럿 압력으로 밀어 올려 작동유가 역류되도록 하는 밸브

39 밀폐된 액체의 일부에 힘을 가했을 때 올바른 것은?

✓ ① 모든 부분에 같게 작용한다.
② 모든 부분에 다르게 작용한다.
③ 홈 부분에만 세게 작용한다.
④ 돌출부에는 세게 작용한다.

해설
파스칼의 원리
밀폐된 용기에 채워진 유체의 일부에 압력을 가하면 유체 내의 모든 곳에 같은 크기로 전달된다는 원리

40 다음 중 압력의 단위가 아닌 것은?

① bar
② kgf/cm²
✓ ③ N·m
④ kPa

해설
③은 일의 단위이다.

41 유체의 에너지를 이용하여 기계적인 일로 변환하는 기기는?

✓ ① 유압모터
② 유압펌프
③ 오일탱크
④ 원동기

해설
유압모터는 유체 에너지를 연속적인 회전운동으로 하는 기계적 에너지로 바꾸어 주는 기기를 말한다.

42 TPS(스로틀포지션센서)에 대한 설명으로 틀린 것은?

① 가변 저항식이다.
② 운전자가 가속페달을 얼마나 밟았는지 감지한다.
③ 급가속을 감지하면 컴퓨터가 연료분사 시간을 늘려 실행시킨다.
✓ ④ 분사시기를 결정해 주는 가장 중요한 센서이다.

해설
분사시기의 조절은 조속기가 부착된 연료분사펌프가 한다.

43 공유압 기호 중 그림이 나타내는 것은?

① 유압동력원
☑ **공압동력원**
③ 전동기
④ 원동기

해설

명 칭	기 호	비 고
유압동력원	▶—	일반기호
공압동력원	▷—	일반기호
전동기	Ⓜ=	-
원동기	[M]=	(전동기를 제외)

44 유압모터의 일반적인 특징으로 가장 적합한 것은?

① 운동량을 직선으로 속도조절이 용이하다.
② 운동량을 자동으로 직선조작할 수 있다.
☑ **넓은 범위의 무단변속이 용이하다.**
④ 각도에 제한 없이 왕복 각운동을 한다.

해설
유압모터는 일정 범위 내에서 연속적인 변속(무단변속)이 가능하다.
유압모터의 특징
• 정·역회전이 가능하다.
• 무단변속으로 회전수를 조정할 수 있다.
• 회전체의 관성력이 작으므로 응답성이 빠르다.
• 소형, 경량이며 큰 힘을 낼 수 있다.
• 자동제어의 조작부 및 서보기구의 요소로 적합하다.

45 유압회로 내에 기포가 발생하면 일어나는 현상과 관련 없는 것은?

☑ **작동유의 누설 저하**
② 소음 증가
③ 공동현상
④ 오일탱크의 오버플로

해설
작동유는 온도에 따른 영향을 받으며, 회로 내의 기포 발생 시에는 분리되기 쉽고 누설되기 쉽다.
캐비테이션 발생 또는 유압손실이 클 때
• 체적효율의 저하
• 소음과 진동 발생
• 저압부의 기포가 과포화 상태
• 기관 내 부분적으로 높은 압력 발생
• 급격한 압력파 형성
• 액추에이터의 효율 저하 등

46 다음 중 유압장치의 수명연장을 위해 가장 중요한 요소에 해당하는 것은?

① 유압 컨트롤 밸브의 세척 및 교환
☑ **오일량 점검 및 필터 교환**
③ 유압펌프의 점검 및 교환
④ 오일 쿨러의 점검 및 세척

47 유압오일의 온도가 상승할 때 나타날 수 있는 결과가 아닌 것은?

① 점도 저하
② 펌프효율 저하
✓ **오일 누설의 저하**
④ 밸브류의 기능 저하

해설
③ 오일 누설이 증가한다.
유압장치의 고장 원인
- 작동유의 과도한 온도 상승
- 작동유에 공기, 물 등의 이물질 혼입
- 조립 및 접속 불완전
- 윤활성이 낮은 작동유의 사용

48 유압 에너지의 저장, 충격 흡수 등에 이용되는 것은?

✓ **축압기(Accumulator)**
② 스트레이너(Strainer)
③ 펌프(Pump)
④ 오일탱크(Oil Tank)

해설
축압기는 고압의 유압유를 저장하는 용기로 필요에 따라 유압시스템에 유압유를 공급하거나, 회로 내의 밸브를 갑자기 폐쇄할 때 발생되는 서지압력을 방지할 목적으로 사용한다.
유압장치의 특징
- 작은 힘으로 큰 힘을 얻고, 속도를 자유로이 조정할 수 있다.
- 파스칼의 원리를 기초로 여러 가지 건설기계와 하역 운반기계, 공작기계, 항공기, 선박 등에 널리 이용된다.

49 안전점검을 실시할 때 유의사항으로 틀린 것은?

① 안전점검을 한 내용은 상호 이해하고 공유할 것
✓ **안전점검 시 과거에 안전사고가 발생하지 않았던 부분은 점검을 생략할 것**
③ 과거에 재해가 발생한 곳에는 그 요인이 없어졌는지 확인할 것
④ 안전점검이 끝나면 강평을 실시하여 안전사항을 주지할 것

해설
과거에 안전사고가 발생하지 않았던 부분의 점검도 철저히 실시한다.

50 화재의 분류에서 전기화재에 해당되는 것은?

① A급 화재
② B급 화재
✓ **C급 화재**
④ D급 화재

해설
화재의 분류
- A급 화재 : 일반(보통)화재
- B급 화재 : 유류 및 가스화재
- C급 화재 : 전기화재
- D급 화재 : 금속화재

51 작업장에서 전기가 예고 없이 정전되었을 경우 전기로 작동하던 기계기구의 조치방법으로 틀린 것은?

① 즉시 스위치를 끈다.
② 안전을 위해 작업장을 정리해 놓는다.
③ 퓨즈의 단선 유무를 검사한다.
❹ **전기가 들어오는 것을 알기 위해 스위치를 켜둔다.**

해설
전기가 예고 없이 정전되었을 경우 퓨즈의 단선 유무를 검사하고 스위치를 끈 다음 작업장을 정리한다.

52 인력으로 운반작업을 할 때 틀린 것은?

❶ **드럼통과 LPG 봄베는 굴려서 운반한다.**
② 공동운반에서는 서로 협조를 하여 작업한다.
③ 긴 물건은 앞쪽을 위로 올린다.
④ 무리한 몸가짐으로 물건을 들지 않는다.

해설
드럼통과 봄베 등을 굴려서 운반해서는 안 된다.

53 안전보건표지의 종류 중 다음 그림의 표지는?

① 인화성물질 경고
② 금 연
❸ **화기금지**
④ 산화성물질 경고

54 아세틸렌 용접기에서 가스가 누설되는지를 검사하는 방법으로 가장 좋은 것은?

❶ **비눗물 검사**
② 기름 검사
③ 촛불 검사
④ 물 검사

해설
가스 누설검사 : 비눗물에 의한 기포 발생 여부 검사
가스용접 작업의 안전
• 봄베 주둥이의 쇠나 몸통에 오일, 그리스를 바르지 말 것(폭발 위험)
• 토치는 반드시 작업대 위에 놓고 기름이 묻지 않도록 할 것
• 봄베는 산소 용기의 보관온도가 40℃ 이하로 할 것
• 용접 시 아세틸렌 밸브를 열고 점화한 후 산소 밸브를 열 것
• 산소 용접에서 역류·역화가 있으면 산소 밸브부터 잠글 것
• 운반 시 전용 운반차량을 이용할 것

55 작업장에서 작업복을 착용하는 가장 주된 이유는?

① 작업장의 질서를 확립시키기 위해서이다.
② 작업 능률을 올리기 위해서이다.
❸ **재해로부터 작업자의 몸을 보호하기 위해서이다.**
④ 작업자의 복장 통일을 위해서이다.

해설
작업복, 안전모, 안전화 등을 착용하는 이유는 작업자의 안전을 위해서이다.
작업 복장의 조건
- 작업복은 신체에 맞고 가벼울 것
- 소매나 바지자락이 말려들어가지 않도록 너풀거리지 않을 것

56 지게차의 하부장치에 대한 설명으로 옳은 것은?

① 탠덤드라이브 장치가 있다.
② 코일스프링 장치가 있다.
③ 판스프링 장치가 있다.
❹ **스프링 장치가 없다.**

57 기계 및 기계장치 취급 시 사고 발생 원인이 아닌 것은?

① 정리 정돈 및 조명장치가 잘 되어 있지 않을 때
② 안전장치 및 보호장치가 잘 되어 있지 않을 때
③ 불량공구를 사용할 때
❹ **기계 및 기계장치가 넓은 장소에 설치되어 있을 때**

해설
④ 기계 및 장비가 좁은 곳에 설치되어 있을 때

58 스패너(Spanner)의 올바른 사용법이 아닌 것은?

① 너트에 맞는 것을 사용한다.
② 렌치는 몸 쪽으로 당기면서 볼트, 너트를 풀거나 조인다.
❸ **볼트, 너트를 푸는 경우는 밀어서 힘이 작용하도록 한다.**
④ 공구 핸들에 묻은 기름은 잘 닦아서 사용한다.

해설
스패너는 올바르게 끼우고 앞으로 잡아당겨 사용한다.
스패너 렌치작업 시의 안전사항
- 렌치는 너트와 맞는 것을 사용하고 변형된 것은 사용하지 말 것
- 렌치는 너트에 단단히 끼워 앞쪽으로 당길 것
- 스패너를 2개로 잇거나 자루에 파이프를 덧대어 사용하지 말 것(자루에 파이프를 끼워서 사용)
- 멍키 렌치는 웜과 랙의 마모에 유의하고 아래 턱 방향으로 돌려 사용할 것

59 사고의 직접원인으로 가장 적합한 것은?

① 사회적 환경요인
② 유전적인 요소
③ **불안전한 행동 및 상태** ✓
④ 성격 결함

[해설]
사고의 원인

직접원인	물적 원인	불안전한 상태(1차 원인)
	인적 원인	불안전한 상태(1차 원인)
	천재지변	불가항력
간접원인	교육적 원인	개인적 결함(2차 원인)
	기술적 원인	
	관리적 원인	사회적 환경, 유전적 요인

60 진공식 제동 배력장치에 대한 설명으로 옳은 것은?

① 진공밸브가 새면 브레이크가 전혀 작동하지 않는다.
② 릴레이 밸브의 다이어프램이 파손되면 브레이크가 작동하지 않는다.
③ **릴레이 밸브 피스톤 컵이 파손되어도 브레이크는 작동한다.** ✓
④ 하이드롤릭 피스톤의 체크 볼이 밀착 불량이면 브레이크가 작동하지 않는다.

[해설]
진공식 제동 배력장치는 릴레이 밸브 피스톤이 파손되어도 체임버의 잔압에 의해 브레이크는 작동한다.

제3회 기출복원문제

01 전방오버행(LMC)의 거리는 무엇을 말하는가?

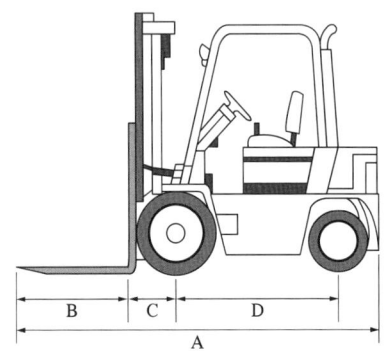

① A
② B
☑ C
④ D

해설

포크 | 축간거리
전장
전방오버행(LMC)

02 A와 B의 명칭은 무엇인가?

	A	B
①	브레이크페달	가속페달
②	주차브레이크	브레이크페달
☑	**인칭페달**	**브레이크페달**
④	브레이크페달	주차브레이크

해설

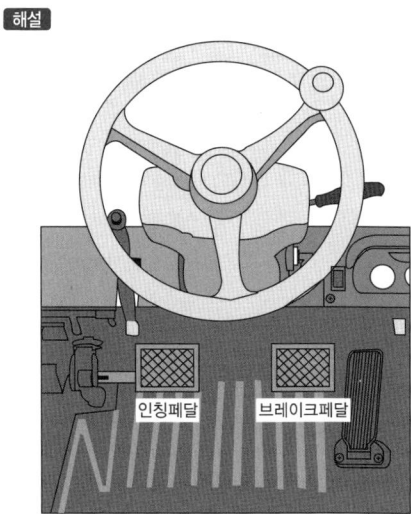

인칭페달　브레이크페달

03 계기판에 경고등이 다음과 같이 점등되었다. 원인은 무엇인가?

✔ ① 냉각수 과열
② 엔진오일 부족
③ 냉각수 부족
④ 유압유가 적을 때

04 압력제어 밸브 중 항상 닫혀 있다가 일정 조건이 되면 열려 작동하는 밸브에 속하지 않는 것은?

① 릴리프 밸브(Relief Valve)
✔ ② 감압 밸브(Reducing Valve)
③ 무부하 밸브(Unloading Valve)
④ 시퀀스 밸브(Sequence Valve)

해설
감압(리듀싱) 밸브는 항상 개방 상태로 있다가 일정 조건이 되면 밸브가 작동하여 감압시킨다.

05 디젤기관에서 사용되는 공기청정기에 관한 설명으로 틀린 것은?

✔ ① 공기청정기는 실린더 마멸과 관계없다.
② 공기청정기가 막히면 배기색은 흑색이 된다.
③ 공기청정기가 막히면 출력이 감소한다.
④ 공기청정기가 막히면 연소가 나빠진다.

해설
공기청정기가 막히면 실린더에 유입 공기량이 적어 진한 혼합비 형성과 불완전연소로 출력이 저하되고 배출 가스의 색이 검어진다.

06 직권전동기의 전기자 코일과 계자 코일의 연결방식은?

✔ ① 직렬로 연결한다.
② 병렬로 연결한다.
③ 전기자 코일은 직렬로 연결하고, 계자 코일은 병렬로 연결한다.
④ 직렬과 병렬로 혼합 연결한다.

해설
전동기의 종류와 특성
• 직권전동기 : 전기자 코일과 계자 코일이 직렬로 결선된 전동기
• 분권전동기 : 전기자 코일과 계자 코일이 병렬로 결선된 전동기
• 복권전동기 : 전기자 코일과 계자 코일이 직·병렬로 결선된 전동기

07 기어식 유압펌프의 특징으로 옳지 않은 것은?

① 정용량 펌프다.
② 외접식과 내접식이 있다.
③ 피스톤펌프에 비해 효율이 떨어진다.
④ **구조가 복잡하고, 다루기 어렵다.**

해설
기어식 유압펌프의 특징
- 구조가 간단하고 흡입능력이 크다.
- 다루기 쉽고 가격이 저렴하다.
- 정용량 펌프이다.
- 유압작동유의 오염에 비교적 강한 편이다.
- 피스톤펌프에 비해 효율이 떨어진다.
- 외접식과 내접식이 있다.
- 베인펌프에 비해 소음이 크다.

08 12V 납산축전지의 셀 수는 어떻게 되는가?

① 약 3V의 셀이 4개로 되어 있다.
② 약 4V의 셀이 3개로 되어 있다.
③ **약 2V의 셀이 6개로 되어 있다.**
④ 약 6V의 셀이 2개로 되어 있다.

해설
축전지는 여러 개의 셀로 구성되어 1개의 셀당 약 2V의 기전력을 가진다. 축전지의 전압은 셀을 직렬로 연결하여 계산하며, 12V의 축전지는 6개의 셀이 직렬로 연결되어 있다는 뜻이다.

09 건설기계조종사면허 적성검사 기준으로 틀린 것은?

① 두 눈을 동시에 뜨고 잰 시력이 0.7 이상
② **청력은 10m의 거리에서 60dB을 들을 수 있을 것**
③ 시각은 150° 이상
④ 두 눈의 시력이 각각 0.3 이상

해설
건설기계조종사의 적성검사 기준(건설기계관리법 시행규칙 제76조 제1항)
- 두 눈을 동시에 뜨고 잰 시력(교정시력을 포함)이 0.7 이상이고 두 눈의 시력이 각각 0.3 이상일 것
- 55dB(보청기를 사용하는 사람은 40dB)의 소리를 들을 수 있고, 언어분별력이 80% 이상일 것
- 시각은 150° 이상일 것
- 건설기계 조종상의 위험과 장해를 일으킬 수 있는 정신질환자, 뇌전증환자, 마약·대마·향정신성의약품 또는 알코올중독자로서 국토교통부령으로 정하는 사람에 해당되지 아니할 것

10 지게차의 선회를 원활하게 하는 장치에 해당하는 것은?

① 토크 컨버터
② 유니버설 조인트
③ 배력장치
④ **차동기어장치**

해설
차동기어장치
하부 추진체가 휠로 되어 있는 건설기계가 커브를 돌 때 좌우 구동바퀴의 회전속도를 다르게 하여 선회를 원활하게 해 주는 장치이다.

11 다음 중 커먼레일 디젤엔진의 연료장치 구성부품으로 옳지 않은 것은?

① 인젝터
☑ **예열플러그**
③ 연료저장축압기
④ 연료압력조절밸브

해설
커먼레일 디젤엔진의 연료장치 구성부품
연료저장축압기(커먼레일), 인젝터, 고압펌프, 고압파이프, 레일압력센서, 연료압력조절밸브

12 지게차의 일반적인 구동방식은 무엇인가?

☑ **전륜 구동, 후륜 조향방식이다.**
② 후륜 구동, 전륜 조향방식이다.
③ 후륜 구동, 후륜 조향방식이다.
④ 전륜 구동, 전륜 조향방식이다.

13 한쪽으로 쏠린 작업물을 들 때 균형을 맞추어 줄 수 있는 장치는?

① 사이드 클램프
② 로테이팅 포크
③ 힌지드 포크
☑ **사이드 시프트**

해설
사이드 시프트
차체를 이동시키지 않고 포크를 좌우측으로 이동하여 적재 및 하역 작업을 할 수 있다.

14 유체의 에너지를 이용하여 기계적인 일로 변환하는 기기는?

☑ **유압모터**
② 유압펌프
③ 오일 탱크
④ 원동기

해설
유압모터는 유체 에너지를 연속적인 회전운동으로 하는 기계적 에너지로 바꾸어 주는 기기를 말한다.

15 건설기계장비가 시동이 되지 않아 시동장치를 점검하고 있다. 적절하지 않은 것은?

① 마그네트 스위치 점검
② 기동전동기의 고장 여부 점검
☑ **발전기의 성능 점검**
④ 축전지의 (+)선 접촉 상태 점검

16 지게차의 운행 및 작업방법에 대한 설명으로 틀린 것은?

① 경사길에서 내려올 때는 후진으로 진행한다.
② 주행방향을 바꿀 때는 완전정지 또는 저속에서 행한다.
③ 틸트는 적재물이 백레스트에 완전히 닿도록 하고 운행한다.
❹ **조향륜이 지면에서 5cm 이하로 떨어졌을 때에는 밸런스 카운터 중량을 높인다.**

[해설]
지게차 작업 시 안전수칙
- 주정차 시 반드시 주차 브레이크를 고정시킨다.
- 전·후진 변속 시 지게차가 완전히 정지된 상태에서 행한다.
- 급발진, 급브레이크, 급선회하지 않는다.
- 화물을 올릴 때에는 가속페달을 밟는 동시에 레버를 조작한다.
- 화물을 하역할 때에는 마스트를 앞으로 약 4° 경사시킨다.
- 리프트 레버 사용 시 눈의 초점은 마스트를 주시한다.
- 창고 또는 공장에 출입할 때 지게차의 폭과 출입구의 폭을 확인하고, 부득이 포크를 올려 출입하는 경우 출입구 높이에 주의한다.

17 디젤기관에서 시동이 잘 걸리지 않는 원인으로 가장 적합한 것은?

① 냉각수의 온도가 높은 것을 사용할 때
② 보조탱크의 냉각수량이 부족할 때
③ 낮은 점도의 기관오일을 사용할 때
❹ **연료 계통에 공기가 들어있을 때**

18 도로교통법상 눈이 20mm 미만 쌓였을 때 최고속도의 감속으로 맞는 것은?

❶ **20%**
② 50%
③ 60%
④ 80%

[해설]
자동차 등의 속도(도로교통법 시행규칙 제19조)
- 최고속도의 100분의 20을 줄인 속도로 운행
  - 비가 내려 노면이 젖어 있는 경우
  - 눈이 20mm 미만 쌓인 경우
- 최고속도의 100분의 50을 줄인 속도로 운행
  - 폭우·폭설·안개 등으로 가시거리가 100m 이내인 경우
  - 노면이 얼어 붙은 경우
  - 눈이 20mm 이상 쌓인 경우

19 겨울철에 연료탱크를 가득 채우는 가장 주된 이유는?

① 연료가 적으면 증발하여 손실되므로
② 연료가 적으면 출렁거리기 때문에
❸ **공기 중의 수분이 응축되어 물이 생기기 때문에**
④ 연료 게이지에 고장이 발생하기 때문에

[해설]
겨울철 기온이 하강하면 연료탱크 안의 습기가 응축(결로)되어 물방울이 생기므로, 탱크에 연료를 가득 채워 방지할 수 있다.

20 유압 실린더의 종류에 해당하지 않는 것은?

① 단동 실린더
② 복동 실린더
③ 다단 실린더
❹ 회전 실린더

해설
유압 실린더의 종류
- 단동 실린더 : 표준형(단로드 실린더), 특수형(램형, 텔레스코프, 단동양로드)
- 복동 실린더 : 싱글로드형, 더블로드형, 쿠션 내장형, 복동 텔레스코프, 차동 실린더
- 다단 실린더 : 텔레스코프형, 디지털형

21 윤활유의 성질 중 가장 중요한 것은?

① 온 도
❷ 점 도
③ 습 도
④ 건 도

해설
점도는 윤활유의 성질 중 가장 기본이 되는 성질로, 액체가 유동할 때 나타나는 마찰저항(내부저항)을 말한다.
윤활유의 기능
- 방청작용, 냉각작용, 윤활작용
- 마찰 및 마멸 감소
- 응력분산 및 완충
- 기밀(밀봉, 밀폐)작용

22 유압모터의 장점이 아닌 것은?

① 작동이 신속, 정확하다.
❷ 관성력이 크며, 소음이 크다.
③ 전동 모터에 비하여 급속정지가 쉽다.
④ 광범위한 무단변속을 얻을 수 있다.

해설
유압모터의 장단점

장 점	• 힘의 연속 제어가 용이하다. • 소형 경량으로 큰 출력을 낼 수 있다. • 속도나 방향의 제어가 용이하고 릴리프 밸브를 달면 기구적 손상을 주지 않고 급정지시킬 수 있다. • 2개의 배관만을 사용해도 되므로 내폭성이 우수하다.
단 점	• 효율이 낮다. • 누설에 문제점이 많다. • 온도에 영향을 많이 받는다. • 작동유에 이물질이 들어가지 않도록 보수에 주의하지 않으면 안 된다. • 수명은 사용조건에 따라 다르므로 일정 시간 후 점검해야 한다. • 작동유의 점도 변화에 의하여 유압모터의 사용에 제약을 받는다. • 소음이 크다. • 기동이나 저속 시 운전이 원활하지 않다. • 인화하기 쉬운 오일을 사용하므로 화재에 위험이 높다. • 고장 발생 시 수리가 곤란하다.

23 가변용량형 유압펌프의 기호는?

① 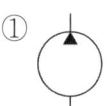   ②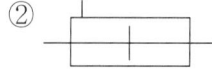

❸ 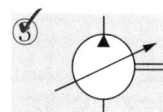   ④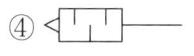

24 유압회로의 속도제어 회로와 관계없는 것은?

① 미터 아웃(Meter Out) 회로
② 블리드 오프(Bleed Off) 회로
✔ **오픈 센터(Open Center) 회로**
④ 미터 인(Meter In) 회로

해설
속도제어 회로의 분류
- 미터 인 회로 : 공급 쪽 관로에 설치한 바이패스 관로의 흐름을 제어함으로써 속도를 제어하는 회로
- 미터 아웃 회로 : 배출 쪽 관로에 설치한 바이패스 관로의 흐름을 제어함으로써 속도를 제어하는 회로
- 블리드 오프 회로 : 공급 쪽 관로에 바이패스 관로를 설치하여 바이패스로의 흐름을 제어함으로써 속도를 제어하는 회로

25 유압 오일에서 온도에 따른 점도 변화 정도를 표시하는 것은?

① 관성력
② 점도 분포
✔ **점도지수**
④ 윤활성

해설
점도지수
온도에 따른 점도 변화 수치로, 점도지수가 크면 점도 변화는 작고 점도지수가 작으면 점도 변화는 크다.

26 유압장치에 부착되어 있는 오일탱크의 부속장치가 아닌 것은?

① 주입구 캡   ② 유면계
③ 배 플   ✔ **피스톤 로드**

해설
피스톤 로드는 유압실린더의 부속품이다.

27 해머 작업 시 안전수칙에 대한 설명으로 옳은 것은?

① 면장갑을 착용한다.
② 해머 머리의 녹 방지를 위해 오일을 도포한다.
✔ **타격 시 주위를 점검한 후 작업을 시작한다.**
④ 큰 힘이 필요할 때 파이프에 연결하여 사용한다.

해설
해머 작업 시 안전수칙
- 장갑을 끼고 해머작업을 하지 말 것
- 작업 중 수시로 해머상태(자루의 헐거움)를 점검할 것
- 해머로 공동 작업을 할 때에는 호흡을 맞출 것
- 열처리된 재료는 해머작업을 하지 말 것
- 해머로 타격할 때에는 처음과 마지막에는 힘을 많이 가하지 말 것
- 타격 가공하려는 곳에 시선을 고정시킬 것
- 해머의 타격면에 기름을 바르지 말 것
- 해머로 녹슨 것을 때릴 때에는 반드시 보안경을 쓸 것
- 대형 해머로 작업할 때에는 자기 역량에 알맞은 것을 사용할 것
- 타격면이 찌그러진 것은 사용하지 말 것
- 손잡이가 튼튼한 것을 사용할 것
- 작업 전에 주위를 살필 것
- 기름 묻은 손으로 작업하지 말 것
- 해머를 사용하여 상향(上向) 작업을 할 때에는 반드시 보호안경을 착용할 것

28 엔진의 회전수를 나타낼 때 rpm이란?

① 시간당 엔진 회전수
☑ **분당 엔진 회전수**
③ 초당 엔진 회전수
④ 10분간 엔진 회전수

[해설]
rpm = 1분당 엔진 회전수

29 유압유의 흐름을 한쪽으로만 허용하고 반대방향의 흐름을 제어하는 밸브는?

① 릴리프 밸브
☑ **체크 밸브**
③ 카운터 밸런스 밸브
④ 매뉴얼 밸브

[해설]
체크 밸브
유압회로에서 역류를 방지하고 회로 내의 잔류압력을 유지하는 밸브이다.

30 유압모터에서 소음과 진동이 발생할 때의 원인이 아닌 것은?

① 내부 부품의 파손
☑ **펌프의 최고 회전속도 저하**
③ 작동유 속에 공기의 혼입
④ 체결 볼트의 이완

[해설]
펌프의 최고 회전속도 저하는 압력과 유량에 영향을 준다.

31 생산활동 중 발생한 신체장애와 유해물질에 의한 중독 등으로 작업성 질환에 걸려 나타나는 장애를 무엇이라 하는가?

① 산업안전
② 안전관리
☑ **산업재해**
④ 안전사고

32 벨트 취급 시 안전에 대한 주의사항으로 틀린 것은?

① 벨트에 기름이 묻지 않도록 한다.
② 벨트의 적당한 유격을 유지하도록 한다.
③ 벨트 교환 시 회전이 완전히 멈춘 상태에서 한다.
☑ **벨트의 회전을 정지시킬 때 손으로 잡아 정지시킨다.**

[해설]
벨트의 회전을 정지시킬 때는 벨트가 완전히 정지할 때까지는 손을 대지 말아야 한다.

33 산업안전 재해를 예방하는 방법으로 옳지 않은 것은?

① 엔진에서 발생하는 일산화 탄소에 대비하여 환기장치를 설치한다.
② 공구는 지정된 장소에 보관한다.
③ 주요 장비에는 조작자를 선정하여 아무나 조작하지 않도록 한다.
☑ **소화기 근처에 물건을 적재한다.**

34 도로교통법상 벌점의 누산점수 초과로 인한 면허취소 기준 중 1년간 누산점수는 몇 점인가?

① 121점　② 190점
③ 201점　④ 271점

해설
벌점의 누산점수 초과로 인한 면허취소 기준(도로교통법 시행규칙 [별표 28])

기간	1년간	2년간	3년간
벌점 또는 누산점수	121점 이상	201점 이상	271점 이상

35 다음 중 유압장치에 주로 사용되지 않는 것은?

① 베인 펌프　② 피스톤 펌프
③ 분사 펌프　④ 기어 펌프

해설
분사 펌프는 연료장치에 사용되는 펌프이다.

36 유압회로에서 작동유의 적정 온도는?

① 125~250℃　② 95~115℃
③ 45~80℃　④ 2~5℃

해설
유압 작동유의 적정 온도 : 약 40~80℃ 정도(80℃ 이상은 과열상태)

37 다음 중 산업재해 조사의 목적에 대한 설명으로 가장 적절한 것은?

① 적절한 예방대책을 수립하기 위하여
② 작업능률 향상과 근로기강 확립을 위하여
③ 재해 발생에 대한 통계를 작성하기 위하여
④ 재해를 유발한 자의 책임추궁을 위하여

해설
산업재해 조사목적
• 동종재해 및 유사재해 재발방지 → 근본적 목적
• 재해원인 규명
• 예방자료 수집으로 예방대책 수립

38 스패너나 렌치 작업방법으로 적합하지 않은 것은?

① 볼트, 너트를 풀거나 조일 때 규격에 맞는 것을 사용한다.
② 렌치를 잡아당길 수 있는 위치에서 작업하도록 한다.
③ 스패너나 렌치는 뒤로 밀면서 돌려 조이는 것이 좋다.
④ 파이프 렌치는 한쪽 방향으로만 힘을 가하여 사용한다.

해설
스패너나 렌치를 사용할 때는 자기 쪽으로 당겨서 사용하도록 한다.

39 산업안전보건법에서 안전보건표지의 종류가 아닌 것은?

❶ 위험표지
② 경고표지
③ 지시표지
④ 금지표지

[해설]
안전보건표지의 종류
금지표지, 경고표지, 지시표지, 안내표지

40 유압장치의 취급으로 옳지 않은 것은?

① 추운 날씨에는 충분한 준비 운전 후 작업한다.
❷ 종류가 다른 오일이라도 부족하면 보충할 수 있다.
③ 오일량이 부족하지 않도록 점검 보충한다.
④ 가동 중 이상음이 발생하면 즉시 작업을 중지한다.

[해설]
종류가 다른 오일을 혼합하면 열화현상이 발생할 수 있다.

41 '적재중량・승차인원'에 대하여 안전기준을 넘어서 운행하고자 하는 경우 누구에게 허가를 받아야 하는가?

❶ 출발지 관할 경찰서장
② 시・도지사
③ 도착지 관할 경찰서장
④ 절대 운행 불가

[해설]
승차 또는 적재의 방법과 제한(도로교통법 제39조 제1항)
모든 차의 운전자는 승차 인원, 적재중량 및 적재용량에 관하여 대통령령으로 정하는 운행상의 안전기준을 넘어서 승차시키거나 적재한 상태로 운전하여서는 아니된다. 다만, 출발지를 관할하는 경찰서장의 허가를 받은 경우에는 그러하지 아니하다.

42 작업장에서 작업복을 착용하는 가장 주된 이유는?

① 직업장의 질서를 확립시키기 위해서이다.
② 작업 능률을 올리기 위해서이다.
❸ 재해로부터 작업자의 몸을 보호하기 위해서이다.
④ 작업자의 복장 통일을 위해서이다.

[해설]
작업복, 안전모, 안전화 등을 착용하는 이유는 작업자의 안전 확보이다.

43 운전자가 업무상 필요한 주의를 게을리하거나 중대한 과실로 다른 사람의 건조물을 손괴한 경우의 벌칙으로 옳은 것은?

① 2년 이하의 징역이나 500만원 이하의 벌금
☑ **2년 이하의 금고나 500만원 이하의 벌금**
③ 1년 이하의 금고나 1천만원 이하의 벌금
④ 1년 이하의 징역이나 1천만원 이하의 벌금

해설
차 또는 노면전차의 운전자가 업무상 필요한 주의를 게을리하거나 중대한 과실로 다른 사람의 건조물이나 그 밖의 재물을 손괴한 경우에는 2년 이하의 금고나 500만원 이하의 벌금에 처한다(도로교통법 제151조).

44 건설기계 조종 중 재산피해를 입었을 때 피해금액 50만원마다 면허효력 정지기간은?

☑ **1일**
② 5일
③ 10일
④ 15일

해설
건설기계조종사면허의 취소·정지처분기준(건설기계관리법 시행규칙 [별표 22])
재산피해금액 50만원마다 면허효력정지 1일(90일을 넘지 못함)

45 연 100만 근로시간당 몇 건의 재해가 발생했는가의 재해율 산출을 무엇이라 하는가?

① 연천인율
☑ **도수율**
③ 강도율
④ 천인율

해설
도수율(빈도율)
= (요양재해건수 / 연근로시간수) × 1,000,000

46 건설기계를 도난당한 날로부터 얼마 이내에 등록말소를 신청하여야 하는가?

① 10일
② 15일
③ 1개월
☑ **2개월**

해설
등록의 말소 등(건설기계관리법 제6조)
건설기계를 도난당한 경우 사유가 발생한 날로부터 2개월 이내로 시·도지사에게 등록 말소를 신청하여야 한다.

47 지게차의 앞바퀴 설치 위치로 옳은 것은?

① 섀클 핀에 설치된다.
☑ **직접 프레임에 설치된다.**
③ 너클 암에 설치된다.
④ 등속이음에 설치된다.

48 교차로 20m 전방 황색 등화 시 운전조치로 옳지 않은 것은?

① 정지선이 있을 때에는 그 직전이나 교차로의 직전에 정지하여야 한다.
② 교차로에 차마의 일부라도 진입할 경우에는 신속히 교차로 밖으로 진행하여야 한다.
③ 우회전하는 경우에는 보행자의 횡단을 방해하지 못한다.
☑ 비보호좌회전표지 또는 비보호좌회전표시가 있는 곳에서는 좌회전할 수 있다.

[해설]
차량 신호등 황색의 등화 시(도로교통법 시행규칙 [별표 2])
• 차마는 정지선이 있거나 횡단보도가 있을 때에는 그 직전이나 교차로의 직전에 정지하여야 하며, 이미 교차로에 차마의 일부라도 진입한 경우에는 신속히 교차로 밖으로 진행하여야 한다.
• 차마는 우회전할 수 있고, 우회전하는 경우에는 보행자의 횡단을 방해하지 못한다.

49 건설기계장비에서 유압 구성품을 분해하기 전에 내부압력을 제거하려면 어떻게 하는 것이 좋은가?

① 압력밸브를 밀어 준다.
② 고정너트를 서서히 푼다.
☑ 엔진 정지 후 조정 레버를 모든 방향으로 작동하여 압력을 제거한다.
④ 엔진 정지 후 개방하면 된다.

50 방향제어밸브에서 내부 누유에 영향을 미치는 요소가 아닌 것은?

☑ 관로의 유량
② 밸브 간극의 크기
③ 밸브 양단의 압력차
④ 유압유의 점도

[해설]
방향제어밸브에서 내부 누유에 영향을 미치는 요소
• 밸브 간극의 크기
• 밸브 양단의 압력차
• 유압유의 점도

51 조향 핸들의 유격이 커지는 원인과 관계없는 것은?

① 피트먼 암의 헐거움
☑ 타이어 공기압 과대
③ 조향기어, 조향링키지 조정 불량
④ 앞바퀴 베어링 과대 마모

52 산업안전보건법상 안전보건표지에서 색채와 용도가 서로 맞지 않는 것은?

① 빨간색 – 금지
☑ 노란색 – 위험
③ 녹색 – 안내
④ 파란색 – 지시

53 압력식 라디에이터 캡에 대한 설명으로 옳은 것은?

① 냉각장치 내부압력이 규정보다 낮을 때 공기 밸브는 열린다.
② 냉각장치 내부압력이 규정보다 높을 때 진공 밸브는 열린다.
❸ **냉각장치 내부압력이 부압이 되면 진공 밸브는 열린다.**
④ 냉각장치 내부압력이 규정보다 높을 때 공기 밸브는 닫힌다.

해설
냉각장치 내부압력이 규정보다 높을 때는 공기 밸브가 열리고, 부압이 되면 진공 밸브가 열린다.

54 도로교통법에 위반되는 것은?

① 밤에 교통이 빈번한 도로에서 전조등을 계속 하향했다.
② 낮에 어두운 터널 속을 통과할 때 전조등을 켰다.
③ 소방용 방화물통으로부터 10m 지점에 주차하였다.
❹ **노면이 얼어붙은 곳에서 최고속도의 100분의 20을 줄인 속도로 운행하였다.**

해설
노면이 얼어붙은 경우 최고속도의 100분의 50을 줄인 속도로 운행하여야 한다(도로교통법 시행규칙 제19조).

55 건설기계를 등록할 때 건설기계 출처를 증명하는 서류와 관계없는 것은?

① 건설기계제작증
② 수입면장
③ 매수증서(관청으로부터 매수)
❹ **건설기계 대여업 신고증**

해설
건설기계의 건설기계등록신청서의 서류 첨부(건설기계관리법 시행령 제3조)
1. 다음의 구분에 따른 해당 건설기계의 출처를 증명하는 서류. 다만, 해당 서류를 분실한 경우에는 해당 서류의 발행사실을 증명하는 서류(원본 발행기관에서 발행한 것으로 한정)로 대체할 수 있다.
   - 국내에서 제작한 건설기계 : 건설기계제작증
   - 수입한 건설기계 : 수입면장 등 수입사실을 증명하는 서류. 다만, 타워크레인의 경우에는 건설기계제작증을 추가로 제출
   - 행정기관으로부터 매수한 건설기계 : 매수증서
2. 건설기계의 소유자임을 증명하는 서류. 다만, 1의 서류가 건설기계의 소유자임을 증명할 수 있는 경우에는 해당 서류로 갈음할 수 있다.
3. 건설기계제원표
4. 자동차손해배상 보장법에 따른 보험 또는 공제의 가입을 증명하는 서류[자동차손해배상 보장법 시행령에 해당되는 건설기계의 경우에 한정하되, 시장·군수 또는 구청장(자치구의 구청장)에게 신고한 매매용건설기계를 제외]

56 연식 20년 이하의 타이어식 트럭지게차에 대한 정기검사 유효기간은?

① 6개월   ❷ **1년**
③ 2년   ④ 3년

해설
타이어식 트럭지게차의 정기검사 유효기간(건설기계관리법 시행규칙 [별표 7])
• 연식 20년 이하 : 1년
• 연식 20년 초과 : 6개월

57 주행장치에서 스프로킷의 이상 마모를 방지하기 위해서 조정하여야 하는 것은?

① 슈의 간격
❷ 트랙의 장력
③ 롤러의 간격
④ 아이들러의 위치

해설
스프로킷의 이상 마모는 트랙의 장력이 느슨하거나 과대할 때 생기므로 조정이 필요하다.

58 예열플러그를 빼서 확인해 보았더니 심하게 오염되어 있었다. 그 원인은 무엇인가?

❶ 불완전연소 또는 노킹
② 엔진과열
③ 플러그의 용량 과다
④ 냉각수 부족

해설
예열플러그는 디젤기관의 착화성능을 향상시켜 주는 것으로, 기온이 낮을 때 시동을 돕는 장치이다. 예열플러그의 오염은 불완전연소나 노킹에 의해 발생한다.

59 화재의 분류에서 금속화재에 해당하는 것은?

① A급 화재
② B급 화재
③ C급 화재
❹ D급 화재

해설
화재의 분류
• A급 화재 : 일반(보통)화재
• B급 화재 : 유류 및 가스화재
• C급 화재 : 전기화재
• D급 화재 : 금속화재

60 직접분사실식 디젤 연소실의 장점이 아닌 것은?

① 실린더 헤드가 간단하고 열효율이 높다.
② 시동이 용이하고, 예열플러그가 필요 없다.
❸ 디젤 노크 발생이 적고 진동, 소음이 적다.
④ 연소실 용적에 대한 표면적 비율이 작아서 냉각손실이 작다.

해설
디젤 노크 발생이 적고 진동, 소음이 적은 것은 예연소실식의 장점이다.

제4회 기출복원문제

01 기관 방열기에 연결된 보조탱크의 역할을 설명한 것으로 가장 적합하지 않은 것은?

① 냉각수의 체적팽창을 흡수한다.
② 장기간 냉각수 보충이 필요 없다.
③ 오버플로(Overflow)되어도 증기만 방출된다.
❹ 냉각수 온도를 적절하게 조절한다.

해설
④ 냉각수 온도를 적절히 조절하는 것은 수온 조절기이다.

02 지게차를 수리하거나 점검할 때 포크의 갑작스러운 하강 방지를 위해 설치하는 것은?

① 포크
② 헤드가드
❸ 포크 받침대
④ 캐리지

해설
포크 받침대로 포크를 하단부에서 지지하고 수리해야 포크 급하강에 의한 사고를 예방할 수 있다.

03 기관 과열의 주요 원인이 아닌 것은?

① 라디에이터 코어의 막힘
② 냉각장치 내부의 물때 과다
③ 냉각수의 부족
❹ 엔진오일량 과다

해설
엔진오일량이 부족하면 실린더 내부의 냉각작용이 잘 이루어지지 않기 때문에 기관 과열의 원인이 된다.

04 디젤기관의 장점이 아닌 것은?

❶ 가속성이 좋고 운전이 정숙하다.
② 열효율이 높다.
③ 화재의 위험이 적다.
④ 연료 소비율이 낮다.

해설
디젤기관은 가솔린엔진에 비해 토크(힘)는 좋으나, 가속성이 떨어지고 소음과 진동도 더 커서 정숙하지 못하다.

05 디젤기관에서 노크 방지방법으로 틀린 것은?

① 압축비를 낮춘다.
② 연소실벽 온도를 높게 유지한다.
③ 착화성이 좋은 연료를 사용한다.
④ 착화기간 중의 분사량을 적게 한다.

[해설]
디젤기관의 노킹을 방지하려면 압축비를 높여 연소실에서 완전연소가 일어나도록 해야 한다.

06 지게차가 경사로에서 브레이크를 밟지 않고도 약 5초간 자동 정지로 안전주행을 확보할 수 있는 장치는?

① 후측방 경보장치
② 주행경고음 발생장치
③ 포크 급강하 방지장지
④ 경사로 밀림 방지장치

[해설]
경사로 밀림 방지장치는 비탈길에서 재시동을 걸거나, 정지했다가 다시 출발하고자 할 때 차량이 뒤로 밀리는 것을 막아주는 장치이다.

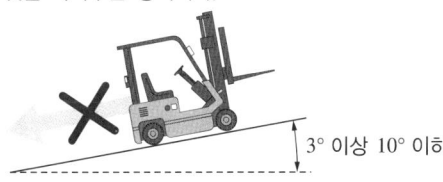

3° 이상 10° 이하

07 차량이 정지 또는 시동이 Off 되어 있을 때 자동으로 주차 상태가 되도록 하여 운전자의 안전성을 확보한 장치는?

① 미끄럼 방지 발판
② 전자식 파킹 브레이크
③ 마스크 하강 방지 시스템
④ 최고속도 제한기능

[해설]
전자식 파킹 브레이크는 지게차가 정지 또는 시동이 꺼져 있을 때 자동으로 주차 상태가 되도록 한다.

08 지게차 전후진 레버의 접점과 안전벨트를 연결하여 안전벨트 착용 시에만 전진이나 후진할 수 있도록 인터로크 회로 시스템을 구축한 장치는?

① 대형 후사경
② 주행연동 안전벨트
③ 힌지드 버킷
④ 사이드 클램프

[해설]
주행연동 안전벨트 장치는 최신 지게차에 적용되고 있는 사양으로, 주행 시 안전벨트가 작동할 때만 이동이 가능하다.

09 지게차 계기판에 다음 그림이 표시되었다면, 어떤 상태를 나타내고 있는 것인가?

① **예열장치가 작동 중이다.**
② 주차 브레이크가 작동 중이다.
③ 전조등이 켜져 있다.
④ 전방 작업등이 켜져 있다.

[해설]
디젤기관은 점화장치가 따로 없어 압축열에 의한 디젤의 점화를 통해 동력을 발생시킨다. 따라서 겨울철에는 압축열 발생을 위해 연소실 내부에 예열플러그를 설치하여 연소에 적합한 온도로 높여준다.

10 넓은 크기의 날개로 화물을 양옆에서 클램핑하여 운반할 수 있는 작업장치는?

① 인칭페달
② 사이드 시프트
③ 주차브레이크
④ **카톤 클램프**

[해설]
카톤 클램프
좌우로 벌어지는 넓은 크기의 날개로 화물을 클램핑하여 운반하는 작업장치이다.

11 포크로 든 짐을 상단에 설치된 압착판(덮개)으로 눌러서 화물을 고정시킬 수 있는 작업장치는?

① 회전 포크
② 힌지드 버킷
③ 푸시 풀 장치
④ **로드 스태빌라이저**

[해설]
로드 스태빌라이저
포크로 든 짐을 상단에 설치된 압착판(덮개)으로 눌러서 고르지 못한 도로를 다닐 때 화물의 쏟아짐을 방지하기 위한 작업장치이다.

12 인칭페달이 장착되지 않은 지게차는?

① **전동형 지게차**
② 디젤엔진형 지게차
③ LPG엔진형 지게차
④ 가솔린엔진형 지게차

[해설]
인칭페달은 엔진형 지게차에만 장착되어 있다.

13 산업안전보건법령상 안전보건표지의 종류 중 다음 그림에 해당하는 것은?

① 산화성물질 경고
② 인화성물질 경고
☑ **폭발성물질 경고**
④ 급성독성물질 경고

14 생산활동 중 발생한 신체장애와 유해물질에 의한 중독 등으로 직업성 질환에 걸려 나타나는 장애를 무엇이라 하는가?

① 산업안전
② 안전관리
☑ **산업재해**
④ 안전사고

해설
산업재해는 생산활동 중 발생한 신체장애나 유해물질에 의한 중독으로 인한 장애 등의 재해이다.

15 철길건널목 통과방법에 대한 설명으로 옳지 않은 것은?

① 철길건널목에서는 앞지르기를 하여서는 안 된다.
② 철길건널목 부근에서는 주정차를 하여서는 안 된다.
☑ **철길건널목에 일시정지 표지가 없을 때에는 서행하면서 통과한다.**
④ 철길건널목에서는 일시정지하여(신호기 등이 표시하는 신호에 따르는 경우는 제외) 안전을 확인한 후에 통과한다.

해설
철길건널목의 통과(도로교통법 제24조)
• 모든 차 또는 노면전차의 운전자는 건널목 앞에서 일시정지하여 안전을 확인한 후에 통과(단, 신호기 등이 표시하는 신호에 따르는 경우에는 정지하지 않고 통과할 수 있음)한다.
• 모든 차 또는 노면전차의 운전자는 건널목의 차단기가 내려져 있거나 내려지려고 하는 경우 건널목의 경보기가 울리고 있는 동안에는 그 건널목으로 들어가서는 아니 된다.
• 모든 차 또는 노면전차의 운전자는 건널목을 통과하다가 고장 등의 사유로 건널목 안에서 차 또는 노면전차를 운행할 수 없게 된 경우에는 즉시 승객을 대피시키고 비상 신호기 등을 사용하거나 그 밖의 방법으로 철도공무원이나 경찰공무원에게 그 사실을 알려야 한다.

16 V벨트나 평면벨트 등에 직접 사람이 접촉하여 말려들거나 마찰 위험이 있는 작업장에서의 방호장치로 맞는 것은?

✔ ① 격리형 방호장치
② 덮개형 방호장치
③ 위치제한형 방호장치
④ 접근반응형 방호장치

해설
격리형 방호장치(고정형 가드)는 위험포인트를 완전히 막아 위험요소와 작업자의 접촉을 차단시키는 안전장치이다.

17 볼트나 너트를 죄거나 푸는 데 사용하는 각종 렌치에 대한 설명으로 틀린 것은?

① 조정렌치 - 멍키렌치라고도 하며 제한된 범위 내에서 어떠한 규격의 볼트나 너트에도 사용할 수 있다.
② 엘(L)렌치 - 6각형 봉을 L자 모양으로 구부려서 만든 렌치이다.
✔ ③ 복수렌치 - 연료파이프 피팅작업에 사용한다.
④ 소켓렌치 - 다양한 크기의 소켓을 바꾸어 가며 작업할 수 있도록 만든 렌치이다.

해설
③ 연료파이프 피팅작업에는 육각렌치가 주로 사용된다.

18 지게차의 리프트 체인에 주유하는 가장 적합한 오일은?

① 자동변속기 오일
② 작동유
✔ ③ 엔진오일
④ 그리스

해설
리프트 체인에는 엔진오일과 같은 기계유를 주유하여 이동부의 윤활작용을 돕는다.

19 소화방식의 종류 중 주된 작용이 질식소화에 해당하는 것은?

① 강화액 ② 호스방수
✔ ③ 에어-폼 ④ 스프링클러

해설
에어-폼(Air-foam)은 공기를 차단시키는 질식작용의 소화방식이다.

20 전자제어 엔진에서 냉간 시 점화시기 및 연료분사량 제어를 하는 센서는?

① 대기압센서 ② 흡기온센서
✔ ③ 수온센서 ④ 공기량센서

해설
수온센서는 엔진의 냉간 시 냉각수 온도센서를 통해 엔진의 온도를 예측함으로써 점화시기와 연료분사량을 제어한다.

21 타이어의 스탠딩웨이브 현상에 대한 내용으로 옳은 것은?

① 스탠딩웨이브를 줄이기 위해 고속주행 시 공기압을 10% 정도 줄인다.
❷ **스탠딩웨이브 현상이 심하면 타이어 박리현상이 발생할 수 있다.**
③ 스탠딩웨이브는 바이어스 타이어보다 레이디얼 타이어에서 많이 발생한다.
④ 스탠딩웨이브 현상은 하중과 무관하다.

해설
② 스탠딩웨이브 현상이 심할 경우 타이어의 파열 및 박리(떨어져 나감)현상이 발생한다.
① 스탠딩웨이브를 줄이기 위해 공기압을 10% 정도 높여준다.
③ 스탠딩웨이브 현상은 바이어스 타이어에서 더 많이 발생한다.
④ 스탠딩웨이브 현상은 하중과 관련이 크다.

바이어스 타이어와 레이디얼 타이어

바이어스 타이어	레이디얼 타이어
• 타이어를 구성하는 내부 카커스의 배열 각도가 트레드 중심선에 대해 약 30~40°의 각을 이루는 것으로 접지부 움직임이 빨리서 마모도 빠르다. • 사이드월이 레이디얼 타이어보다 강하다.	타이어를 구성하는 내부 카커스의 배열 각도가 트레드 중심선에 대해 약 90°의 각을 이루는 것으로 접지부 움직임이 빨라서 마모도 빠르다.

22 엔진 윤활유를 사용함에 있어 가장 알맞은 것은?

① 여름철 – SAE 20
② 겨울철 – SAE 40
❸ **여름철 – SAE 40**
④ 겨울철 – SAE 30

해설
SAE(Society of Automotive Engineers, 미국 자동차 기술자협회) 뒤의 숫자는 점도지수로, 수치가 낮으면 겨울, 높을수록 여름용이다. 따라서 여름철에는 SAE 40을 사용한다.

23 흡·배기밸브의 구비조건이 아닌 것은?

① 열전도성이 좋을 것
② 열에 대한 팽창률이 작을 것
❸ **열에 대한 저항력이 작을 것**
④ 가스에 견디고 고온에 잘 견딜 것

해설
흡·배기밸브는 열에 대한 저항력이 커야 변형도 방지할 수 있다.

24 주행 중 브레이크 작동 시 조향 핸들이 한쪽으로 쏠리는 원인으로 거리가 가장 먼 것은?

① 휠 얼라인먼트 조정이 불량하다.
② 좌우 타이어의 공기압이 다르다.
③ 브레이크 라이닝의 좌우 간극이 불량하다.
❹ 마스터 실린더의 체크밸브 작동이 불량하다.

> **해설**
> 브레이크 패드를 라이닝에 압착시킬 때 사용되는 마스터 실린더의 체크밸브 불량은 핸들 쏠림과 관련이 없다.

25 작업 중 엔진 온도가 급상승하였을 때 먼저 점검하여야 할 것은?

① 윤활유 점도지수 점검
② 고부하 작업
③ 장기간 작업
❹ 냉각수의 양 점검

> **해설**
> 작업 중 엔진의 온도가 상승했다면 가장 먼저 냉각수 양을 점검해야 한다.

26 지게차의 운행사항으로 틀린 것은?

① 틸트는 적재물이 백레스트에 완전히 닿도록 한 후 운행한다.
② 주행 중 노면상태에 주의하고 노면이 고르지 않은 곳에서는 천천히 운행한다.
③ 내리막길에서는 급회전을 삼간다.
❹ 지게차의 중량제한은 긴급한 상황인 경우 무시할 수 있다.

> **해설**
> 지게차를 운행할 때는 안전을 위해 중량제한을 준수해야 한다. 미준수 시 지게차가 전도될 수 있다.

27 지게차에 적용되는 동력전달장치에 속하지 않는 것은?

① 구동 액슬
② 트랜스미션
③ 토크컨버터
❹ 카운터웨이트

> **해설**
> 카운터웨이트는 지게차에 장착된 무게추로, 무거운 물건을 들 수 있도록 하는 역할을 한다.

28 크랭크축의 비틀림 진동에 대한 설명 중 틀린 것은?

① 각 실린더의 회전력 변동이 클수록 커진다.
② 크랭크축이 길수록 커진다.
✓ **강성이 클수록 커진다.**
④ 회전부분의 질량이 클수록 커진다.

해설
크랭크축의 비틀림 진동은 재료의 강성이 클수록 작아진다.

29 플라이휠과 압력판 사이에 설치되어 있으며, 변속기 입력축을 통해 변속기에 동력을 전달하는 것은?

① 벨트 텐셔너
✓ **클러치 디스크**
③ 릴리스 레버
④ 릴리스 포크

해설
클러치 디스크는 플라이휠과 압력판 사이에 설치되어 동력을 전달하는 기계장치이다.

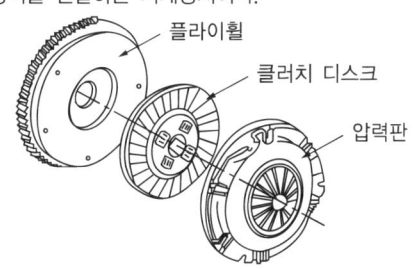

30 동력전달장치에 사용되는 차동기어장치에 대한 설명으로 틀린 것은?

① 선회할 때 좌우 구동바퀴의 회전속도를 다르게 한다.
② 선회할 때 바깥쪽 바퀴의 회전속도를 증대시킨다.
③ 보통 차동기어장치는 노면의 저항을 작게 받는 구동바퀴의 회전속도가 빠르게 될 수 있다.
✓ **기관의 회전력을 크게 해 구동바퀴에 전달한다.**

해설
차동기어장치는 선회 시 좌우 바퀴의 회전수와 관련이 있을 뿐, 기관의 회전력과는 관련이 없다.

31 클러치의 필요성으로 틀린 것은?

✓ **전·후진을 위해**
② 관성운동을 하기 위해
③ 기어 변속 시 기관의 동력을 차단하기 위해
④ 기관 시공 시 기관을 무부하 상태로 하기 위해

해설
클러치는 엔진의 동력을 변속기로 전달하는 동력전달장치로, 클러치가 없다고 해서 지게차의 전진과 후진을 할 수 없는 것은 아니다.

32 긴 내리막길을 내려갈 때 베이퍼록을 방지하는 좋은 운전방법은?

① 변속레버를 중립으로 놓고 브레이크페달을 밟고 내려간다.
② 시동을 끄고 브레이크페달을 밟고 내려간다.
❸ **엔진 브레이크를 사용한다.**
④ 클러치를 끊고 브레이크페달을 계속 밟아 속도를 조정하며 내려간다.

> [해설]
> 긴 내리막길을 내려갈 때 베이퍼록 방지를 위해서는 페달 브레이크를 사용하지 않고 엔진 브레이크를 사용해야 한다.

33 지게차 주행 시 주의하여야 할 사항 중 틀린 것은?

① 짐을 싣고 주행할 때는 절대로 속도를 내서는 안 된다.
② 노면의 상태에 충분한 주의를 하여야 한다.
❸ **포크의 끝을 밖으로 경사지게 한다.**
④ 적하장치에 사람을 태워서는 안 된다.

> [해설]
> 지게차 주행 시 포크는 수평을 유지하거나 안쪽으로 기울여야 한다.

34 최고주행속도가 시간당 15km 미만인 건설기계가 갖추지 않아도 되는 조명은?

① 전조등
② 제동등
❸ **번호등**
④ 후부반사판

> [해설]
> 최고주행속도가 15km/h 미만인 건설기계의 조명장치 (건설기계 안전기준에 관한 규칙 제155조 제1항 제1호)
> • 전조등
> • 제동등(단, 유량제어로 속도를 감속하거나 가속하는 건설기계는 제외)
> • 후부반사기
> • 후부반사판 또는 후부반사지

35 도로교통법상 야간 도로에서 자동차를 주정차할 때 필수 등화로 옳은 것은?

① 후부반사기
② 실내조명등 및 미등
❸ **미등 및 차폭등**
④ 차폭등 및 번호등

> [해설]
> 차와 노면전차의 등화(도로교통법 제37조 제1항 제1호) 밤(해가 진 후부터 해가 뜨기 전까지를 말함)에 도로에서 차 또는 노면전차를 운행하거나 고장이나 그 밖의 부득이한 사유로 도로에서 차 또는 노면전차를 정차 또는 주차하는 경우 전조등, 차폭등, 미등과 그 밖의 등화를 켜야 한다.

36 축전지 충전방법 중 틀린 것은?

① 정전류 충전법
② 정전압 충전법
③ 단별전류 충전법
✔ **정저항 충전법**

해설
정저항 충전법은 충전방식으로 사용되지 않는다.

37 엔진을 정지하고 계기판 전류계의 지시침을 살펴보니 정상에서 (−) 방향을 지시하고 있다. 그 원인이 아닌 것은?

① 전조등 스위치가 점등위치에서 방전하고 있다.
② 배선에서 누전되고 있다.
③ 시동 시 엔진의 예열장치를 동작시키고 있다.
✔ **발전기에서 축전지로 충전되고 있다.**

해설
전류계 지침이 (−)를 가리키는 것은 충전이 되고 있지 않은 것이다.

38 기동전동기의 전기자 코일을 시험하는 데 사용되는 시험기는?

① 전류계 시험기
② 전압계 시험기
✔ **그라울러 시험기**
④ 저항 시험기

해설
그라울러 시험기는 기동전동기의 전기자 코일에서 단선 및 통전, 단락, 접지 등을 시험 및 점검한다.

39 축전지 케이스와 커버를 청소할 때 사용되는 용액은?

① 비수와 물
② 소금과 물
✔ **소다와 물**
④ 오일 가솔린

해설
축전지 케이스와 커버는 소다와 물로 청소한다.

40 다음 설명에 해당하는 것은?

> 도로교통법상 모든 차의 운전자는 같은 방향으로 가고 있는 앞차의 뒤를 따를 때에는 앞차가 갑자기 정지하게 되는 경우에 그 앞차와의 충돌을 피할 수 있는 필요한 거리를 확보하도록 되어 있다.

① 급제동 금지거리
✔ **안전거리**
③ 제동거리
④ 진로양보거리

해설
안전거리는 앞차와의 충돌을 피할 수 있는 필요한 거리를 확보한 거리이다.

41 편도 4차로 고속도로에서 건설기계의 주행차로는?

① 1차로
② 2차로
③ 3차로
✔ **4차로**

해설
편도 3차로 이상의 고속도로에서 건설기계는 가장 오른쪽 차로를 이용해야 한다(도로교통법 시행규칙 [별표 9]).

42 교차로 통행방법으로 틀린 것은?

① 교차로에서는 정차하지 못한다.
② 교차로에서는 다른 차를 앞지르지 못한다.
③ 좌우 회전 시에는 방향지시기 등으로 신호를 하여야 한다.
✓ ④ 교차로에서는 반드시 경음기를 울려야 한다.

해설
교차로에서 반드시 경음기를 울릴 필요는 없으며, 신속히 빠져나가야 한다.

43 고속도로를 운행 중일 때 안전운전상 준수사항으로 가장 적합한 것은?

① 정기점검 실시 후 운행하여야 한다.
② 연료량을 점검하여야 한다.
③ 월간 정비점검을 하여야 한다.
✓ ④ 모든 승차자는 좌석 안전띠를 매야 한다.

해설
고속도로 운행 중 모든 승차자는 좌석 안전띠를 매야 한다.

44 건설기계관리법령상 국토교통부령으로 정하는 바에 따라 등록번호표를 부착 및 봉인하지 않은 건설기계를 운행하여서는 아니 된다. 이를 1차 위반했을 경우 과태료는?(단, 임시번호표를 부착한 경우는 제외한다)

① 5만원 이하
② 50만원 이하
③ 100만원 이하
✓ ④ 300만원 이하

해설
등록번호표를 부착하지 아니하거나 봉인하지 아니한 건설기계를 운행한 자에게는 300만원 이하의 과태료를 부과한다(건설기계관리법 제44조 제1항).

45 건설기계의 출장검사가 허용되는 경우가 아닌 것은?

① 도서지역에 있는 건설기계
✓ ② 너비가 2m를 초과하는 건설기계
③ 최고속도가 35km/h 미만인 건설기계
④ 자체중량이 40t을 초과하거나 축하중이 10t을 초과하는 건설기계

해설
검사장소(건설기계관리법 시행규칙 제32조 제2항)
건설기계가 다음의 어느 하나에 해당하는 경우에는 해당 건설기계가 위치한 장소에서 검사를 할 수 있다.
• 도서지역에 있는 경우
• 자체중량이 40t을 초과하거나 축하중이 10t을 초과하는 경우
• 너비가 2.5m를 초과하는 경우
• 최고속도가 시간당 35km 미만인 경우

46 건설기계관리법령상 다음 설명에 해당하는 건설기계사업은?

> 건설기계를 분해·조립 또는 수리하고 그 부분품을 가공제작·교체하는 등 건설기계를 원활하게 사용하기 위한 모든 행위를 업으로 하는 것

① 건설기계정비업
② 건설기계제작업
③ 건설기계매매업
④ 건설기계폐기업

해설
건설기계정비업이란 건설기계를 분해·조립 또는 수리하고 그 부분품을 가공제작·교체하는 등 건설기계를 원활하게 사용하기 위한 모든 행위(경미한 정비행위 등 국토교통부령으로 정하는 것은 제외)를 업으로 하는 것을 말한다(건설기계관리법 제2조).

47 가변용량형 유압펌프의 기호는?

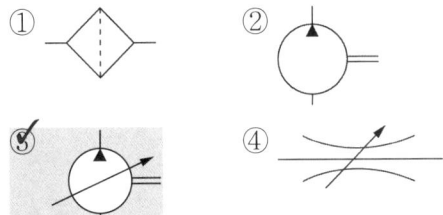

해설
① 필터
② 정용량형 유압펌프
④ 유량제어밸브

48 건설기계등록번호표의 표시내용이 아닌 것은?

① 기 종
② 등록번호
③ 등록관청
④ 용 도

해설
건설기계등록번호표에는 용도·기종 및 등록번호를 표시하여야 한다(건설기계관리법 시행규칙 제13조).

49 건설기계관리법령에서 건설기계의 주요 구조변경 및 개조 범위에 해당하지 않는 것은?

① 기종변경
② 원동기의 형식변경
③ 유압장치의 형식변경
④ 동력전달장치의 형식변경

해설
건설기계의 구조변경범위(건설기계관리법 시행규칙 제42조)
• 원동기 및 전동기의 형식변경
• 동력전달장치의 형식변경
• 제동장치의 형식변경
• 주행장치의 형식변경
• 유압장치의 형식변경
• 조종장치의 형식변경
• 조향장치의 형식변경
• 작업장치의 형식변경(단, 가공작업을 수반하지 아니하고 작업장치를 선택부착하는 경우에는 작업장치의 형식변경으로 보지 아니함)
• 건설기계의 길이, 너비, 높이 등의 변경
• 수상작업용 건설기계의 선체의 형식변경
• 타워크레인 설치기초 및 전기장치의 형식변경

50 정기검사에 불합격한 건설기계의 정비명령 기간으로 옳은 것은?

✓ ① 31일 이내
② 4개월 이내
③ 5개월 이내
④ 6개월 이내

해설
시·도지사는 검사에 불합격된 건설기계에 대해서는 31일 이내의 기간을 정하여 해당 건설기계의 소유자에게 검사를 완료한 날(검사를 대행하게 한 경우에는 검사결과를 보고받은 날)부터 10일 이내에 정비명령을 해야 한다(건설기계관리법 시행규칙 제31조 제1항).

51 피스톤 펌프에 대한 설명으로 알맞지 않은 것은?

① 흡입 능력이 작은 편이다.
✓ ② 비용적형 펌프이다.
③ 고압에 적합하다.
④ 펌프 효율이 크다.

해설
피스톤 펌프는 용적형 펌프이다.
용적형 펌프와 비용적형 펌프
• 용적형 펌프 : 케이싱(하우징)과 그 내부에서 움직이는 기계요소와의 상호작용으로 만들어지는 밀폐 공간의 이동 또는 변화로 에너지를 공급하여 오일을 흡입부에서 송출부로 밀어내는 방식의 펌프이다.
• 비용적형 펌프(터보형 펌프) : 케이스(하우징) 내에서 임펠러를 회전시켜 발생하는 원심력으로 유체에 에너지를 공급하여 오일을 흡입부에서 송출부로 밀어내는 방식의 펌프이다.

52 그림의 유압기호는 무엇을 표시하는가?

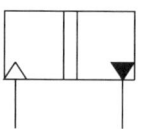

✓ ① 공기유압변환기
② 체크 밸브
③ 유량계
④ 어큐뮬레이터

해설

체크 밸브	유량계	어큐뮬레이터

53 기관에 작동 중인 엔진오일에 가장 많이 포함되는 이물질은?

① 유입먼지
② 금속분말
③ 산화물
✓ ④ 카본(Carbon)

해설
연소실에서 연소되고 남은 찌꺼기에 존재하는 탄소성분이 다시 오일탱크로 회수되기 때문에, 엔진오일에는 탄소성분이 가장 많이 존재한다.

54 유압펌프 점검에서 작동유 유출 여부 점검 사항이 아닌 것은?

① 정상 작동 온도로 난기 운전을 실시하여 점검하는 것이 좋다.
② 고정 볼트가 풀린 경우에는 추가 조임을 한다.
③ 작동유 유출 점검은 운전자가 관심을 가지고 점검하여야 한다.
❹ **하우징에 균열이 발생되면 패킹을 교환한다.**

[해설]
하우징에 균열이 발생하면, 하우징 전체를 교체해야만 작동유의 유출을 막을 수 있다.

55 베인펌프에 대한 설명으로 틀린 것은?

① 날개로 펌핑 동작을 한다.
② 토크(Torque)가 안정되어 소음이 적다.
③ 싱글형과 더블형이 있다.
❹ **베인펌프는 1단 고정으로 설계된다.**

[해설]
베인펌프는 1단 고정이 아닌 다단으로 설계해야 한다.

56 유압 작동유의 점도가 지나치게 낮을 때 나타날 수 있는 현상은?

① 출력이 증가한다.
② 압력이 상승한다.
③ 유동저항이 증가한다.
❹ **유압실린더의 반응 속도가 늦어진다.**

[해설]
작동유의 점도가 너무 낮을 경우에는 분자 간 응집력이 떨어지면서 실린더의 반응 속도도 늦어진다.

57 유압장치의 오일탱크에서 펌프 흡입구의 설치에 대한 설명으로 틀린 것은?

❶ **펌프 흡입구는 반드시 탱크 가장 밑면에 설치해야 한다.**
② 펌프 흡입구는 스트레이너(오일 여과기)를 설치한다.
③ 펌프 흡입구와 탱크로의 귀환구(복귀구) 사이에는 격리판(Baffle Plate)을 설치한다.
④ 펌프 흡입구는 탱크로의 귀환구(복귀구)로부터 될 수 있는 한 멀리 떨어진 위치에 설치한다.

[해설]
펌프 흡입구는 탱크 밑면이 아닌, 바닥면에서 조금 윗부분에 설치하여 찌꺼기가 순환하지 않도록 한다.

58 유압 컨트롤 밸브 내 스풀 형식 밸브의 기능은?

✅ **오일의 흐름 방향을 바꾸기 위해**
② 계통 내의 압력을 상승시키기 위해
③ 축압기의 압력을 바꾸기 위해
④ 펌프의 회전 방향을 바꾸기 위해

해설
스풀 형식의 밸브는 유체의 흐름 방향을 전환시키는 역할을 한다.

60 펌프가 오일을 토출하지 않을 때의 원인으로 틀린 것은?

① 오일탱크의 유면이 낮다.
② 흡입관으로 공기가 유입된다.
✅ **토출 측 배관 체결볼트가 이완되었다.**
④ 오일이 부족하다.

해설
펌프가 오일을 토출하지 않으면 이전 단계의 문제이므로, 토출 측 배관 체결볼트가 이완된 것과는 관련이 없다.

59 액추에이터의 운동속도를 조정하기 위하여 사용되는 밸브는?

① 압력제어밸브
② 온도제어밸브
✅ **유량제어밸브**
④ 방향제어밸브

해설
유체기계는 관로 내를 흐르는 유체의 흐름 양으로 액추에이터의 운동속도를 제어할 수 있다.

제5회 기출복원문제

01 디젤기관에서 노킹의 원인과 가장 거리가 먼 것은?

✓ ① 연료의 세탄가가 높다.
② 연료의 분사압력이 낮다.
③ 연소실의 온도가 낮다.
④ 착화 지연시간이 길다.

해설
세탄가가 높은 연료를 사용하는 것은 노킹의 방지대책이다.

02 디젤기관 연료 중에 공기가 흡입될 경우 나타나는 현상은?

① 분사압력이 높아진다.
② 노크가 일어난다.
③ 시동이 잘된다.
✓ ④ 기관 회전이 불량하다.

해설
연료나 연료계통에 공기가 연료와 함께 혼입되어 연소실 안으로 공급될 경우, 정상적인 폭발이 불가능하기 때문에 부조현상이 발생되므로 기관의 회전도 불량하게 된다.

03 열에너지를 기계적 에너지로 변환시켜 주는 장치는?

① 펌프
② 모터
✓ ③ 엔진
④ 밸브

해설
실린더의 폭발행정에서 발생된 열에너지는 크랭크축의 회전운동을 통해서 기계적 에너지로 변환된다.

04 엔진오일량 점검 중 오일게이지에 상한선(Full)과 하한선(Low) 표시가 되어 있을 때 가장 적합한 것은?

① Low 표시에 있어야 한다.
② Low와 Full 표시 사이에서 Low에 가까이 있으면 좋다.
✓ ③ Low와 Full 표시 사이에서 Full에 가까이 있으면 좋다.
④ Full 표시 이상이 되어야 한다.

해설
엔진오일량은 오일게이지의 Low와 Full 표시 사이에서 Full에 가까이 있을수록 좋다.

05 화물을 포크로 들고 360° 회전시킬 수 있는 작업장치로, 주로 절삭 후 버려지는 칩을 담은 칩통을 비울 때 사용하는 작업장치는?

☑ 회전 포크
② 드럼 클램프
③ 푸시 풀 장치
④ 사이드 시프트

[해설]
회전 포크(Rotating Fork, 로테이팅 포크)
화물을 포크로 들고 360° 회전시킬 수 있는 작업장치로, 주로 절삭 후 버려지는 칩을 담은 칩통을 비울 때 사용한다.

06 원통으로 만들어진 드럼통을 좌우에서 압축하여 운반하는 작업장치는?

① 힌지드 버킷(Hinged Bucket)
☑ 드럼 클램프(Drum Clamp)
③ 아이스 클램프(Ice Clamp)
④ 팰릿 인버터(Pallet Inverter)

[해설]
드럼 클램프
원통으로 만들어진 드럼통을 좌우에서 압축하여 운반하는 작업장치이다.

07 카톤 클램프와 형식은 유사하나 다양한 크기의 날개를 부착하여 포크 없이도 화물의 양옆에서 클램핑하는 작업장치는?

① 힌지드 포크
☑ 베일 클램프
③ 드럼 클램프
④ 사이드 시프트

[해설]
베일 클램프
카톤 클램프와 형식은 유사하나 다양한 크기의 날개를 부착하여 포크 없이도 화물의 양옆에서 클램핑하는 작업장치이다.

08 지게차의 리프트 체인에 오일을 주입할 때 가장 적합한 것은?

① 경유
② 그리스
③ 휘발유
☑ 엔진오일

[해설]
지게차의 리프트 체인과 같은 동력전달부의 기계요소에는 엔진오일과 같은 기계유를 주입한다.

09 지게차용 체인의 구성요소로 알맞지 않은 것은?

① 외부판
② 내부판
③ 롤러
☑ 볼베어링

[해설]
체인의 구성요소로는 내부판, 외부판, 베어링 핀, 롤러가 있다.

10 지게차가 들 수 있는 최대 하중에 영향을 미치는 요소는?

① 포크
② 백레스트
③ 오버헤드 가드
❹ **카운터웨이트**

[해설]
평형추(무게중심추, 카운터웨이트, Counterweight)
지게차의 앞부분에 장착된 포크로 화물을 들어 올릴 때 무게중심이 앞으로 쏠리지 않도록 균형 유지를 위해 지게차의 뒷부분에 장착한 쇳덩이다.

11 지게차에서 포크가 장착되는 부분으로 캐리지에 장착되는 부품의 명칭은?

① 백레스트
❷ **핑거보드**
③ 리프트 체인
④ 틸트 실린더

[해설]
핑거보드
포크가 장착되는 부분으로 캐리지에 장착된다.

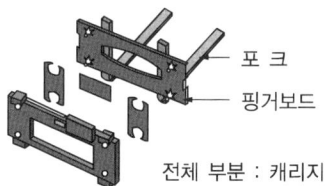
포크
핑거보드
전체 부분 : 캐리지

12 지게차의 틸트 실린더와 리프트 실린더를 작동시키는 동력의 발생원은?

① 전 기
② 공 압
❸ **유 압**
④ 스프링

[해설]
지게차가 화물을 들어 올릴 때 사용되는 틸트 및 리프트 실린더의 작동 힘은 큰 하중에 버텨야 하므로 유압을 사용한다.

13 작업장에서 휘발유 화재가 일어났을 경우 가장 적합한 소화방법은?

① 물 호스의 사용
② 불의 확대를 막는 덮개의 사용
③ 소다 소화기의 사용
❹ **탄산가스 소화기의 사용**

[해설]
휘발유와 같은 유류의 화재는 공기보다 무거운 탄산가스 소화기를 주로 사용한다.

14 연삭작업 시 안전수칙으로 알맞지 않은 것은?

① 칩 커버를 반드시 설치한다.
② 기계 가공 중 자리를 이탈하지 않는다.
❸ **주축 속도를 변속할 때는 주축을 정지하지 않고 변환시킨다.**
④ 절삭공구나 가공물을 설치할 때는 반드시 전원을 끈다.

[해설]
주축 속도를 변속할 때는 주축을 반드시 정지한 후 변환시킨다.

15 작업현장에서 사용되는 안전표지 색으로 잘못 짝지어진 것은?

① 빨간색 – 방화 표시
② 노란색 – 충돌·추락주의 표시
③ 녹색 – 비상구 표시
☑ 보라색 – 안전지도 표시

해설
현장에서 사용되는 안전표지에서 보라색은 사용되지 않는다.

16 스패너 작업방법으로 옳은 것은?

☑ 몸 쪽으로 당길 때 힘이 걸리도록 한다.
② 볼트 머리보다 큰 스패너를 사용하도록 한다.
③ 스패너 자루에 조합렌치를 연결해서 사용하여도 된다.
④ 스패너 자루에 파이프를 끼워서 사용한다.

해설
스패너 작업 시 안전수칙
- 스패너를 작업할 때는 몸 쪽으로 당기면서 힘이 걸리게 한다.
- 스패너의 자루에 파이프를 이어서 사용해서는 안 된다.
- 스패너의 입이 너트의 치수에 맞는 것을 사용해야 한다.
- 스패너와 너트는 직접 접촉시켜 유격이 없도록 작업한다.
- 스패너와 너트 사이에서 쐐기 등을 넣고 사용하지 않는다.
- 너트에 스패너를 깊이 물리도록 하여 조금씩 앞으로 당기는 식으로 풀고 조인다.

17 다음 중 보호안경을 끼고 작업해야 하는 사항과 가장 거리가 먼 것은?

① 산소용접 작업 시
② 그라인더 작업 시
☑ 건설기계장비 일상점검 작업 시
④ 클러치 탈·부착 작업 시

해설
건설기계장비의 일상점검 시에는 보호안경을 반드시 착용할 필요는 없다.

18 화재가 발생하기 위한 3가지 요소는?

☑ 가연성 물질 – 점화원 – 산소
② 산화 물질 – 소화원 – 산소
③ 산화 물질 – 점화원 – 질소
④ 가연성 물질 – 소화원 – 산소

해설
화재와 폭발의 3요소는 점화원(불꽃 등), 가연성 물질(탈 것), 산소이다.

19 안전보건표지의 종류 중 다음 그림의 안전 표지판이 나타내는 것은?

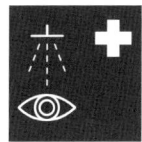

① 비상구
✓ **세안장치**
③ 비상용 기구
④ 응급구호표지

해설
안내표지

응급구호표지	비상용 기구	비상구

20 기관이 작동되는 상태에서 점검 가능한 사항이 아닌 것은?

① 냉각수의 온도
② 충전상태
③ 기관오일의 압력
✓ **엔진오일량**

해설
엔진오일량은 기관이 정지한 상태에서 점검해야 한다.

21 브레이크 장치의 베이퍼록 발생 원인이 아닌 것은?

① 긴 내리막길에서 과도한 브레이크 사용
✓ **엔진 브레이크의 장시간 사용**
③ 드럼과 라이닝의 끌림에 의한 가열
④ 오일의 변질에 의한 비등점 저하

해설
베이퍼록은 브레이크를 밟았을 때 발생되는 현상인데, 엔진 브레이크는 브레이크 작동 없이 엔진의 회전수를 조절하면서 자연스럽게 브레이킹하는 것이므로 베이퍼록은 발생하지 않는다.

22 오일의 여과방식이 아닌 것은?

✓ **자력식**
② 분류식
③ 전류식
④ 샨트식

해설
오일의 여과방식
• 전류식(전부 여과)
• 분류식(일부 여과)
• 샨트식(전류식 + 분류식)

23 사용압력에 따른 타이어의 분류에 속하지 않는 것은?

① 고압 타이어
✓ **초고압 타이어**
③ 저압 타이어
④ 초저압 타이어

해설
타이어는 허용압력(PSI)에 따라 고압 · 저압 · 초저압 타이어로 분류된다.
※ 초고압으로 타이어를 사용할 경우, 터짐으로 인한 사고 발생의 우려가 있다.

24 지게차의 유압식 조향장치에서 조향실린더의 직선운동을 축의 회전운동으로 바꾸어 줌과 동시에 타이로드에 직선운동을 시켜주는 것은?

① 핑거보드 ② 드래그링크
☑ 벨 크랭크 ④ 스태빌라이저

해설
벨 크랭크(Bell Crank)
조향장치에서 조향실린더의 직선운동을 축의 회전운동으로 바꾸어 줌과 동시에 타이로드에 직선운동을 시켜주는 기계요소이다.

25 추진축의 각도 변화를 가능하게 하는 이음은?

☑ 자재 이음 ② 슬립 이음
③ 플랜지 이음 ④ 등속 이음

해설
유니버설 조인트(자재 이음)는 두 축 간 각도가 약 30° 이내인 경우에도 동력 전달이 가능하다.

26 작업장치를 갖춘 건설기계의 작업 전 점검 사항으로 틀린 것은?

① 제동장치 및 조종장치 기능의 이상 유무
② 하역장치 및 유압장치 기능의 이상 유무
☑ 유압장치의 과열 이상 유무
④ 전조등, 후미등, 방향지시등 및 경보장치의 이상 유무

해설
유압장치의 과열 여부는 작업 직후 점검할 사항이다.

27 엔진과 직결되어 같은 회전수로 회전하는 토크 컨버터의 구성품은?

① 터 빈 ☑ 펌 프
③ 스테이터 ④ 변속기 출력축

해설
토크 컨버터에서 엔진과 직결되어 같은 회전수로 회전하는 구성품은 임펠러 펌프이다.

28 하부 추진체가 휠로 되어 있는 건설기계장비로 커브를 돌 때 선회를 원활하게 해 주는 장치는?

① 변속기 ☑ 차동장치
③ 최종 구동장치 ④ 트랜스퍼케이스

해설
커브길을 돌 때(선회) 양 바퀴의 회전수는 달라질 수밖에 없는데, 차동기어장치(차동장치)는 바깥쪽 바퀴를 더 회전시켜 주어 선회를 원활하게 해 준다.

29 타이어식 건설기계장비에서 동력전달장치에 속하지 않는 것은?

① 클러치 ② 종감속장치
☑ 과급기 ④ 크랭크축

해설
과급기는 터보차저의 다른 말로 공기를 압축하여 엔진으로 보내는 기계장치로서, 동력전달장치에 속하지 않는다.

30 지게차를 운전하여 화물을 운반할 때의 주의사항으로 적합하지 않은 것은?

① 노면이 좋지 않을 때는 저속으로 운행한다.
② 경사지 운전 시 화물을 위쪽으로 한다.
✓ ③ 화물 운반 거리는 5m 이내로 한다.
④ 노면에서 약 20~30cm 상승 후 이동한다.

[해설]
지게차를 운전할 때 화물의 운반 거리는 제약이 없다.

31 드라이브 라인에 슬립 이음을 사용하는 이유는?

① 회전력을 직각으로 전달하기 위해
② 출발을 원활하게 하기 위해
✓ ③ 추진축의 길이 방향에 변화를 주기 위해
④ 진동을 흡수하게 하기 위해

[해설]
드라이브 라인에 슬립 이음을 사용하는 이유는 미끄러짐 현상을 이용하여 추진축의 길이 변화에 대응하기 위함이다.

32 지게차에 관한 설명으로 틀린 것은?

① 짐을 싣기 위해 마스트를 약간 앞쪽으로 경사시키고 포크를 끼워 물건을 싣는다.
② 틸트 레버는 앞으로 밀면 마스트가 앞으로 기울고 따라서 포크가 앞으로 기운다.
③ 포크를 상승시킬 때는 리프트 레버를 뒤쪽으로, 하강시킬 때는 앞쪽으로 민다.
✓ ④ 목적지에 도착 후 물건을 내리기 위해 틸트 실린더를 뒤쪽으로 경사시켜 전진한다.

[해설]
지게차로 물건을 하역할 때는 틸트 실린더를 수평 또는 앞쪽으로 경사시켜 놓고 전진해야 한다. 틸트 실린더를 뒤쪽으로 경사시키면 물건이 떨어질 수 있다.

33 지게차로 화물을 싣고 경사지에서 주행할 때 안전상 올바른 운전방법은?

① 포크를 높이 들고 주행한다.
✓ ② 내려갈 때에는 저속 후진한다.
③ 내려갈 때에는 변속 레버를 중립에 놓고 주행한다.
④ 내려갈 때에는 시동을 끄고 타력으로 주행한다.

[해설]
화물을 실은 지게차로 경사지를 내려갈 때는 저속으로 후진해야 한다.

34 좌우측 전조등 회로의 연결 방법으로 옳은 것은?

① 직렬연결　② 단식배선
✔ **병렬연결**　④ 직·병렬연결

> [해설]
> 전조등 회로는 병렬연결법을 주로 사용한다.

35 이동하지 않고 물질에 정지하고 있는 전기는?

① 동전기　✔ **정전기**
③ 직류전기　④ 교류전기

> [해설]
> ② 정전기 : 이동하지 않고 물질에 정지하고 있는 전기
> ① 동전기 : 정전기가 이동하는 상태의 전기

36 앞바퀴 정렬 요소 중 캠버의 필요성에 대한 설명으로 틀린 것은?

① 앞차축의 휨을 적게 한다.
② 조향휠의 조작을 가볍게 한다.
✔ **③ 조향 시 바퀴의 복원력이 발생한다.**
④ 토(Toe)와 관련성이 있다.

> [해설]
> 조향 시 바퀴의 복원력이 발생하는 것은 캐스터이다. 캐스터는 앞바퀴를 옆에서 보았을 때 킹핀이 수직선과 이루는 각이다.

37 기동전동기의 시험 항목으로 맞지 않는 것은?

① 무부하 시험　② 회전력 시험
③ 저항시험　✔ **중부하 시험**

> [해설]
> 기동전동기는 부하를 가하지 않은 상태의 무부하 시험과 저항 및 회전력(토크, Torque) 시험을 주로 실시한다. 중부하 시험은 실시하지 않는다.

38 교류발전기의 구성품으로 교류를 직류로 변환하는 구성품은 어느 것인가?

① 스테이터　② 로 터
✔ **정류기**　④ 콘덴서

> [해설]
> 정류기는 교류발전기에서 교류를 직류로 변환시킨다.

39 다음 중 축전지가 충전되지 않는 원인으로 가장 옳은 것은?

✔ **레귤레이터가 고장일 때**
② 발전기의 용량이 클 때
③ 팬벨트의 장력이 셀 때
④ 전해액의 온도가 낮을 때

> [해설]
> 축전지에 충전이 되고 있지 않다면 전압조정장치인 레귤레이터 고장을 의심해야 한다.

40 도로의 중앙선이 황색 실선과 황색 점선인 복선으로 설치된 때의 설명으로 맞는 것은?

① 어느 쪽에서나 중앙선을 넘어서 앞지르기를 할 수 있다.
② **점선 쪽에서만 중앙선을 넘어서 앞지르기를 할 수 있다.** ✓
③ 어느 쪽에서나 중앙선을 넘어서 앞지르기를 할 수 없다.
④ 실선 쪽에서만 중앙선을 넘어서 앞지르기를 할 수 있다.

해설
도로에서 실선은 침범이 불가능하며, 점선이라면 황색이더라도 중앙선을 넘어서 앞지르기를 할 수 있다.

41 편도 4차로 일반도로의 경우 교차로 30m 전방에서 우회전을 하려면 몇 차로로 진입 통행해야 하는가?

① 1차로로 통행한다.
② 1차로와 2차로로 통행한다.
③ **4차로로 통행한다.** ✓
④ 3차로만 통행 가능하다.

해설
편도 4차로 일반도로에서 우회전할 때에는 도로의 우측 가장자리인 4차로로 진입 통행해야 한다.
교차로 통행방법(도로교통법 제25조 제1항)
모든 차의 운전자는 교차로에서 우회전을 하려는 경우에는 미리 도로의 우측 가장자리를 서행하면서 우회전하여야 한다. 이 경우 우회전하는 차의 운전자는 신호에 따라 정지하거나 진행하는 보행자 또는 자전거 등에 주의하여야 한다.

42 건설기계등록번호표에 표시되지 않는 것은?

① 기 종   ② 등록번호
③ 용 도   ④ **연 식** ✓

해설
건설기계등록번호표에는 용도·기종 및 등록번호를 표시하여야 한다(건설기계관리법 시행규칙 제13조).

43 도로교통법상 반드시 서행하여야 할 장소로 지정된 곳은?

① 안전지대 우측
② **비탈길의 고갯마루 부근** ✓
③ 교통정리가 행하여지고 있는 교차로
④ 교통정리가 행하여지고 있는 횡단보도

해설
서행해야 할 장소(도로교통법 제31조 제1항)
• 교통정리를 하고 있지 아니하는 교차로
• 도로가 구부러진 부근
• 비탈길의 고갯마루 부근
• 가파른 비탈길의 내리막
• 시·도경찰청장이 도로에서의 위험을 방지하고 교통의 안전과 원활한 소통을 확보하기 위하여 필요하다고 인정하여 안전표지로 지정한 곳

44 도로교통법상 횡단보도에서는 몇 m 이내 주차금지인가?

① 3   ② 5
③ 8   ④ **10** ✓

해설
횡단보도에서는 10m 이내에 주차가 금지된다(도로교통법 제32조).

45 건설기계에서 지게차의 기종별 표시방법으로 맞는 것은?

① 01
② 02
③ 03
☑ 04

해설
④ 04 : 지게차
① 01 : 불도저
② 02 : 굴착기
③ 03 : 로더
※ 건설기계관리법 시행규칙 [별표 2] 참고

46 건설기계형식에 관한 승인을 얻거나 그 형식을 신고한 자는 당사자 간에 별도의 계약이 없는 경우에 건설기계를 판매한 날부터 몇 개월 동안 무상으로 건설기계를 정비해 주어야 하는가?

① 3개월　　② 6개월
☑ 12개월　　④ 24개월

해설
건설기계형식에 관한 승인을 얻거나 그 형식을 신고한 자는 건설기계를 판매한 날부터 12개월(당사자 간에 12개월을 초과하여 별도 계약하는 경우에는 그 해당 기간) 동안 무상으로 건설기계의 정비 및 정비에 필요한 부품을 공급하여야 한다(건설기계관리법 시행규칙 제55조 제1항).

47 건설기계 등록 시 전시, 사변 등 국가비상사태 시에는 며칠 이내에 등록을 신청하여야 하는가?

☑ 5일
② 7일
③ 10일
④ 30일

해설
건설기계 등록신청은 국가비상사태 시에는 5일 이내에 신청하여야 한다(건설기계관리법 시행령 제3조 제2항).

48 정기검사 대상 건설기계의 정기검사 신청 기간으로 가장 적절한 것은?

① 건설기계의 정기검사 유효기간 만료일 전후 45일 이내에 신청한다.
② 건설기계의 정기검사 유효기간 만료일 전 90일 이내에 신청한다.
☑ 건설기계의 정기검사 유효기간 만료일 전후 31일 이내에 신청한다.
④ 건설기계의 정기검사 유효기간 만료일 후 60일 이내에 신청한다.

해설
정기검사를 받으려는 자는 검사유효기간의 만료일 전후 각각 31일 이내의 기간(검사유효기간이 연장된 경우로서 타워크레인 또는 천공기(터널보링식 및 실드굴진식으로 한정)가 해체된 경우에는 설치 이후부터 사용 전까지의 기간으로 하고, 검사유효기간이 경과한 건설기계로서 소유권이 이전된 경우에는 이전등록한 날부터 31일 이내의 기간으로 함)에 정기검사신청서를 시·도지사에게 제출해야 한다(건설기계관리법 시행규칙 제23조 제1항).

49 건설기계의 구조변경검사를 받으려는 자는 주요 구조를 변경 또는 개조한 날부터 며칠 이내에 구조변경 검사신청서를 제출하여야 하는가?

① 5일
② 10일
✓ ③ 20일
④ 30일

해설
건설기계의 구조변경검사를 받으려는 자는 주요 구조를 변경 또는 개조한 날부터 20일 이내(타워크레인의 주요 구조부를 변경 또는 개조하는 경우에는 변경 또는 개조 후 검사에 소요되는 기간 전)에 건설기계구조변경 검사신청서와 필요 서류를 첨부하여 시·도지사에게 제출해야 한다(건설기계관리법 시행규칙 제25조).

50 유압모터의 회전속도가 규정 속도보다 느릴 경우의 원인에 해당하지 않는 것은?

✓ ① 유압펌프의 오일 토출량 과다
② 유압유의 유입량 부족
③ 각 작동부의 마모 또는 파손
④ 오일의 내부 누설

해설
유압모터의 회전속도가 규정보다 느리다면 유압펌프의 오일 토출량이 규정된 양보다 적기 때문이다.

51 유압장치의 일상점검 항목이 아닌 것은?

① 오일의 양 점검
② 변질상태 점검
③ 오일의 누유 여부 점검
✓ ④ 탱크 내부 점검

해설
탱크(연료탱크)의 외부는 일상점검이 가능하나, 내부는 일상적으로 점검하기 곤란하므로, 연료계통의 문제 발생 시 점검하는 것이 바람직하다.

52 유압장치에서 유압조정 밸브의 조정방법은?

① 압력조절 밸브가 열리도록 하면 유압이 높아진다.
② 밸브스프링의 장력이 커지면 유압이 낮아진다.
✓ ③ 조정 스크루를 조이면 유압이 높아진다.
④ 조정 스크루를 풀면 유압이 높아진다.

해설
유압조정 밸브는 조정 스크루(Screw)를 조여서 유량의 흐름을 많게 함으로써 유압을 높일 수 있다.

53 다음 그림과 같이 안쪽은 내·외측 로터로, 바깥쪽은 하우징으로 구성되어 있는 오일펌프는?

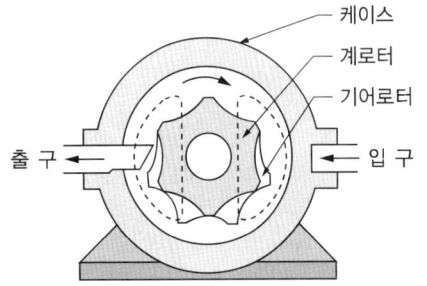

① 기어펌프
② 베인펌프
✓ ③ 트로코이드 펌프
④ 피스톤 펌프

해설
트로코이드 펌프
트로코이드 곡선의 형태로 로터가 움직이는 내접식 펌프로, 안쪽은 내·외측 로터로, 바깥쪽은 하우징으로 구성되어 있다.

54 1kW는 몇 PS인가?

① 0.75
✓ ② 1.36
③ 75
④ 736

해설
1PS = 735W, 1kW = 1.36PS

55 다음 유압펌프 중 가장 높은 압력 조건에서 사용할 수 있는 펌프는?

① 기어펌프
② 로터리 펌프
✓ ③ 플런저 펌프
④ 베인펌프

해설
피스톤 펌프의 형상을 가진 플런저 펌프가 보기 중 가장 높은 압력으로 작동시킬 수 있다.

56 유압실린더의 작동속도가 느릴 경우 그 원인으로 옳은 것은?

① 엔진오일 교환시기가 경과되었을 때
✓ ② 유압회로 내에 유량이 부족할 때
③ 운전실에 있는 가속페달을 작동시켰을 때
④ 릴리프 밸브의 세팅 압력이 높을 때

해설
유압은 유량과 관련이 크므로 유압회로 내에서 유량이 부족하다면 유압실린더의 작동속도는 느리게 된다.

57 펌프가 오일을 토출하지 않을 때의 원인으로 틀린 것은?

① 오일탱크의 유면이 낮다.
② 흡입관으로 공기가 유입된다.
❸ 토출 측 배관 체결볼트가 이완되었다.
④ 오일이 부족하다.

해설
펌프가 오일을 토출하지 않을 때는 오일탱크에 오일이 부족하거나, 흡입관으로 유체가 아닌 공기가 흡입될 때이다.

58 다음 공유압기호가 나타내는 것은?

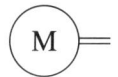

❶ 전동기
② 유압펌프
③ 공기압 모터
④ 오일탱크

해설

유압펌프	공기압 모터	오일탱크
⊘	⊘	⊔

59 기관정비 작업 시 엔진블록의 찌든 기름때를 깨끗이 세척하고자 할 때 가장 좋은 용해액은?

① 냉각수
② 절삭유
❸ 솔벤트
④ 엔진오일

해설
엔진 및 엔진블록의 찌든 기름때는 솔벤트로 세척하면 효과적이다. 솔벤트를 이용한 대표적인 제품으로 매니큐어 제거액, 페인트 시너 등이 있다.

60 파스칼의 원리와 관련된 설명이 아닌 것은?

① 정지 액체에 접하고 있는 면에 가해진 압력은 그 면에 수직으로 작용한다.
② 정지 액체의 한 점에 있어서의 압력의 크기는 전 방향에 대하여 동일하다.
❸ 점성이 없는 비압축성 유체에서 압력에너지, 위치에너지, 운동에너지의 합은 같다.
④ 밀폐용기 내의 한 부분에 가해진 압력은 액체 내의 여러 부분에 같은 압력으로 전달된다.

해설
③은 베르누이의 법칙에 대한 설명이다.

제6회 기출복원문제

01 지게차 중 특수건설기계인 것은?

① 리치스태커 지게차
② 텔레스코픽 지게차
③ 전동식 지게차
❹ **트럭지게차**

[해설]
특수건설기계의 종류
- 도로보수트럭
- 노면파쇄기
- 노면측정장비
- 콘크리트믹스트레일러
- 아스팔트콘크리트재생기
- 수목이식기
- 터널용 고소작업차
- 트럭지게차

02 전조등에 대한 설명이다. 다음 빈칸을 순서대로 알맞게 채운 것은?

> 전조등에는 필라멘트가 2개 있는데, 하나는 먼 곳을 비추는 역할을 하는 (a)이고, 다른 하나는 시내 주행 시나 교행 시에 대향 차량 혹은 사람에게 현혹 현상을 막기 위해 (b)를 낮추고 빔을 아래로 향하게 하는 (c)이다.

❶ **a : 상향등, b : 조도, c : 하향등**
② a : 조도, b : 상향등, c : 하향등
③ a : 하향등, b : 조도, c : 상향등
④ a : 상향등, b : 광도, c : 하향등

03 건설기계 안전기준에 관한 규칙상 사이드 포크형 지게차의 후경각 기준으로 옳은 것은?

① 1° 이하일 것
❷ **5° 이하일 것**
③ 10° 이하일 것
④ 20° 이하일 것

[해설]
지게차 마스트의 전경각 및 후경각의 기준(건설기계 안전기준에 관한 규칙 제20조)
- 카운터밸런스 지게차 : 전경각은 6° 이하, 후경각은 12° 이하일 것
- 사이드포크형 지게차 : 전경각 및 후경각은 각각 5° 이하일 것

04 다음 중 지게차의 주요 구조가 아닌 것은?

① 백레스트
② 헤드 가드
❸ **스캐러파이어**
④ 핑거보드

[해설]
스캐러파이어는 모터 그레이더나 로드 롤러에 장착되어 단단한 흙을 긁어내는 장치이다.
① 백레스트(Back Rest) : 포크로 화물을 들고 마스트를 뒤로 기울였을 때 화물이 마스트 쪽으로 떨어지는 것을 방지하기 위한 짐받이 틀
② 헤드 가드(오버헤드 가드) : 운전자의 윗부분에서 떨어지는 낙하물을 막거나, 지게차의 전도·전복사고 시 작업자를 보호하는 프레임의 일종
④ 핑거보드 : 포크가 장착되는 부분으로 캐리지에 장착

05 다음 중 여과기(필터)의 공유압기호는?

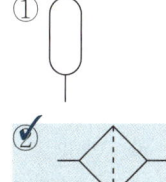

해설
① 어큐뮬레이터
③ 유압동력원
④ 유압펌프

06 지게차에서 수동변속기에 장착된 클러치의 필요성으로 옳지 않은 것은?

① 관성운동을 하기 위해
② 엔진 시동 시 기관을 무부하 상태로 하기 위해
③ 기어 변속 시 엔진의 동력을 차단하기 위해
☑ **지게차 전체 중량의 감소를 위해**

해설
변속장치에서 클러치의 필요성
• 관성운동을 하기 위해
• 기어 변속 시 엔진의 동력을 차단하기 위해
• 엔진 시동 시 엔진을 무부하 상태로 만들기 위해

07 다음 그림의 안전보건표지의 의미는?

☑ **사용금지**　　② 금 연
③ 출입금지　　④ 물체이동금지

해설

금 연	출입금지	물체이동금지

08 안전을 위한 작업복의 조건으로 옳지 않은 것은?

① 소매를 단정하게 정리하도록 오므려 붙이는 것이 좋다.
☑ **여름철에는 반팔, 반바지인 것이 좋다.**
③ 주머니가 적은 것이 좋다.
④ 몸에 알맞고, 동작이 편한 것이 좋다.

해설
작업복의 조건
• 주머니가 적고, 팔이나 발이 노출되지 않는 것이 좋다.
• 점퍼형으로 상의 옷자락을 여밀 수 있는 것이 좋다.
• 소매를 단정하게 정리하도록 오므려 붙이는 것이 좋다.
• 소매를 손목까지 가릴 수 있는 것이 좋다.
• 몸에 알맞고, 동작이 편한 것이 좋다.
• 항상 깨끗한 상태로 입어야 한다.
• 착용자의 연령, 성별을 감안하여 적절한 스타일을 선정해야 한다.

09 다음에서 일반화재 발생장소에서 화염을 피하기 위한 방법으로 옳은 것을 모두 고른 것은?

> a. 머리카락, 얼굴, 발, 손 등을 불과 닿지 않게 한다.
> b. 물수건으로 입을 막고 통과한다.
> c. 몸을 낮게 엎드려서 통과한다.
> d. 옷을 물에 적시고 통과한다.

① b, c
② b, d
③ a, b, c
④ **a, b, c, d**

[해설]
화재 발생 시 화염이 있는 곳에서는 신체 부위가 불에 닿지 않게 하고, 유해가스 및 뜨거운 김 등을 들이마시지 않도록 거즈나 옷 등으로 입을 막으며, 낮은 자세로 빠르게 대피공간으로 이동해야 한다.

10 유압계통에 사용되는 오일의 점도가 너무 낮을 경우 나타날 수 있는 현상이 아닌 것은?

① 유압회로 내 압력이 저하된다.
② 오일 누설에 영향이 있다.
③ 펌프 효율이 저하된다.
④ **시동 저항이 커진다.**

[해설]
오일의 점도가 낮으면 유체의 유동에 대한 저항력이 낮아져서 시동 저항도 낮아진다.

11 지게차가 좌회전을 하기 위하여 교차로에 이미 진입했는데 신호등이 황색으로 바뀌었을 때의 올바른 운전방법은?

① 정지하여 정지선으로 후진한다.
② 그 자리에 정지하여야 한다.
③ **신속히 좌회전하여 교차로 밖으로 진행한다.**
④ 좌회전을 중단하고 횡단보도 앞 정지선까지 후진하여야 한다.

[해설]
차마는 정지선이 있거나 횡단보도가 있을 때에는 그 직전이나 교차로의 직전에 정지하여야 하며, 이미 교차로에 차마의 일부라도 진입한 경우에는 신속히 교차로 밖으로 진행하여야 한다(도로교통법 시행규칙 [별표 2]).

12 비사업용(자가용) 건설기계 등록번호표의 색상 기준은?

① **흰색 바탕에 검은색 문자**
② 주황색 바탕에 검은색 문자
③ 녹색 바탕에 흰색 문자
④ 주황색 바탕에 흰색 문자

[해설]
건설기계 등록번호표의 색상 및 일련번호 숫자 기준 (건설기계관리법 시행규칙 [별표 2])
• 비사업용(관용) : 흰색 바탕에 검은색 문자, 0001~0999
• 비사업용(자가용) : 흰색 바탕에 검은색 문자, 1000~5999
• 대여사업용 : 주황색 바탕에 검은색 문자, 6000~9999

13 정기검사에 불합격한 건설기계의 정비명령 기간으로 옳은 것은?

① 15일 이내
✓ **31일 이내**
③ 2개월 이내
④ 3개월 이내

해설
시·도지사는 검사에 불합격된 건설기계에 대해서는 31일 이내의 기간을 정하여 해당 건설기계의 소유자에게 검사를 완료한 날(검사를 대행하게 한 경우에는 검사결과를 보고받은 날)부터 10일 이내에 정비명령을 해야 한다(건설기계관리법 시행규칙 제31조 제1항).

14 다음 중 지게차 마스트에 장착되는 장치가 아닌 것은?

① 백레스트
② 핑거보드
✓ **평형추**
④ 캐리지

해설
평형추(무게중심추, Counterweight)
포크로 화물을 들어 올릴 때 무게중심이 앞으로 쏠리지 않도록 균형 유지를 위해 지게차의 뒷부분에 장착하는 장치이다.

15 유압회로에서 회로 내 압력이 설정치 이상이 되면 열려 압력을 일정하게 유지시키는 역할을 하는 밸브는?

✓ **릴리프 밸브**
② 리듀싱 밸브
③ 무부하 밸브
④ 체크 밸브

해설
② 리듀싱 밸브 : 유압회로에서 입구 압력을 감압하여 유압실린더 출구 설정압력 유압으로 유지하는 밸브
③ 무부하 밸브 : 일정한 설정 유압에 달했을 때 유압펌프를 무부하로 하기 위한 밸브
④ 체크 밸브 : 유체가 한쪽 방향으로만 흐르고 반대쪽으로는 흐르지 못하도록 할 때 사용하는 밸브

16 유압장치에 사용되는 오일 실(Seal)의 종류 중 O-링이 갖추어야 할 조건으로 옳은 것은?

① 오일의 입·출입이 가능할 것
② 체결력이 작을 것
③ 작동 시 마모가 클 것
✓ **압축변형이 작을 것**

해설
O-링(가장 많이 사용하는 패킹)의 구비조건
- 오일 누설을 방지할 수 있을 것
- 운동체의 마모를 적게 할 것
- 체결력(죄는 힘)이 클 것
- 누설을 방지하는 기구에서 탄성이 양호하고, 압축변형이 작을 것
- 사용 온도 범위가 넓을 것
- 내노화성이 좋을 것
- 상대 금속을 부식시키지 말 것

17 기동전동기의 마그넷 스위치는?

☑ ① 기동전동기의 전자석 스위치이다.
② 기동전동기의 전류 조절기이다.
③ 기동전동기의 전압 조절기이다.
④ 기동전동기의 저항 조절기이다.

해설
전자석 스위치(Magnetic Switch)는 기동전동기의 스위치를 전자석을 이용해 개폐하는 방식의 스위치다.

18 겨울철에 연료탱크를 가득 채우는 가장 주된 이유는?

① 연료가 적으면 증발하여 손실되기 쉽기 때문이다.
② 연료가 적으면 출렁거리기 때문이다.
☑ ③ 공기 중의 수증기가 응축되어 물이 생기기 때문이다.
④ 연료 게이지의 고장을 막기 위해서이다.

해설
겨울철에는 탱크 내부의 습기가 응축되어 물방울이 생길 수 있으므로 연료탱크를 가득 채워 공간을 줄여야 한다.

19 건식 공기청정기의 효율 저하를 방지하는 방법으로 가장 적합한 것은?

① 물로 깨끗이 세척한다.
② 기름으로 닦는다.
☑ ③ 압축공기로 먼지 등을 털어낸다.
④ 마른 걸레로 닦아야 한다.

해설
건식 공기청정기는 흡입구 등에 먼지가 쌓여서 입구의 면적이 축소됐을 때 효율이 저하되므로 압축공기로 먼지를 깨끗하게 청소해야 한다. 건식이므로 물로 세척해서는 안 된다.

20 건설기계관리법령상 건설기계정비업의 범위에서 제외되는 행위로 옳지 않은 것은?

① 필터류 교환
② 전구 교체
③ 오일의 주입
☑ ④ 브레이크 페달의 교체

해설
건설기계정비업의 범위에서 제외되는 행위(건설기계관리법 시행규칙 제1조의3)
• 오일의 보충
• 에어클리너 엘리먼트 및 필터류의 교환
• 배터리·전구의 교환
• 타이어의 점검·정비 및 트랙의 장력 조정
• 창유리의 교환

21 유압유를 넓은 온도 범위에서 사용할 수 있게 하는 조건으로 옳은 것은?

① 발포성이 높아야 한다.
② 소포성이 낮아야 한다.
③ 산화작용이 양호해야 한다.
✔ **점도지수가 높아야 한다.**

[해설]
점도지수는 온도에 따른 점도의 변화를 수치로 나타낸 것으로, 점도지수가 높을수록 점도 변화는 작다.

22 다음 빈칸에 들어갈 말로 알맞은 것은?

> 건설기계 안전기준에 관한 규칙상 마스트의 ( )이란 지게차의 기준무부하상태에서 지게차의 마스트를 조종실 쪽으로 가장 기울인 경우 마스트가 수직면에 대하여 이루는 기울기를 말한다.

✔ **후경각**
② 기울기
③ 최대하중
④ 부 피

[해설]
건설기계 안전기준에 관한 규칙 제20조 참고

23 도로교통법령상 안전기준을 넘는 화물의 적재허가를 받은 사람은 그 길이 또는 폭의 양 끝에 빨간 헝겊으로 된 표지를 달아야 하는데, 표지 크기의 기준은?

① 너비 60cm, 길이 80cm 이상
② 너비 50cm, 길이 70cm 이상
③ 너비 40cm, 길이 60cm 이상
✔ **너비 30cm, 길이 50cm 이상**

[해설]
안전기준을 넘는 화물의 적재허가를 받은 사람은 그 길이 또는 폭의 양 끝에 너비 30cm, 길이 50cm 이상의 빨간 헝겊으로 된 표지를 달아야 한다. 다만, 밤에 운행하는 경우에는 반사체로 된 표지를 달아야 한다(도로교통법 시행규칙 제26조 제3항).

24 지게차 운전 중 교차로에서 금지되는 행위는?

① 경음기 작동
② 비상등 점멸
③ 좌회전
✔ **앞지르기**

[해설]
교차로, 터널 안, 다리 위, 도로의 구부러진 곳, 비탈길의 고갯마루 부근 또는 가파른 비탈길의 내리막 등의 장소에서는 앞지르기가 금지된다(도로교통법 제22조).

25 작업장에서 안전모를 착용하는 가장 주된 이유는?

① 작업장의 질서 확립을 위해서이다.
② 작업 능률을 올리기 위해서이다.
③ ✓ 작업자의 안전을 위해서이다.
④ 작업자의 복장 통일을 위해서이다.

해설
작업복, 안전모, 안전화 등을 착용하는 이유는 재해로부터 작업자의 몸을 보호하기 위해서이다.

27 다음 중 교류발전기의 특징이 아닌 것은?

① 다이오드를 사용하기 때문에 정류 특성이 좋다.
② ✓ 정류자를 사용한다.
③ 저속에서도 충전이 가능하다.
④ 속도변화에 따른 적용 범위가 넓고, 소형·경량이다.

해설
교류발전기에서 교류를 직류로 바꿔 주는 것은 다이오드이다. 정류자는 직류발전기의 구성요소이다.

26 다음 중 관공서용 건물번호판은?

①
②
③
④ ✓

해설

일반용 건물번호판	
중앙로 35 Jungang-ro	평촌길 Pyungchon-gil 60
문화재·관광용 건물번호판	관공서용 건물번호판
24 보성길 Boseong-gil	6 문연로 Munyeon-ro

28 건설기계에 사용되는 납산 축전지 용량의 단위로 옳은 것은?

① kW   ② kV
③ ✓ Ah   ④ HP

해설
① 전력, 일률의 단위
② 전압의 단위
④ 일률의 단위

29 화재의 분류에서 유류화재에 해당되는 것은?

① A급 화재   ② ✓ B급 화재
③ C급 화재   ④ D급 화재

해설
화재의 분류
• A급 화재 : 일반(보통)화재
• B급 화재 : 유류 및 가스화재
• C급 화재 : 전기화재
• D급 화재 : 금속화재

30 지게차의 일반적인 구동방식은?

✓ ① 앞바퀴 구동방식이다.
② 뒷바퀴 구동방식이다.
③ 4륜 구동방식이다.
④ 6륜 구동방식이다.

해설
일반적으로 지게차는 앞바퀴 구동방식이며, 뒷바퀴 조향방식이다.

31 건설기계 안전기준에 관한 규칙상 (   ) 안에 들어갈 용어로 옳은 것은?

> 지게차의 (   )란 지면으로부터의 높이가 300mm인 수평상태(주행 시에는 마스트를 가장 안쪽으로 기울인 상태를 말한다)의 지게차의 쇠스랑 윗면에 하중이 가해지지 아니한 상태를 말한다.

① 기준부하상태
✓ ② 기준무부하상태
③ 최대부하상태
④ 최대하중상태

해설
① 지게차의 기준부하상태 : 지면으로부터의 높이가 300mm인 수평상태(주행 시에는 마스트를 가장 안쪽으로 기울인 상태를 말한다)의 지게차의 쇠스랑 윗면에 최대하중이 고르게 가해지는 상태
④ 지게차의 최대하중 : 안정도를 확보한 상태에서 쇠스랑을 최대올림높이로 올렸을 때 기준하중의 중심에 최대로 적재할 수 있는 하중
※ 건설기계 안전기준에 관한 규칙 제18조, 제19조 참고

32 지게차에서 작업 용도와 효율성에 따라 장착할 수 있는 작업장치의 종류가 아닌 것은?

✓ ① 폴 더
② 사이드 시프트
③ 회전 롤 클램프
④ 회전 포크

해설
② 사이드 시프트(Side Shift) : 한쪽으로 무게중심이 쏠린 작업물을 들 때, 차체를 이동하지 않고도 캐리지와 포크를 좌우로 이동시켜 균형을 맞출 수 있는 작업장치
③ 회전 롤 클램프(Rotating Roll Clamp) : 물체를 움켜쥐고 회전시켜 화물을 이동 및 적재시킬 수 있는 작업장치
④ 회전 포크(Rotating Fork, 로테이팅 포크) : 화물을 포크로 들고 360° 회전시킬 수 있어 절삭 후 버려지는 칩을 담은 칩통을 비울 때 사용하는 작업장치

33 건설기계용 축전지의 충전 방법 중 충전 초기부터 전류를 일정한 값으로 유지하여 충전하는 방법은?

✓ ① 정전류 충전법
② 정전압 충전법
③ 단별전류 충전법
④ 준정전압 충전법

해설
정전류 충전법
충전 초기부터 일정한 전류를 유지하며 충전하는 방식으로 최초의 충전용량이 작아서 극판의 손상이 적으나, 충전 말기에는 충전율이 높아서 과충전의 우려가 있다.

34 지게차 주차 시 포크의 높이로 가장 적절한 것은?

① 10~20cm
② 40~50cm
③ **지면에 딱 붙임**
④ 가능한 한 높이 위치시킴

[해설]
지게차 주차 시 준수사항
- 시동 정지
- 주차 브레이크 작동
- 포크 혹은 작업장치를 완전히 내릴 것
- 기어를 중립상태로 위치시킬 것

35 건설기계의 등록을 말소할 수 있는 사유에 해당하지 않는 것은?

① 건설기계를 폐기한 경우
② 건설기계를 수출하는 경우
③ **건설기계를 장기간 운행하지 않게 된 경우**
④ 건설기계를 교육·연구 목적으로 사용하는 경우

[해설]
건설기계 등록의 말소 사유(건설기계관리법 제6조)
- 거짓이나 그 밖의 부정한 방법으로 등록을 한 경우
- 건설기계가 천재지변 또는 이에 준하는 사고 등으로 사용할 수 없게 되거나 멸실된 경우
- 건설기계의 차대(車臺)가 등록 시의 차대와 다른 경우
- 건설기계가 건설기계안전기준에 적합하지 아니하게 된 경우
- 정기검사 명령, 수시검사 명령 또는 정비 명령에 따르지 아니한 경우
- 건설기계를 수출하는 경우
- 건설기계를 도난당한 경우
- 건설기계를 폐기한 경우
- 건설기계해체재활용업자에게 폐기를 요청한 경우
- 구조적 제작 결함 등으로 건설기계를 제작자 또는 판매자에게 반품한 경우
- 건설기계를 교육·연구 목적으로 사용하는 경우
- 규정에 따라 대통령령으로 정하는 내구연한(규정에 따른 정밀진단을 받아 연장된 경우는 그 연장기간)을 초과한 건설기계
- 건설기계를 횡령 또는 편취당한 경우

36 순차 작동 밸브라고도 하며, 각 유압실린더를 일정한 순서로 순차 작동시키고자 할 때 사용하는 것은?

① 릴리프 밸브
② 감압 밸브
③ **시퀀스 밸브**
④ 언로드 밸브

[해설]
시퀀스 밸브는 정해진 순서에 따라 순차적으로 작동시키는 밸브로 주회로에서 2개 이상의 분기 회로를 가질 경우에 각각의 회로를 순차적으로 작동시키고자 할 때 사용한다.

37 다음 안전보건표지 중 금지표지가 아닌 것은?

☑ 방독마스크 금지
② 화기금지
③ 차량통행금지
④ 탑승금지

해설
방독마스크 금지표지는 없다. 방독마스크 착용 표지는 지시표지이다(산업안전보건법 시행규칙 [별표 6]).

38 엔진의 피스톤이 고착되는 원인으로 옳지 않은 것은?

① 냉각수량의 부족
② 엔진오일의 부족
③ 엔진의 과열
☑ 너무 높은 압축 압력

해설
피스톤의 고착은 엔진오일의 부족, 냉각수량의 부족에 의해 엔진이 과열되었을 때 등 피스톤이 제대로 냉각되지 않았을 때 발생한다. 압축 압력이 너무 높았다고 하더라도 연소할 때의 온도에 미치지 못하므로 ④는 원인이 될 수 없다.

39 작업장에서 중량물을 들어 올리는 방법 중 안전상 가장 올바른 것은?

① 지렛대를 이용한다.
☑ 체인블록을 이용하여 들어 올린다.
③ 최대한 많은 사람이 힘을 모아 들어 올린다.
④ 로프로 묶어서 잡아당긴다.

해설
작업장에서 중량물을 들어 올릴 때는 체인블록을 이용하여 들어 올리는 것이 가장 안전하다.

40 건설기계관리법령상 검사의 종류로 옳은 것은?

☑ 수시검사
② 임시검사
③ 특별검사
④ 계속검사

해설
건설기계 검사의 종류(건설기계관리법 제13조)
• 신규 등록검사
• 정기검사
• 구조변경검사
• 수시검사

41 왁스실에 왁스를 넣어 온도가 올라가면 팽창축이 올라가 열리는 온도 조절기는?

① 벨로즈형
✓ **펠릿형**
③ 바이패스 밸브형
④ 바이메탈형

해설
① 벨로즈형 : 수온 조절기 내에 에테르, 알코올 등 비등점이 낮은 물질을 넣어 냉각수 온도에 따른 팽창 및 수축으로 냉각수 통로를 개폐한다.
④ 바이메탈형 : 열팽창률이 다른 두 금속을 접합하여 냉각수 온도에 따라 통로를 개폐한다.

42 지게차에서 유압식 브레이크와 브레이크 페달의 원리로 각각 옳은 것은?

✓ **파스칼의 원리, 지렛대의 원리**
② 래크와 피니언의 원리, 파스칼의 원리
③ 래크와 피니언의 원리, 애커먼 장토의 원리
④ 지렛대의 원리, 애커먼 장토의 원리

해설
• 유압식 브레이크 : 파스칼의 원리를 응용하여 마스터 실린더에서 유압을 발생시키고, 그 유압을 받아 브레이크슈를 디스크에 압착하여 제동력을 얻는 장치이다.
• 브레이크페달 : 지렛대의 원리를 활용하여 밟는 힘의 약 3~6배를 마스터 실린더에 전달한다.

43 드릴 작업 시 안전상 유의사항으로 옳지 않은 것은?

✓ **드릴을 끼울 때 척 렌치는 끼워둬도 된다.**
② 장갑을 끼고 작업하지 말아야 한다.
③ 사용 전에 점검하고, 마모나 균열이 있는 것은 사용하지 않는다.
④ 드릴의 지름이 커질수록 칩 배출이 어려우므로 속도를 느리게 한다.

해설
드릴을 끼운 후에는 척 렌치를 반드시 탈거해야 한다.

44 남쪽에서 북쪽으로 진행 중일 때, 다음 3방향 도로명표지에 대한 설명으로 옳지 않은 것은?

① 차량을 계속 직진하면 연신내역 방향으로 갈 수 있다.
✓ **차량을 우회전하면 새문안길의 시작지점에 진입한다.**
③ 차량을 좌회전하면 충정로의 끝지점에 진입한다.
④ 차량을 좌회전하면 충정로를 통해 신촌역으로 갈 수 있다.

해설
차량을 우회전하면 새문안길의 끝지점에 진입하며, 이 방향으로 계속 주행하면 새문안길의 시작점으로 갈 수 있다.

45 다음 중 유압장치의 일상점검 항목이 아닌 것은?

① **탱크 내부 점검** ✓
② 오일의 변질상태 점검
③ 오일 누유 여부 점검
④ 오일의 양 점검

[해설]
탱크(연료탱크)의 외부는 일상점검이 가능하나, 내부는 일상적으로 점검하기 곤란하므로, 연료계통의 문제 발생 시 점검하는 것이 바람직하다.

46 지게차에서 틸트 실린더의 역할은?

① 포크의 상하 이동
② 차체 수평 유지
③ **마스트 앞뒤 경사각 유지** ✓
④ 차체 좌·우회전

[해설]
마스트 경사각은 틸트 실린더로 마스트를 움직여 만든다.

47 편도 3차로 일반도로에서 1차로가 버스전용차로일 때, 건설기계는 어느 차로로 통행하여야 하는가?

① 1차로
② 2차로
③ **3차로** ✓
④ 한가한 차로

[해설]
차로에 따른 통행차의 기준(도로교통법 시행규칙 [별표 9])

도 로	차로 구분	통행할 수 있는 차종
고속도로 외의 도로	왼쪽 차로	승용자동차 및 경형·소형·중형 승합자동차
	오른쪽 차로	대형 승합자동차, 화물자동차, 특수자동차, 도로교통법에 따른 건설기계, 이륜자동차, 원동기장치자전거

※ 비 고
• 왼쪽 차로 : 차로를 반으로 나누어 1차로에 가까운 부분의 차로(단, 차로수가 홀수인 경우 가운데 차로는 제외)
• 오른쪽 차로 : 왼쪽 차로를 제외한 나머지 차로

48 4행정 사이클 기관의 윤활방식 중 피스톤과 피스톤 핀까지 윤활유를 압송하여 윤활하는 방식은?

① 전 압력식
② **전 압송식** ✓
③ 전 비산식
④ 압송 비산식

[해설]
전 압송식은 오일펌프에 의해 강제적으로 윤활부에 오일을 압송하는 방식이다.

49 지게차로 화물을 싣고 경사지에서 주행할 때 안전상 가장 올바른 운전방법은?

① 포크를 높이 들고 주행한다.
❷ **내려갈 때에는 저속 후진한다.**
③ 내려갈 때에는 변속 레버를 중립에 놓고 주행한다.
④ 내려갈 때에는 시동을 끄고 타력으로 주행한다.

[해설]
지게차 운행 시 주의사항
- 운행 조작은 시동 후 5분 정도 경과한 후에 한다.
- 화물을 싣고 경사지를 내려갈 때에는 후진으로 운행한다.
- 포크는 이동 시 지면에서 20~30cm 정도 올린다.
- 큰 화물에 의해 전면의 시야가 방해를 받을 때에는 후진으로 운행한다.
- 경사지를 오르거나 내려올 때에는 급회전을 하지 않는다.

50 디젤엔진에서 터보차저를 부착하는 목적으로 맞는 것은?

① 엔진의 유효압력을 낮추기 위해서
② 엔진의 냉각을 위해서
❸ **엔진의 출력을 증대시키기 위해서**
④ 배기 소음을 줄이기 위해서

[해설]
터보차저는 디젤엔진에서 흡기 다기관으로 흡입되는 공기량을 늘려서 엔진의 출력을 증대시키기 위해 사용한다.

51 유압회로에서 유량제어를 통하여 작업속도를 조절하는 방식이 아닌 것은?

① 미터 인(Meter-In) 방식
② 미터 아웃(Meter-Out) 방식
③ 블리드 오프(Bleed-Off) 방식
❹ **블리드 온(Bleed-On) 방식**

[해설]
속도제어 회로의 분류
- 미터 인 회로 : 공급 쪽 관로에 설치한 바이패스 관로의 흐름을 제어함으로써 속도를 제어하는 회로
- 미터 아웃 회로 : 배출 쪽 관로에 설치한 바이패스 관로의 흐름을 제어함으로써 속도를 제어하는 회로
- 블리드 오프 회로 : 공급 쪽 관로에 바이패스 관로를 설치하여 바이패스로의 흐름을 제어함으로써 속도를 제어하는 회로

52 공장 내 작업 안전수칙으로 옳은 것은?

❶ **기름걸레나 인화물질은 지정된 철재상자에 보관한다.**
② 공구나 부속품을 닦을 때에는 휘발유를 사용한다.
③ 차가 잭에 의해 올려져 있을 때는 직원 외에는 차 내 출입을 삼간다.
④ 높은 곳에서 작업 시 훅을 놓치지 않게 잘 잡고, 체인블록을 이용한다.

[해설]
사용한 공구 및 걸레 등은 공구상자 또는 지정된 공구 보관 장소에 보관한다.

53 유압펌프에서 발생한 유압을 저장하고 맥동을 제거하는 장치는?

① **어큐뮬레이터**
② 언로딩 밸브
③ 릴리프 밸브
④ 스트레이너

해설
어큐뮬레이터(Accumulator)는 유압 에너지를 가압 상태로 저장하여 유압을 보상해 준다.

54 지게차로 도로를 운전하던 중 사람을 사상했을 때 조치로 가장 적절한 것은?

① **즉시 사상자를 구호하기 위한 조치를 한다.**
② 신고하기 위해 경찰서로 운전한다.
③ 전화로 먼저 경찰에 신고한다.
④ 중대한 일이 있다면 조치하지 않고 갈 수 있다.

해설
사고발생 시의 조치(도로교통법 제54조)
차 또는 노면전차의 운전 등 교통으로 인하여 사람을 사상하거나 물건을 손괴한 경우에는 그 차 또는 노면전차의 운전자나 그 밖의 승무원은 즉시 정차하여 다음의 조치를 하여야 한다.
• 사상자를 구호하는 등 필요한 조치
• 피해자에게 인적 사항(성명·전화번호·주소 등) 제공

55 실린더헤드 개스킷의 구비조건으로 옳지 않은 것은?

① **복원성이 낮을 것**
② 강도가 높을 것
③ 기밀 유지가 좋을 것
④ 내열성과 내압성이 있을 것

해설
실린더헤드 개스킷은 복원성이 커야 한다.

56 건설기계의 작동유 탱크 역할로 틀린 것은?

① 오일 내 이물질의 침전작용을 한다.
② **유압을 적정하게 유지한다.**
③ 유온을 적정하게 유지한다.
④ 작동유를 저장한다.

해설
유압을 조정하는 것은 유압밸브이다.

57 다음 설명에 알맞은 작업장치는?

> 2개의 L자 모양의 작업 장치로 핑거보드에 장착되며, 화물의 크기에 따라 폭을 조절할 수 있다.

① **포크** ② 백레스트
③ 평형추 ④ 마스트

해설
지게차의 외부 구조

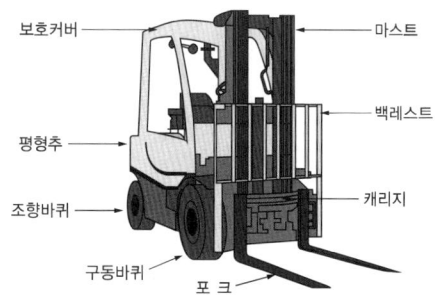

58 실린더의 내경이 행정보다 작은 기관을 무엇이라고 하는가?

① 스퀘어 기관
② 단행정 기관
③ **장행정 기관**
④ 정방행정 기관

해설
실린더의 내경이 작아지면 피스톤의 왕복운동 거리가 길어지므로 장행정 기관이고, 실린더의 내경이 커지면 피스톤의 왕복운동 거리가 짧아지므로 단행정 기관이다.

59 건설기계관리법령상 수출을 하기 위하여 건설기계를 선적지로 운행하는 경우의 임시운행기간은 며칠 이내인가?

① **15일 이내**
② 30일 이내
③ 90일 이내
④ 3년 이내

해설
임시운행기간은 15일 이내로 한다. 다만, 신개발 건설기계를 시험·연구의 목적으로 운행하는 경우에는 3년 이내로 한다(건설기계관리법 시행규칙 제6조).

60 유압펌프 중 기어펌프에 대한 설명으로 틀린 것은?

① 플런저 펌프에 비해 효율이 낮다.
② **다른 펌프에 비해 흡입력이 나쁘다.**
③ 초고압에는 사용이 곤란하다.
④ 소형이며 구조가 간단하다.

해설
기어펌프의 특징
• 흡입 능력이 크다.
• 역회전이 불가능하다.
• 유체의 오염에도 강하다.
• 송출량을 변화시킬 수 없다.
• 맥동이 적고, 소음과 진동도 작다.
• 구조가 간단하며, 가격이 저렴하다.
• 1회 토출량이 일정한 정용량형 펌프에 속한다.
• 신뢰도가 높으며, 보수작업이 비교적 용이하다.

제7회 기출복원문제

01 안전보호구 선택 시 유의사항이 아닌 것은?

① 보호구 검정에 합격하고 보호성능이 보장될 것
✅ **반드시 강철로 제작되어 안전보장형일 것**
③ 작업행동에 방해되지 않을 것
④ 착용이 용이하고 크기 등 사용자에게 편리할 것

[해설]
보호구의 구비조건
- 착용이 간편할 것
- 작업에 방해가 안 될 것
- 위험, 유해요소에 대한 방호성능이 충분할 것
- 재료의 품질이 양호할 것
- 구조와 끝마무리가 양호할 것
- 외양과 외관이 양호할 것

02 드릴(Drill) 기기를 사용하여 작업할 때 착용을 금지하는 것은?

① 안전화 ✅ **장 갑**
③ 모 자   ④ 작업복

[해설]
옷소매가 길거나 헐렁한 옷, 긴 목걸이, 장갑 등은 회전하는 공구에 말릴 위험이 있다.

03 다음 그림과 같은 안전표지판이 나타내는 것은?

① 비상구
✅ **출입금지**
③ 인화성물질 경고
④ 보안경 착용

[해설]
안전표지

비상구	인화성물질 경고	보안경 착용
🏃	🔥	👓

04 다음 중 장비로 교량 주행 시 안전사항으로 가장 거리가 먼 것은?

✅ **신속히 통과한다.**
② 장비의 무게 및 중량을 고려한다.
③ 교량의 폭을 확인한다.
④ 교량의 통과 하중을 고려한다.

[해설]
장비로 교량 주행 시 신속히 통과하는 것은 위험하며 교량에 충격을 초래할 수 있다.

05 산소 가스 용기의 도색으로 맞는 것은?

✓ 녹 색
② 노란색
③ 흰 색
④ 갈 색

해설
각종 가스 용기의 도색 구분

가스의 종류	도색 구분
산 소	녹 색
수 소	주황색
액화 탄산가스	청 색
LPG	회 색
아세틸렌	황 색
아르곤	회 색
액화 암모니아	백 색
기타 가스	회 색

06 연소조건에 대한 설명으로 틀린 것은?

① 산화되기 쉬운 것일수록 타기 쉽다.
② 열전도율이 적은 것일수록 타기 쉽다.
✓ 발열량이 적은 것일수록 타기 쉽다.
④ 산소와의 접촉면이 클수록 타기 쉽다.

해설
③ 발열량이 클수록 타기 쉽다.

07 다음 중 유류화재 시 소화기 이외의 소화 재료로 가장 적당한 것은?

✓ 모 래
② 바 람
③ 톱 밥
④ 물

해설
유류화재 시 소화기 이외의 소화 재료로 모래가 적당하며 물을 사용하면 위험하다.

08 6각 볼트, 너트를 조이고 풀 때 가장 적합한 공구는?

① 바이스
② 플라이어
③ 드라이버
✓ 복스 렌치

해설
복스 소켓 렌치는 상자(Box) 모양으로 되어 있어 볼트, 너트의 6각 6면을 감싸는 상태로 사용하기 때문에 미끄러지거나 벗겨지는 일이 없어 정비 작업에 많이 사용되고 있다.

09 작업에 필요한 수공구의 보관에 알맞지 않은 것은?

① 공구함을 준비하여 종류와 크기별로 보관한다.
② 사용한 수공구는 방치하지 말고 소정의 장소에 보관한다.
③ 날이 있거나 뾰족한 물건은 위험하므로 뚜껑을 씌워 둔다.
✓ 회전숫돌은 오래 사용하기 위하여 수분이나 습기가 있는 곳에 보관한다.

해설
수분과 습기는 숫돌을 깨지거나 부서뜨릴 수 있어 습기가 없는 곳에 보관한다.

10 건설기계의 운전 전 점검사항이 아닌 것은?

① 볼트, 너트의 이완 여부
② 연료량
③ 작동 유량
❹ **배기가스 색깔**

11 건설기계장비 운전 시 계기판에서 냉각수량 경고등이 점등되었다. 그 원인으로 가장 거리가 먼 것은?

① 냉각수량이 부족할 때
② 냉각계통의 물 호스가 파손되었을 때
③ 라디에이터 캡이 열린 채 운행하였을 때
❹ **냉각수 통로에 스케일(물때)이 많이 퇴적되었을 때**

> **해설**
> 냉각수량 경고등은 냉각수가 부족할 때 점등된다.

12 운반작업 시의 안전수칙 중 틀린 것은?

① 무거운 물건을 이동할 때 호이스트 등을 활용한다.
❷ **화물은 될 수 있는 대로 중심을 높게 한다.**
③ 어깨보다 높이 들어 올리지 않는다.
④ 무리한 자세로 장시간 사용하지 않는다.

> **해설**
> 적재방법은 중심이 밑으로 오도록 하고, 중심의 이동에 의해서 물체가 균형을 잃지 않도록 하여야 한다.

13 지게차를 전·후진 방향으로 서서히 화물에 접근시키거나 빠른 유압 작동으로 신속히 화물을 상승 또는 적재시킬 때 사용하는 것은?

❶ **인칭페달**
② 가속페달
③ 디셀레이터페달
④ 브레이크페달

> **해설**
> 인칭페달을 사용함으로써 좁은 공간에 들어가거나 둔덕 및 경사면에서 뒤로 미끄러짐 없이 나갈 수 있다.

14 유압펌프가 작동 중 소음이 발생할 때 그 원인으로 틀린 것은?

① 펌프 축의 편심 오차가 크다.
② 펌프 흡입관 접합부로부터 공기가 유입된다.
❸ **릴리프밸브 출구에서 오일이 배출되고 있다.**
④ 스트레이너가 막혀 흡입용량이 너무 작아졌다.

> **해설**
> 유압펌프 작동 중 소음이 발생하는 것은 기계적인 원인과 흡입되는 공기에 의하며 릴리프밸브에서 오일이 누유되면 압력이 떨어지는 원인이 된다.

15 지게차를 주차하고자 할 때 포크는 어떤 상태로 하면 안전한가?

① 앞으로 3° 정도 경사지에 주차하고 마스트 전경각을 최대로 하여 포크를 지면에 접하도록 내려놓는다.
② 평지에 주차하고 포크는 녹이 발생하는 것을 방지하기 위하여 10cm 정도 들어 놓는다.
③ 평지에 주차하면 포크의 위치는 상관없다.
❹ **평지에 주차하고 포크는 지면에 접하도록 내려놓는다.**

[해설]
포크를 바닥까지 완전히 내리고 마스트는 포크가 바닥에 닿을 때까지 앞으로 기울인다.

16 다음 중 통행의 우선순위가 맞는 것은?

❶ **긴급자동차 → 일반 자동차 → 원동기장치자전거**
② 긴급자동차 → 원동기장치자전거 → 승용자동차
③ 건설기계 → 원동기장치자전거 → 승합자동차
④ 승합자동차 → 원동기장치자전거 → 긴급자동차

[해설]
차마 간 통행의 우선순위 : 긴급자동차 → 긴급자동차 외의 자동차 → 원동기장치자전거 → 자동차 및 원동기장치자전거 외의 차마

17 앞지르기 금지장소가 아닌 것은?

① 터널 안, 앞지르기 금지표지 설치장소
❷ **버스 정류장 부근, 주차금지 구역**
③ 경사로의 정상 부근, 급경사로의 내리막
④ 교차로, 도로의 구부러진 곳

[해설]
앞지르기 금지장소(도로교통법 제22조)
모든 차의 운전자는 다음의 어느 하나에 해당하는 곳에서는 다른 차를 앞지르지 못한다.
• 교차로
• 터널 안
• 다리 위
• 도로의 구부러진 곳, 비탈길의 고갯마루 부근 또는 가파른 비탈길의 내리막 등 시·도경찰청장이 도로에서의 위험을 방지하고 교통의 안전과 원활한 소통을 확보하기 위하여 필요하다고 인정하는 곳으로서 안전표지로 지정한 곳

18 도로를 통행하는 자동차가 야간에 켜야 하는 등화의 구분 중 견인되는 자동차가 켜야 할 등화는?

① 전조등, 차폭등, 미등, 번호등과 실내조명등
❷ **미등·차폭등 및 번호등**
③ 전조등, 미등, 번호등
④ 전조등, 미등

[해설]
밤에 도로에서 차를 운행하는 경우 등의 등화(도로교통법 시행령 제19조)
• 자동차 : 자동차안전기준에서 정하는 전조등, 차폭등, 미등, 번호등과 실내조명등(실내조명등은 승합자동차와 여객자동차 운수사업법에 따른 여객자동차운송사업용 승용자동차만 해당한다)
• 원동기장치자전거 : 전조등 및 미등
• 견인되는 차 : 미등·차폭등 및 번호등
• 노면전차 : 전조등, 차폭등, 미등 및 실내조명등
• 위의 규정 외의 차 : 시·도경찰청장이 정하여 고시하는 등화

19 그림의 교통안전표지는?

① 좌회전 금지　② 직진 금지
❸ 유턴 금지　④ 회전교차로

해설
교통안전표지

좌회전 금지	직진 금지	회전교차로

20 도로교통법상 모든 차의 운전자가 서행하여야 하는 장소에 해당하지 않는 것은?

① 도로가 구부러진 부근
② 비탈길의 고갯마루 부근
❸ 편도 2차로 이상의 다리 위
④ 가파른 비탈길의 내리막

해설
서행 또는 일시정지할 장소(법 제31조)
모든 차 또는 노면전차의 운전자는 다음의 어느 하나에 해당하는 곳에서는 서행하여야 한다.
- 교통정리를 하고 있지 아니하는 교차로
- 도로가 구부러진 부근
- 비탈길의 고갯마루 부근
- 가파른 비탈길의 내리막
- 시·도경찰청장이 도로에서의 위험을 방지하고 교통의 안전과 원활한 소통을 확보하기 위하여 필요하다고 인정하여 안전표지로 지정한 곳

21 건설기계의 등록 전에 임시운행 사유가 아닌 것은?

❶ 정비명령을 받은 건설기계가 정비공장과 검사소를 운행하는 경우
② 신규등록을 하기 위하여 건설기계를 등록지로 운행하는 경우
③ 신개발 건설기계를 시험 운행하는 경우
④ 확인검사를 받기 위하여 운행하는 경우

해설
정비명령은 등록된 건설기계로 검사에 불합격되었을 때 하는 검사로 임시운행 사유가 아니다.
미등록 건설기계의 임시운행(건설기계관리법 시행규칙 제6조)
- 등록신청을 하기 위하여 건설기계를 등록지로 운행하는 경우
- 신규등록검사 및 확인검사를 받기 위하여 건설기계를 검사장소로 운행하는 경우
- 수출을 하기 위하여 건설기계를 선적지로 운행하는 경우
- 수출을 하기 위하여 등록말소한 건설기계를 점검·정비의 목적으로 운행하는 경우
- 신개발 건설기계를 시험·연구의 목적으로 운행하는 경우
- 판매 또는 전시를 위하여 건설기계를 일시적으로 운행하는 경우

22 1t 이상 지게차의 정기검사 유효기간은?

① 6월　② 1년
❸ 2년　④ 3년

해설
정기검사 유효기간(연식 20년 이하)
- 6개월 : 타워크레인
- 1년 : 굴삭기(타이어식), 덤프트럭, 기중기, 콘크리트믹서트럭, 콘크리트펌프(트럭적재식), 아스팔트살포기, 천공기, 항타 및 항발기, 도로보수트럭(타이어식), 터널용 고소작업차, 트럭지게차
- 2년 : 로더(타이어식), 지게차(1t 이상), 모터그레이더, 노면파쇄기, 노면측정장비, 수목이식기
- 3년 : 그 밖의 건설기계, 그 밖의 특수건설기계

23 술에 만취한 상태에서 건설기계를 조종한 자에 대한 면허의 취소 · 정지처분 내용은?

✔ **면허취소**
② 면허효력 정지 60일
③ 면허효력 정지 50일
④ 면허효력 정지 70일

해설
술에 취하거나 마약 등 약물을 투여한 상태에서 조종한 경우
• 면허취소
 - 술에 취한 상태에서 건설기계를 조종하다가 사고로 사람을 죽게 하거나 다치게 한 경우
 - 술에 만취한 상태(혈중알코올농도 0.08% 이상)에서 건설기계를 조종한 경우
 - 2회 이상 술에 취한 상태에서 건설기계를 조종하여 면허효력정지를 받은 사실이 있는 사람이 다시 술에 취한 상태에서 건설기계를 조종한 경우
 - 약물(마약, 대마, 향정신성 의약품 및 유해화학물질 관리법 시행령 제25조에 따른 환각물질을 말한다)을 투여한 상태에서 건설기계를 조종한 경우
• 면허효력정지 60일 : 술에 취한 상태(혈중알코올농도 0.03% 이상 0.08% 미만)에서 건설기계를 조종한 경우
면허취소 사유
• 거짓이나 그 밖의 부정한 방법으로 건설기계조종면허를 받은 경우
• 건설기계조종사면허의 효력정지기간 중 건설기계를 조종한 경우
• 정기적싱검사를 받지 아니하고 1년이 지난 경우
• 정기적성검사 또는 수시적성검사에서 불합격한 경우

24 건설기계 정비시설을 갖춘 정비사업자만이 정비할 수 있는 사항은?

① 오일의 보충
② 배터리 교환
✔ **유압장치 호스 교환**
④ 제동등 전구의 교환

해설
건설기계정비업의 범위에서 제외되는 행위(건설기계관리법 시행규칙 제1조의3)
• 오일의 보충
• 에어클리너 엘리먼트 및 필터류의 교환
• 배터리 · 전구의 교환
• 타이어의 점검 · 정비 및 트랙의 장력 조정
• 창유리의 교환

25 건설기계관리법상 건설기계조종사면허를 취소 또는 효력정지시킬 수 있는 자는?

① 건설교통부장관
✔ **시장 · 군수 · 구청장**
③ 경찰서장
④ 대통령

해설
건설기계조종사면허의 취소 · 정지(건설기계관리법 제28조)
시장 · 군수 또는 구청장은 건설기계조종사가 다음의 어느 하나에 해당하는 경우에는 국토교통부령으로 정하는 바에 따라 건설기계조종사면허를 취소하거나 1년 이내의 기간을 정하여 건설기계조종사면허의 효력을 정지시킬 수 있다. 다만, 1, 2, 8 또는 9에 해당하는 경우에는 건설기계조종사면허를 취소하여야 한다.
1. 거짓이나 그 밖의 부정한 방법으로 건설기계조종사면허를 받은 경우
2. 건설기계조종사면허의 효력정지기간 중 건설기계를 조종한 경우
3. 다음의 규정 중 어느 하나에 해당하게 된 경우(동법 제27조)
 • 건설기계 조종상의 위험과 장해를 일으킬 수 있는 정신질환자 또는 뇌전증환자로서 국토교통부령으로 정하는 사람
 • 앞을 보지 못하는 사람, 듣지 못하는 사람, 그 밖에 국토교통부령으로 정하는 장애인
 • 건설기계 조종상의 위험과 장해를 일으킬 수 있는 마약 · 대마 · 향정신성의약품 또는 알코올중독자로서 국토교통부령으로 정하는 사람
4. 건설기계의 조종 중 고의 또는 과실로 중대한 사고를 일으킨 경우
5. 국가기술자격법에 따른 해당 분야의 기술자격이 취소되거나 정지된 경우
6. 건설기계조종사면허증을 다른 사람에게 빌려준 경우

7. 술에 취하거나 마약 등 약물을 투여한 상태 또는 과로·질병의 영향이나 그 밖의 사유로 정상적으로 조종하지 못할 우려가 있는 상태에서 건설기계를 조종한 경우
8. 정기적성검사를 받지 아니하고 1년이 지난 경우
9. 정기적성검사 또는 수시적성검사에서 불합격한 경우

27 기계에 사용되는 방호덮개 장치의 구비조건으로 틀린 것은?

① 마모나 외부로부터 충격에 쉽게 손상되지 않을 것
✅ **작업자가 임의로 제거 후 사용할 수 있을 것**
③ 검사나 급유 조정 등 정비가 용이할 것
④ 최소의 손질로 장시간 사용할 수 있을 것

해설
방호덮개의 구비조건
• 생산에 방해를 주지 않을 것
• 확실한 방호성능을 보유할 것
• 주유, 검사, 수리 등에 지장을 주지 않을 것
• 작업 행동 및 기계의 특성에 알맞을 것
• 운전 중 기계의 위험 부위에 접촉을 방지할 것
• 마모, 충격 등에 견딜 것
• 외관상 안전할 것
• 작업점을 방호할 것

26 현장에 경찰공무원이 없는 장소에서 인명 피해와 물건의 손괴를 입힌 교통사고가 발생하였을 때 가장 먼저 취할 조치는?

① 손괴한 물건 및 손괴 정도를 파악한다.
② 즉시 피해자 가족에게 알리고 합의한다.
✅ **즉시 사상자를 구호하고 경찰공무원에게 신고한다.**
④ 승무원에게 사상자를 알리게 하고 회사에 알린다.

해설
사고발생 시의 조치(도로교통법 제54조)
차 또는 노면전차의 운전 등 교통으로 인하여 사람을 사상하거나 물건을 손괴(교통사고)한 경우에는 그 차 또는 노면전차의 운전자나 그 밖의 승무원(운전자 등)은 즉시 정차하여 다음의 조치를 하여야 한다.
• 사상자를 구호하는 등 필요한 조치
• 피해자에게 인적 사항(성명·전화번호·주소) 제공

28 건설기계에서 윈드실드 와이퍼를 작동시키는 형식으로 가장 일반적으로 사용하는 것은?

① 압축공기식
② 기계식
③ 진공식
✅ **전기식**

해설
윈드실드 와이퍼를 작동시키는 형식으로 압축공기식, 진공식, 전기식 등이 있으나 일반적으로 전기식이 가장 많이 쓰이고 있다.

29 방향지시등의 한쪽 등 점멸이 빠르게 작동하고 있을 때, 운전자가 가장 먼저 점검하여야 할 곳은?

☑ ① 전구
② 플래셔 유닛
③ 콤비네이션 스위치
④ 배터리

[해설]
한쪽 등에 이상이 있으면 다른 쪽 등의 점멸이 빨라지므로 가장 먼저 전구를 확인한다.

30 기관에서 예열플러그의 사용 시기는?

① 축전지가 방전되었을 때
② 축전지가 과충전되었을 때
☑ ③ 기온이 낮을 때
④ 냉각수의 양이 많을 때

[해설]
예열플러그는 기온이 낮을 때 시동을 돕기 위한 것이다.

31 겨울철에 연료탱크를 가득 채우는 가장 주된 이유는?

① 연료가 적으면 증발하여 손실되므로
② 연료가 적으면 출렁거리기 때문에
☑ ③ 공기 중의 수분이 응축되어 물이 생기기 때문에
④ 연료 게이지에 고장이 발생하기 때문에

[해설]
겨울철에는 기온이 내려가면서 연료탱크 안에 있는 습기가 모여 물이 생길 수 있으므로 가능하면 탱크에 연료를 가득 채우는 것이 좋다.

32 운전자의 준수사항에 대한 설명 중 틀린 것은?

① 고인 물을 튀게 하여 다른 사람에게 피해를 주어서는 안 된다.
② 과로, 질병, 약물의 중독 상태에서 운전하여서는 안 된다.
③ 보행자가 안전지대에 있는 때에는 서행하여야 한다.
☑ ④ 운전석으로부터 떠날 때에는 원동기의 시동을 끄지 말아야 한다.

[해설]
운전자가 차 또는 노면전차를 떠나는 경우에는 교통사고를 방지하고 다른 사람이 함부로 운전하지 못하도록 필요한 조치를 할 것

33 다음 중 기관 시동이 잘 안 될 경우 점검할 사항으로 틀린 것은?

☑ ① 기관 공전회전수
② 배터리 충전상태
③ 연료량
④ 시동모터

[해설]
기관 공전회전수 : 시동 후 공회전 및 저속회전 상태를 말한다.

34 밸브 스템 엔드와 로커 암(태핏) 사이의 간극은?

① 스템 간극
② 로커암 간극
③ 캠 간극
④ **밸브 간극** ✓

해설
밸브 스템 엔드는 캠의 회전운동에 따라 밸브 리프터 또는 로커암과 직접 접하는 부분으로 로커암과 엔드 사이에는 열팽창을 고려하여 밸브 간격을 둔다.

35 전기장치 회로에 사용하는 퓨즈의 재질로 적합한 것은?

① 스틸 합금
② 구리 합금
③ 알루미늄 합금
④ **납과 주석 합금** ✓

해설
전기장치 회로에 사용하는 퓨즈의 재질은 납과 주석의 합금이다.

36 디젤기관에서 조속기가 하는 역할은?

① 분사시기 조정
② **분사량 조정** ✓
③ 분사압력 조정
④ 착화성 조정

해설
조속기(거버너)는 디젤엔진에서 기관의 회전속도와 부하에 따라 연료 공급량(분사량)을 조절한다.

37 기관 과열의 직접적인 원인이 아닌 것은?

① 팬벨트의 느슨함
② 라디에이터의 코어 막힘
③ 냉각수의 부족
④ **타이밍 체인(Timing Chain)의 헐거움** ✓

해설
타이밍 체인이 헐거우면 밸브 개폐시기가 달라진다.
기관의 과열원인
• 윤활유 부족
• 냉각수 부족
• 물 펌프 고장
• 팬벨트 이완 절손
• 물재킷 스케일 누적
• 온도조절기가 열리지 않음
• 라디에이터 막힘

38 디젤엔진에 사용되는 과급기의 주된 역할 설명으로 가장 적합한 것은?

① **출력의 증대** ✓
② 윤활성의 증대
③ 냉각효율의 증대
④ 배기의 정화

해설
과급기(터보차저)는 흡입효율을 증가시켜 출력을 증가시킨다.

39 디젤기관에서 에어클리너가 막히면 어떤 현상이 일어나는가?

① 배기색은 희고, 출력은 정상이다.
② 배기색은 희고, 출력은 증가한다.
✓ **배기색은 검고, 출력은 저하된다.**
④ 배기색은 검고, 출력은 증가한다.

해설
연료의 공급에 비하여 공기가 적으면 배기색은 검고 출력은 저하된다.

40 연료탱크의 연료를 분사펌프 저압부까지 공급하는 것은?

✓ **연료공급펌프** ② 연료분사펌프
③ 인젝션 펌프   ④ 로터리 펌프

해설
연료탱크의 연료를 분사펌프 저압부까지 공급하는 것은 공급펌프이고, 노즐까지는 분사펌프가 한다.

41 연료의 세탄가와 가장 밀접한 관련이 있는 것은?

① 열효율   ② 폭발압력
✓ **착화성**   ④ 인화성

해설
경유의 착화성을 나타내는 지표로 세탄가를 쓰고 있으며 이 값이 클수록 착화하기가 쉽다.

42 배터리의 충전상태를 측정할 수 있는 게이지는?

① 그라울러 테스터
② 압력계
✓ **비중계**
④ 스러스트 게이지

해설
비중계는 배터리액, 부동액, 요소수, 워셔액의 비중을 알 수 있다.

43 시동전동기를 취급할 때 주의사항으로 틀린 것은?

✓ **시동전동기의 연속 사용기간은 60초 정도로 한다.**
② 기관이 시동된 상태에서 시동스위치를 켜서는 안 된다.
③ 시동전동기의 회전속도가 규정 이하이면 오랜 시간 연속회전시켜도 시동이 되지 않으므로 회전속도에 유의해야 한다.
④ 전선의 굵기는 규정 이하의 것을 사용하면 안 된다.

해설
시동전동기의 연속 사용기간은 30초 이내이다.

44 AC 발전기에서 전류가 발생되는 것은?

① 로터 코일
② 레귤레이터
✅ **스테이터 코일**
④ 전기자 코일

> [해설]
> 스테이터 코일은 로터 코일에 의해 교류전기를 발생시킨다.
> ※ 로터 코일은 전압 생성, 전기자 코일은 전류 생성(DC 발전기), 레귤레이터는 조정기이다.

45 12V용 납산축전지의 방전종지 전압은?

① 12V   ✅ **10.5V**
③ 7.5V   ④ 1.75V

> [해설]
> 12V용 납산축전지에는 6개의 셀이 있고 방전종지 전압은 1.75V이므로 1.75 × 6 = 10.5V이다.

46 지게차의 일반적인 조향방식은?

① 앞바퀴 조향방식이다.
✅ **뒷바퀴 조향방식이다.**
③ 허리꺾기 조향방식이다.
④ 작업조건에 따라 바꿀 수 있다.

> [해설]
> 지게차는 전륜 구동방식이고 후륜 조향식이다.

47 유체클러치에서 와류를 감소시키는 장치는 무엇인가?

① 스테이터
✅ **가이드링**
③ 펌프
④ 임펠러

> [해설]
> 가이드링은 유체클러치에서 와류를 줄여 전달효율을 향상시키는 장치이다.

48 공기브레이크에서 브레이크슈를 직접 작동시키는 것은?

① 릴레이 밸브
② 브레이크 페달
✅ **캠**
④ 유 압

> [해설]
> 공기브레이크에서 브레이크슈를 확장시켜 주는 부분은 캠이다. 유압식에서 휠 실린더의 역할을 캠이 한다.

49 제동 유압장치의 작동원리는 어느 이론에 바탕을 둔 것인가?

① 열역학 제1법칙
② 보일의 법칙
❸ **파스칼의 원리**
④ 가속도 법칙

해설
파스칼(Pascal)의 원리
유체(기체나 액체) 역학에서 밀폐된 용기 내에 정지해 있는 유체의 어느 한 부분에서 생기는 압력의 변화가 유체의 다른 부분과 용기의 벽면에 손실 없이 전달된다는 원리

50 유압펌프에서 사용되는 GPM의 의미는?

❶ **분당 토출하는 작동유의 양**
② 복동 실린더의 치수
③ 계통 내에서 형성되는 압력의 크기
④ 흐름에 대한 저항

해설
GPM이란 계통 내에서 이동되는 유체의 양을 표시할 때 사용하는 단위로 분당 유량 단위 g/min를 뜻한다.

51 유압모터와 유압실린더의 설명으로 맞는 것은?

❶ **모터는 회전운동, 실린더는 직선운동을 한다.**
② 둘 다 왕복운동을 한다.
③ 둘 다 회전운동을 한다.
④ 모터는 직선운동, 실린더는 회전운동을 한다.

해설
• 모터 : 회전운동
• 실린더 : 왕복운동

52 단위 시간에 이동하는 유체의 체적을 무엇이라 하는가?

① 토출압   ② 드레인
③ 언더랩   ❹ **유 량**

해설
유체의 흐름 중 일정 면적의 단면을 통과하는 유체의 체적, 질량 또는 중량을 시간에 대한 비율로 표현한 것을 유량(Flow Rate)이라 칭한다.

53 일반적으로 유압장치에서 릴리프밸브가 설치되는 위치는?

① 펌프와 오일탱크 사이
② 여과기와 오일탱크 사이
❸ **펌프와 제어밸브 사이**
④ 실린더와 여과기 사이

해설
릴리프밸브(Relief Valve)
유압회로의 파손을 방지하기 위한 밸브로 일반적으로 펌프와 제어밸브 사이에 설치되며 제어밸브와 작동 실린더 사이에 설치되는 밸브는 오버로드밸브(과부하밸브)라고 한다.

54 회로 내 유체의 흐름 방향을 제어하는 데 사용되는 밸브는?

① 교축밸브   ✓ 셔틀밸브
③ 감압밸브   ④ 순차밸브

해설
셔틀밸브는 방향제어밸브이다.
- 유량제어밸브 : 교축(스로틀)밸브, 디바이더밸브, 플로컨트롤밸브
- 압력제어밸브 : 감압밸브, 순차(시퀀스)밸브, 릴리프밸브, 언로더밸브, 카운터밸런스밸브

55 그림의 유압기호에서 어큐뮬레이터는?

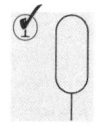 ✓   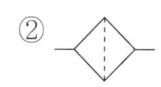 ②

 ③   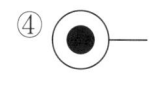 ④

해설
② 필터, ③ 압력계, ④ 압력원

56 유압장치에서 오일탱크의 구비조건이 아닌 것은?

① 유면은 적정위치 "F"에 가깝게 유지하여야 한다.
② 발생한 열을 발산할 수 있어야 한다.
③ 공기 및 이물질을 오일로부터 분리할 수 있어야 한다.
✓ 탱크의 크기가 정지할 때 되돌아오는 오일량의 용량과 동일하게 한다.

해설
④ 탱크의 크기가 정지할 때 되돌아오는 오일량의 용량보다 크게 한다.

57 유압유에 점도가 서로 다른 2종류의 오일을 혼합하였을 경우에 대한 설명으로 맞는 것은?

① 오일첨가제의 좋은 부분만 작용하므로 오히려 더욱 좋다.
② 점도가 달라지나 사용에는 전혀 지장이 없다.
③ 혼합하여도 전혀 지장이 없다.
✓ 열화현상을 촉진시킨다.

해설
유압유에 점도가 서로 다른 2종류의 오일을 혼합하면 열화현상이 발생한다.

58 유압장치에서 금속가루 또는 불순물을 제거하기 위해 사용되는 부품으로 짝지어진 것은?

① 여과기와 어큐뮬레이터
② 스크레이퍼와 필터
✅ **필터와 스트레이너**
④ 어큐뮬레이터와 스트레이너

해설
유압 작동유에 들어 있는 먼지, 철분 등의 불순물은 유압기기 슬라이드 부분의 마모를 가져오고 운동에 저항으로 작용하므로 이를 제거하기 위하여 사용하며 필터와 스트레이너가 있다.
- 필터 : 배관 도중이나 복귀회로, 바이패스 회로 등에 설치하여 미세한 불순물을 여과한다.
- 스트레이너 : 비교적 큰 불순물을 제거하기 위하여 사용하며 유압펌프의 흡입측에 장치하여 오일탱크로부터 펌프나 회로에 불순물이 혼입되는 것을 방지한다.

59 지게차의 틸트 레버를 운전석에서 운전자 몸 쪽으로 당기면 마스트는 어떻게 기울어지는가?

① 운전자의 몸 쪽에서 멀어지는 방향으로 기운다.
② 지면 방향 아래쪽으로 내려온다.
③ 지면에서 위쪽으로 올라간다.
✅ **운전자의 몸 쪽 방향으로 기운다.**

해설
틸트(Tilt) 레버 : 당기면 마스트가 운전석 쪽으로 넘어오고, 밀면 마스트가 앞으로 기울어진다.

60 지게차의 스프링 장치에 대한 설명으로 맞는 것은?

① 탠덤 드라이브 장치이다.
② 코일 스프링 장치이다.
③ 판 스프링 장치이다.
✅ **스프링 장치가 없다.**

해설
롤링이 생기면 적하물이 떨어지기 때문에 지게차에 현가 스프링을 사용하지 않는 이유이다.

모의고사

제1회~제7회 모의고사

정답 및 해설

합격의 공식 **시대에듀** www.sdedu.co.kr

제1회 모의고사

01 디젤엔진에서 흡입밸브와 배기밸브가 모두 닫혀 있을 때는?

① 소기행정
② 배기행정
③ 흡입행정
④ 동력행정

02 노킹이 발생되었을 때 디젤엔진에 미치는 영향이 아닌 것은?

① 배기가스의 온도가 상승한다.
② 연소실 온도가 상승한다.
③ 엔진에 손상이 발생할 수 있다.
④ 출력이 저하된다.

03 엔진에서 압축가스가 누설되어 압축 압력이 저하될 수 있는 원인에 해당되는 것은?

① 실린더헤드 개스킷 불량
② 매니폴드 개스킷 불량
③ 워터펌프 불량
④ 냉각팬의 벨트 유격 과대

04 엔진의 회전수를 나타낼 때 rpm이란?

① 시간당 엔진 회전수
② 분당 엔진 회전수
③ 초당 엔진 회전수
④ 10분간 엔진 회전수

05 디젤엔진의 고장 원인과 가장 거리가 먼 것은?

① 각 실린더의 분사압력과 분사량이 다르다.
② 분사시기, 분사간격이 다르다.
③ 윤활펌프의 유압이 높다.
④ 각 피스톤의 중량 차가 크다.

06 엔진의 피스톤이 고착되는 원인으로 틀린 것은?

① 냉각수의 양이 부족할 때
② 엔진오일이 부족할 때
③ 엔진이 과열될 때
④ 압축 압력이 너무 높을 때

07 실린더헤드 등 면적이 넓은 부분에서 볼트를 조이는 방법으로 가장 적합한 것은?

① 규정 토크로 한 번에 조인다.
② 중심에서 외측을 향하여 대각선으로 조인다.
③ 외측에서 중심을 향하여 대각선으로 조인다.
④ 조이기 쉬운 곳부터 조인다.

08 냉각장치에서 라디에이터의 구비조건으로 틀린 것은?

① 공기의 흐름저항이 클 것
② 단위 면적당 방열량이 클 것
③ 가볍고 작으며 강도가 클 것
④ 냉각수의 흐름저항이 작을 것

09 냉각장치에서 냉각수가 계속 누수되는 원인과 정비방법에 대한 설명으로 틀린 것은?

① 워터펌프 불량 – 조정
② 라디에이터 캡 불량 – 부품 교환
③ 히터 혹은 라디에이터 호스 불량 – 수리 및 부품 교환
④ 서모스탯 하우징 불량 – 개스킷 및 하우징 교체

10 납산축전지의 용량은 어떻게 결정되는가?

① 극판의 크기, 극판의 수, 황산의 양에 따라 결정된다.
② 극판의 크기, 극판의 수, 단자의 수에 따라 결정된다.
③ 극판의 수, 셀의 수, 발전기의 충전능력에 따라 결정된다.
④ 극판의 수와 발전기의 충전능력에 따라 결정된다.

11 엔진오일이 많이 소비되는 원인이 아닌 것은?

① 피스톤링의 마모가 심할 때
② 실린더의 마모가 심할 때
③ 엔진의 압축 압력이 높을 때
④ 밸브가이드의 마모가 심할 때

12 윤활유의 성질 중 가장 중요한 것은?

① 온 도
② 점 도
③ 습 도
④ 건 도

13 전기자 철심을 두께 0.35~1.0mm의 얇은 철판을 각각 절연하여 겹쳐 만든 주된 이유는?

① 열 발산을 방지하기 위해
② 코일의 발열 방지를 위해
③ 맴돌이 전류를 감소시키기 위해
④ 자력선의 통과를 차단시키기 위해

14 기동회로에서 전력공급선의 전압강하는 얼마이면 정상인가?

① 0.2V 이하
② 1.0V 이하
③ 9.5V 이하
④ 10.5V 이하

15 과급기를 부착하였을 때의 이점으로 틀린 것은?

① 고지대에서도 출력의 감소가 적다.
② 회전력이 증가한다.
③ 엔진 출력이 향상된다.
④ 압축온도의 상승으로 착화지연 시간이 길어진다.

16 엔진에서 공기청정기의 설치 목적으로 옳은 것은?

① 연료의 여과와 가압작용
② 공기의 가압작용
③ 공기의 여과와 소음방지
④ 연료의 여과와 소음방지

17 축전지 급속충전 시 주의사항으로 잘못된 것은?

① 통풍이 잘되는 곳에서 한다.
② 충전 중인 축전지에 충격을 가하지 않도록 한다.
③ 전해액 온도가 45℃를 넘지 않도록 특별히 유의한다.
④ 충전시간은 길게 하고, 가능한 한 2주에 한 번씩 하도록 한다.

18 정용량형 유압펌프의 기호는?

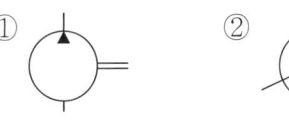
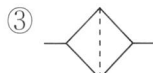
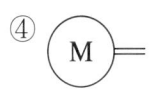

19 유압회로에서 역류를 방지하고, 회로 내의 잔류압력을 유지하는 밸브는?

① 체크밸브
② 셔틀밸브
③ 매뉴얼밸브
④ 스로틀밸브

20 유압장치에서 작동 및 움직임이 있는 곳의 연결관으로 적합한 것은?

① 플렉시블 호스
② 구리 파이프
③ 강 파이프
④ PVC 호스

21 수동변속기가 장착된 건설기계의 동력전달장치에서 클러치판은 어떤 축의 스플라인에 끼워져 있는가?

① 추진축
② 차동기어 장치
③ 크랭크축
④ 변속기 입력축

22 엔진과 직결되어 같은 회전수로 회전하는 토크컨버터의 구성품은?

① 터 빈
② 펌 프
③ 스테이터
④ 변속기 출력축

23 조명에 관련된 용어의 설명으로 틀린 것은?

① 조도의 단위는 루멘이다.
② 피조면의 밝기는 조도로 나타낸다.
③ 광도의 단위는 cd이다.
④ 빛의 밝기를 광도라 한다.

24 클러치식 지게차 동력전달 순서로 맞는 것은?

① 엔진→변속기→클러치→앞 구동축→종감속기어 및 차동장치→차륜
② 엔진→변속기→클러치→종감속기어 및 차동장치→앞 구동축→차륜
③ 엔진→클러치→종감속기어 및 차동장치→변속기→앞 구동축→차륜
④ 엔진→클러치→변속기→종감속기어 및 차동장치→앞 구동축→차륜

25 퓨즈의 접촉이 나쁠 때 나타나는 현상으로 옳은 것은?

① 연결부의 저항이 떨어진다.
② 전류의 흐름이 높아진다.
③ 연결부가 끊어진다.
④ 연결부가 튼튼해진다.

26 커먼레일 디젤엔진에서 부하에 따른 주된 연료분사량 조절방법으로 옳은 것은?

① 저압 펌프압력 조절
② 인젝터 작동전압 조절
③ 인젝터 작동전류 조절
④ 고압 라인의 연료압력 조절

27 작업 용도에 따른 지게차의 종류가 아닌 것은?

① 로테이팅 클램프(Rotating Clamp)
② 곡면 포크(Curved Fork)
③ 로드 스태빌라이저(Load Stabilizer)
④ 힌지드 버킷(Hinged Bucket)

28 파워스티어링에서 핸들이 매우 무거워 조작하기 힘든 상태일 때 원인으로 맞는 것은?

① 바퀴가 습지에 있다.
② 조향펌프에 오일이 부족하다.
③ 볼 조인트의 교환시기가 되었다.
④ 핸들 유격이 크다.

29 분사노즐 테스터기로 측정하는 것으로 맞는 것은?

① 분사개시 압력과 분사속도
② 분사개시 압력과 후적 점검
③ 분포상태와 분사량
④ 분포상태와 플런저의 성능

30 수동식 변속기 건설기계를 운행 중 급가속 시켰더니 엔진의 회전은 상승하는데, 차속이 증속되지 않았다. 그 원인에 해당되는 것은?

① 클러치 파일럿 베어링의 파손
② 릴리스 포크의 마모
③ 클러치페달의 유격 과대
④ 클러치 디스크 과대 마모

31 건설기계 엔진에 있는 팬벨트의 장력이 약할 때 생기는 현상으로 맞는 것은?

① 발전기의 출력이 저하될 수 있다.
② 물 펌프 베어링이 조기에 손상된다.
③ 엔진이 과랭된다.
④ 엔진이 부조를 일으킨다.

32 지게차의 운행 사항으로 틀린 것은?

① 틸트는 적재물이 백레스트에 완전히 닿도록 한 후 운행한다.
② 주행 중 노면상태에 주의하고 노면이 고르지 않은 곳에서는 천천히 운행한다.
③ 내리막길에서는 급회전을 삼간다.
④ 지게차의 중량제한은 필요에 따라 무시해도 된다.

33 유압펌프 점검에서 작동유 유출 여부 점검 사항이 아닌 것은?

① 정상작동 온도로 난기 운전을 실시하여 점검하는 것이 좋다.
② 고정볼트가 풀린 경우에는 추가 조임을 한다.
③ 작동유 유출 점검은 운전자가 관심을 가지고 점검하여야 한다.
④ 하우징에 균열이 발생되면 패킹을 교환한다.

34 방향지시등의 한쪽 등이 빠르게 점멸하고 있을 때, 운전자가 가장 먼저 점검하여야 할 곳은?

① 전구(램프)
② 플래셔 유닛
③ 콤비네이션 스위치
④ 배터리

35 지게차의 운전을 종료했을 때 취해야 할 안전사항이 아닌 것은?

① 각종 레버는 중립에 둔다.
② 연료를 빼낸다.
③ 주차브레이크를 작동시킨다.
④ 전원 스위치를 차단시킨다.

36 도로주행의 일반적인 주의사항으로 틀린 것은?

① 가시거리가 저하될 수 있으므로 터널 진입 전 헤드라이트를 켜고 주행한다.
② 고속주행 시 급핸들 조작, 급브레이크는 옆으로 미끄러지거나 전복될 수 있다.
③ 야간운전은 주간보다 주의력이 양호하며, 속도감이 민감하여 과속 우려가 없다.
④ 비 오는 날 고속주행은 수막현상이 생겨 제동효과가 감소된다.

37 보행자가 통행하고 있는 도로를 운전 중 보행자 옆을 통과할 때 가장 올바른 방법은?

① 보행자 옆을 감속 없이 빨리 주행한다.
② 경음기를 울리면서 주행한다.
③ 안전거리를 두고 서행한다.
④ 보행자가 멈춰 있을 때는 서행하지 않아도 된다.

38 건설기계 안전기준에 관한 규칙상 건설기계 높이의 정의로 옳은 것은?

① 앞차축의 중심에서 건설기계의 가장 윗부분까지의 최단거리
② 작업장치를 부착한 자체중량 상태의 건설기계의 가장 위쪽 끝이 만드는 수평면으로부터 지면까지의 최단거리
③ 뒷바퀴의 윗부분에서 건설기계의 가장 윗부분까지의 수직 최단거리
④ 지면에서부터 적재할 수 있는 최고의 최단거리

39 지게차 작업장치의 동력전달기구가 아닌 것은?

① 리프트 체인
② 틸트 실린더
③ 리프트 실린더
④ 트렌치호

40 다음 교통안전표지에 대한 설명으로 맞는 것은?

① 삼거리 표지
② 우회로 표지
③ 회전형 교차로 표지
④ 좌로 계속 굽은 도로표지

41 건설기계의 등록 전에 임시운행 사유에 해당되지 않는 것은?

① 장비 구입 전 이상 유무 확인을 위해 1일간 예비 운행을 하는 경우
② 등록신청을 하기 위하여 건설기계를 등록지로 운행하는 경우
③ 수출을 하기 위하여 건설기계를 선적지로 운행하는 경우
④ 신개발 건설기계를 시험·연구의 목적으로 운행하는 경우

42 건설기계사업을 영위하고자 하는 자는 누구에게 등록하여야 하는가?

① 시장·군수·구청장
② 전문 건설기계 정비업자
③ 국토교통부장관
④ 건설기계 폐기업자

43 유압에너지를 공급받아 회전운동을 하는 기기를 무엇이라 하는가?

① 펌프
② 모터
③ 밸브
④ 롤러 리밋

44 엔진에서 예열플러그의 사용 시기는?

① 축전지가 방전되었을 때
② 축전지가 과다 충전되었을 때
③ 기온이 낮을 때
④ 냉각수의 양이 많을 때

45 감압장치에 대한 설명으로 옳은 것은?

① 화염전파속도를 빨리해 주는 것
② 연료손실을 감소시키는 것
③ 출력을 증가시키는 것
④ 시동을 도와주는 장치

46 고속주행 시 타이어가 발열로 인하여 주름이 잡히는 현상을 무엇이라 하는가?

① 트램핑현상
② 로드홀딩현상
③ 스탠딩웨이브현상
④ 하이드로플레이닝

47 도로교통법상 모든 차의 운전자는 같은 방향으로 가고 있는 앞차의 뒤를 따를 때에는 앞차가 갑자기 정지하게 되는 경우에 그 앞차와의 충돌을 피할 수 있는 필요한 거리를 확보하도록 되어 있는 거리는?

① 급제동 금지거리
② 제동거리
③ 안전거리
④ 진로양보거리

48 유압실린더 등이 중력에 의한 자유낙하를 방지하기 위해 배압을 유지하는 압력제어 밸브는?

① 시퀀스밸브
② 언로드밸브
③ 카운터밸런스밸브
④ 감압밸브

49 공기브레이크에서 브레이크슈를 직접 작동시키는 것은?

① 릴레이밸브
② 브레이크페달
③ 캠
④ 유 압

50 기어펌프에 대한 설명으로 틀린 것은?

① 소형이며, 구조가 간단하다.
② 플런저펌프에 비해 흡입력이 나쁘다.
③ 플런저펌프에 비해 효율이 낮다.
④ 초고압에는 사용이 곤란하다.

51 정기검사 신청을 받은 검사대행자는 며칠 이내 검사일시 및 장소를 신청인에게 통보하여야 하는가?

① 20일
② 15일
③ 5일
④ 3일

52 유압이 진공에 가까워져 기포가 생기고, 이로 인해 국부적인 고압이나 소음이 발생하는 현상은?

① 캐비테이션현상
② 시효경화현상
③ 맥동현상
④ 오리피스현상

53 오일펌프에서 펌프량이 적거나 유압이 낮은 원인이 아닌 것은?

① 오일탱크에 오일이 너무 많을 때
② 펌프 흡입라인(여과망) 막힘이 있을 때
③ 기어와 펌프 내벽 사이 간격이 클 때
④ 기어 옆 부분과 펌프 내벽 사이 간격이 클 때

54 감전되거나 전기화상을 입을 위험이 있는 작업에서 제일 먼저 작업자가 구비해야 할 것은?

① 완강기
② 구급차
③ 보호구
④ 신호기

55 안전보건표지에서 그림이 표시하는 것으로 맞는 것은?

① 독극물 경고
② 폭발물 경고
③ 고압전기 경고
④ 낙하물 경고

56 산업현장에서 재해가 자주 발생하는 주요 원인이 아닌 것은?

① 안전의식 부족
② 안전교육 부족
③ 작업의 용이성
④ 작업 자체의 위험성

57 평탄한 노면에서 지게차를 운전하여 하역 작업을 할 때 올바른 방법이 아닌 것은?

① 팰릿에 실은 짐이 안정되고 확실하게 실려 있는가를 확인한다.
② 포크를 삽입하고자 하는 곳과 평행하게 한다.
③ 화물 앞에서 정지한 후 마스트가 수직이 되도록 기울여야 한다.
④ 불안전한 적재의 경우에는 빠르게 작업을 진행시킨다.

58 가동하고 있는 엔진에서 화재가 발생하였다. 불을 끄기 위한 조치 방법으로 가장 올바른 것은?

① 원인분석을 하고, 모래를 뿌린다.
② 포말소화기를 사용한 후, 엔진 시동스위치를 끈다.
③ 엔진 시동스위치를 끄고, ABC소화기를 사용한다.
④ 엔진을 급가속하여 팬의 강한 바람을 일으켜 불을 끈다.

59 다음 중 산업재해 조사의 목적에 대한 설명으로 가장 적절한 것은?

① 적절한 예방대책을 수립하기 위하여
② 작업능률 향상과 근로기강 확립을 위하여
③ 재해 발생에 대한 통계를 작성하기 위하여
④ 재해를 유발한 자의 책임추궁을 위하여

60 기계의 회전부분(기어, 벨트, 체인)에 덮개를 설치하는 이유는?

① 좋은 품질의 제품을 얻기 위하여
② 회전부분의 속도를 높이기 위하여
③ 제품의 제작과정을 숨기기 위하여
④ 회전부분과 신체의 접촉을 방지하기 위하여

제2회 모의고사

01 디젤엔진에서 발생하는 진동의 원인이 아닌 것은?

① 프로펠러 샤프트의 불균형
② 분사시기의 불균형
③ 분사량의 불균형
④ 분사압력의 불균형

02 디젤엔진에서 연료가 정상적으로 공급되지 않아 시동이 꺼지는 현상이 발생되었다. 그 원인으로 적합하지 않은 것은?

① 연료파이프 손상
② 프라이밍펌프 고장
③ 연료필터 막힘
④ 연료탱크 내 오물 과다

03 엔진 과열 시 일어날 수 있는 현상으로 가장 적합한 것은?

① 연료가 응결될 수 있다.
② 실린더헤드의 변형이 발생할 수 있다.
③ 흡·배기밸브의 열림량이 많아진다.
④ 밸브 개폐시기가 빨라진다.

04 디젤엔진에서 부조 발생 원인이 아닌 것은?

① 발전기 고장
② 거버너 작용 불량
③ 연료의 압송 불량
④ 분사시기 조정 불량

05 엔진의 배기가스 색이 회백색이라면 고장 예측으로 가장 적절한 것은?

① 소음기의 막힘
② 노즐의 막힘
③ 흡기 필터의 막힘
④ 피스톤링의 마모

06 엔진 실린더 벽에서 마멸이 가장 크게 발생하는 부위는?

① 상사점 부근
② 하사점 부근
③ 중간 부근
④ 하사점 이하

07 엔진오일이 연소실로 올라오는 주된 이유는?

① 피스톤링 마모
② 피스톤핀 마모
③ 커넥팅로드 마모
④ 크랭크축 마모

08 엔진의 냉각장치에 해당되지 않는 부품은?

① 수온조절기
② 릴리프 밸브
③ 방열기
④ 팬 및 벨트

09 엔진의 냉각팬이 회전할 때 공기가 불어가는 방향은?

① 방열기 방향
② 엔진 방향
③ 상부 방향
④ 하부 방향

10 작동 중인 엔진의 엔진오일에 가장 많이 포함되는 이물질은?

① 유입먼지
② 금속분말
③ 산화물
④ 카본(Carbon)

11 기관에서 피스톤의 행정이란?

① 피스톤의 길이
② 실린더 벽의 상하 길이
③ 상사점과 하사점과의 총면적
④ 상사점과 하사점과의 거리

12 축전지 터미널에 부식이 발생하였을 때 나타나는 현상과 가장 거리가 먼 것은?

① 기동전동기의 회전력이 작아진다.
② 엔진 크랭킹이 잘되지 않는다.
③ 전압강하가 발생된다.
④ 시동스위치가 손상된다.

13 시동장치에서 스타트 릴레이의 설치 목적과 관계없는 것은?

① 회로에 충분한 전류가 공급될 수 있도록 하여 크랭킹이 원활하게 한다.
② 키 스위치(시동스위치)를 보호한다.
③ 엔진 시동을 용이하게 한다.
④ 축전지의 충전을 용이하게 한다.

14 디젤엔진의 시동을 용이하게 하기 위한 사항으로 틀린 것은?

① 압축비를 높인다.
② 시동 시 회전속도를 낮춘다.
③ 흡기온도를 상승시킨다.
④ 예열장치를 사용한다.

15 터보차저의 특징을 설명한 것으로 가장 거리가 먼 것은?

① 엔진 출력 시 배기가스의 온도를 낮출 수 있다.
② 고지대 작업 시에도 엔진의 출력저하를 방지한다.
③ 구조가 복잡하고, 무게가 무거우며, 설치가 복잡하다.
④ 과급작용의 저하를 막기 위해 터빈실과 과급실에 각각 물재킷을 두고 있다.

16 디젤엔진에서 에어클리너가 막히면 어떤 현상이 일어나는가?

① 배기색은 희고, 출력은 정상이다.
② 배기색은 희고, 출력은 증가한다.
③ 배기색은 검고, 출력은 저하된다.
④ 배기색은 검고, 출력은 증가한다.

17 축전지 및 발전기에 대한 설명으로 옳은 것은?

① 시동 전 전원은 발전기이다.
② 시동 후 전원은 배터리이다.
③ 시동 전후 모든 전력은 배터리로부터 공급된다.
④ 발전하지 못해도 배터리로만 운행이 가능하다.

18 유압펌프의 토출량을 나타내는 단위는?

① psi
② LPM
③ kPa
④ W

19 압력제어밸브 중 항상 닫혀 있다가 일정 조건이 되면 열려 작동하는 밸브에 속하지 않는 것은?

① 릴리프밸브(Relief Valve)
② 감압밸브(Reducing Valve)
③ 무부하밸브(Unloading Valve)
④ 시퀀스밸브(Sequence Valve)

20 공기 압축형 축압기가 아닌 것은?

① 스프링 하중식(Spring Loaded Type)
② 피스톤식(Piston Type)
③ 다이어프램식(Diaphragm Type)
④ 블래더식(Bladder Type)

21 자동변속기의 과열원인이 아닌 것은?

① 메인 압력이 높다.
② 과부하 운전을 계속하였다.
③ 오일이 규정량보다 많다.
④ 변속기 오일쿨러가 막혔다.

22 엔진오일의 작용에 해당되지 않는 것은?

① 오일제거작용
② 냉각작용
③ 응력분산작용
④ 방청작용

23 실드빔식 전조등에 대한 설명으로 틀린 것은?

① 대기 조건에 따라 반사경이 흐려지지 않는다.
② 내부에 불활성가스가 들어 있다.
③ 사용에 따른 광도의 변화가 적다.
④ 필라멘트를 갈아 끼울 수 있다.

24 신호등에 녹색 등화 시 차마의 통행방법으로 틀린 것은?

① 차마는 다른 교통에 방해되지 않을 때에 천천히 우회전할 수 있다.
② 차마는 직진할 수 있다.
③ 차마는 비보호좌회전표시가 있는 곳에서는 언제든지 좌회전을 할 수 있다.
④ 차마는 비보호좌회전표시가 있어도 안전이 확인되면 좌회전을 할 수 있다.

25 다음 회로에서 퓨즈에는 몇 A가 흐르는가?

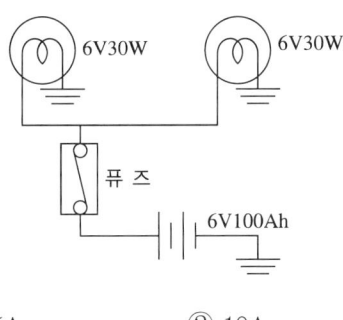

① 5A ② 10A
③ 50A ④ 100A

26 엔진의 크랭크 케이스를 환기하는 목적으로 가장 옳은 것은?

① 크랭크 케이스의 청소를 쉽게 하기 위하여
② 출력의 손실을 막기 위하여
③ 오일의 증발을 막기 위하여
④ 오일의 슬러지 형성을 막기 위하여

27 앞바퀴 정렬 요소 중 캠버의 필요성에 대한 설명으로 틀린 것은?

① 앞차축의 휨을 적게 한다.
② 조향 휠의 조작을 가볍게 한다.
③ 조향 시 바퀴의 복원력이 발생한다.
④ 토(Toe)와 관련성이 있다.

28 동력조향장치의 장점과 거리가 먼 것은?

① 작은 조작력으로 조향 조작이 가능하다.
② 조향핸들의 시미 현상을 줄일 수 있다.
③ 설계·제작 시 조향기어비를 조작력에 관계없이 선정할 수 있다.
④ 조향핸들 유격조정이 자동으로 되어 볼 조인트 수명이 반영구적이다.

29 작업장치를 갖춘 건설기계의 작업 전 점검 사항으로 틀린 것은?

① 제동장치 및 조종장치 기능의 이상 유무
② 하역장치 및 유압장치 기능의 이상 유무
③ 유압장치의 과열 이상 유무
④ 전조등, 후미등, 방향지시등 및 경보장치의 이상 유무

30 유성기어장치의 주요 부품으로 맞는 것은?

① 유성기어, 베벨기어, 선기어
② 선기어, 클러치기어, 헬리컬기어
③ 유성기어, 베벨기어, 클러치기어
④ 선기어, 유성기어, 링기어, 유성캐리어

31 건설기계장비에서 유압 구성품을 분해하기 전에 내부압력을 제거하려면 어떻게 하는 것이 좋은가?

① 압력밸브를 밀어 준다.
② 고정너트를 서서히 푼다.
③ 엔진 정지 후 조정레버를 모든 방향으로 작동하여 압력을 제거한다.
④ 엔진 정지 후 개방하면 된다.

32 건설기계에 사용되는 축전지 2개를 직렬로 연결하였을 때 변화되는 것은?

① 전압이 증가된다.
② 사용 전류가 증가된다.
③ 비중이 증가된다.
④ 전압 및 이용 전류가 증가된다.

33 유압장치의 정상적인 작동을 위한 일상점검 방법으로 옳은 것은?

① 유압 컨트롤밸브의 세척 및 교환
② 오일량 점검 및 필터의 교환
③ 유압펌프의 점검 및 교환
④ 오일냉각기의 점검 및 세척

34 AC 발전기에서 전류가 흐를 때 전자석이 되는 것은?

① 계자 철심
② 로 터
③ 스테이터 철심
④ 아마추어

35 화물을 적재하고 주행할 때 포크와 지면과의 간격으로 가장 적합한 것은?

① 지면에 밀착
② 20~30cm
③ 50~55cm
④ 80~85cm

36 지게차로 화물을 싣고 경사지에서 주행할 때 안전상 올바른 운전방법은?

① 포크를 높이 들고 주행한다.
② 내려갈 때에는 저속 후진한다.
③ 내려갈 때에는 변속레버를 중립에 놓고 주행한다.
④ 내려갈 때에는 시동을 끄고 타력으로 주행한다.

37 도로교통법상에서 교통안전표지의 구분이 맞는 것은?

① 주의표지, 통행표지, 규제표지, 지시표지, 차선표지
② 주의표지, 규제표지, 지시표지, 보조표지, 노면표시
③ 도로표지, 주의표지, 규제표지, 지시표지, 노면표시
④ 주의표지, 규제표지, 지시표지, 차선표지, 도로표지

38 도로교통법상 철길건널목을 통과할 때 방법으로 가장 적합한 것은?

① 신호등이 없는 철길건널목을 통과할 때에는 서행으로 통과하여야 한다.
② 신호등이 있는 철길건널목을 통과할 때에는 건널목 앞에서 일시정지하여 안전한지의 여부를 확인한 후에 통과하여야 한다.
③ 신호기가 없는 철길건널목을 통과할 때에는 건널목 앞에서 일시정지하여 안전한지의 여부를 확인한 후에 통과하여야 한다.
④ 신호기와 관련 없이 철길건널목을 통과할 때에는 건널목 앞에서 일시정지하여 안전한지의 여부를 확인한 후에 통과하여야 한다.

39 다음 교통안전표지에 대한 설명으로 맞는 것은?

① 최고중량제한표지
② 최고시속 30km 제한표지
③ 최저시속 30km 제한표지
④ 차간거리 최저 30m 제한표지

40 건설기계의 임시운행 사유에 해당되는 것은?

① 작업을 위하여 건설현장에서 건설기계를 운행할 때
② 정기검사를 받기 위하여 건설기계를 검사장소로 운행할 때
③ 등록신청을 하기 위하여 건설기계를 등록지로 운행할 때
④ 등록말소를 하기 위하여 건설기계를 폐기장으로 운행할 때

41 안전점검 중 일상점검에 포함되지 않는 것은?

① 폭풍 후 기계의 기능이상 유무
② 작업자의 복장 상태
③ 가동 중 이상소음
④ 전기 스위치

42 건설기계 등록번호표의 색상 구분 중 틀린 것은?

① 관용 번호판은 흰색 바탕에 검은색 문자이다.
② 대여사업용 번호판은 주황색 바탕에 검은색 문자이다.
③ 자가용 번호판은 흰색 바탕에 검은색 문자이다.
④ 임시운행 번호표는 흰색 바탕에 청색 문자이다.

43 6기통 엔진이 4기통 엔진보다 좋은 점이 아닌 것은?

① 가속이 원활하고, 신속하다.
② 엔진 진동이 적다.
③ 저속회전이 용이하고, 출력이 높다.
④ 구조가 간단하며, 제작비가 싸다.

44 운전 중 엔진오일 경고등이 점등되었을 때의 원인이 아닌 것은?

① 오일 드레인 플러그가 열렸을 때
② 윤활계통이 막혔을 때
③ 오일필터가 막혔을 때
④ 오일 밀도가 낮을 때

45 방열기의 캡을 열어 보았더니 냉각수에 기름이 있을 때 그 원인으로 가장 적합한 것은?

① 물 펌프 마모
② 수온조절기 마모
③ 방열기 코어 파손
④ 헤드 개스킷 파손

46 스탠딩웨이브 현상을 방지할 수 있는 사항이 아닌 것은?

① 저속 운행을 한다.
② 전동저항을 증가시킨다.
③ 강성이 큰 타이어를 사용한다.
④ 타이어의 공기압을 높인다.

47 주행 중 브레이크 작동 시 조향 핸들이 한쪽으로 쏠리는 원인으로 거리가 가장 먼 것은?

① 휠 얼라인먼트 조정이 불량하다.
② 좌우 타이어의 공기압이 다르다.
③ 브레이크 라이닝의 좌우 간극이 불량하다.
④ 마스터실린더의 체크밸브 작동이 불량하다.

48 수동변속기 클러치페달의 자유간극 조정 방법은?

① 클러치 링키지 로드를 조정한다.
② 클러치페달 리턴스프링 장력을 조정한다.
③ 클러치 베어링을 움직인다.
④ 클러치 스프링장력을 조정한다.

49 자동차전용 편도 4차로 도로에서 굴착기와 지게차의 주행차로는?

① 1차로
② 2차로
③ 3차로
④ 4차로

50 최고주행속도가 15km/h 미만인 건설기계가 갖추지 않아도 되는 조명은?

① 전조등
② 제동등
③ 번호등
④ 후부반사판

51 건설기계조종사면허의 결격사유에 해당하지 않는 것은?

① 18세 미만인 사람
② 듣지 못하는 사람
③ 건설기계조종사면허의 효력정지처분 기간 중에 있는 자
④ 건설기계조종사면허가 취소된 날부터 3년이 지나지 아니한 자

52 유압장치에서 금속가루 또는 불순물을 제거하기 위해 사용되는 부품으로 짝지어진 것은?

① 여과기와 어큐뮬레이터
② 스크레이퍼와 필터
③ 필터와 스트레이너
④ 어큐뮬레이터와 스트레이너

53 유압장치에서 피스톤로드에 있는 먼지 또는 오염물질 등이 실린더 내로 혼입되는 것을 방지하는 것은?

① 필터(Filter)
② 더스트 실(Dust Seal)
③ 밸브(Valve)
④ 실린더 커버(Cylinder Cover)

54 다음 중 보호구를 선택할 때의 유의사항으로 틀린 것은?

① 작업 행동에 방해되지 않을 것
② 사용 목적에 구애받지 않을 것
③ 보호구 성능기준에 적합하고 보호 성능이 보장될 것
④ 착용이 용이하고 크기 등 사용자에게 편리할 것

55 안전보건표지의 종류 중 그림과 같은 표지는?

① 인화성물질 경고
② 금 연
③ 화기금지
④ 산화성물질 경고

56 건설기계 등록자가 다른 시·도로 등록한 주소지를 변경하였을 경우 해야 할 사항은?

① 등록사항 변경 신고를 하여야 한다.
② 등록이전 신고를 하여야 한다.
③ 등록증을 해당 등록처에 제출한다.
④ 등록증과 검사증을 등록처에 제출한다.

57 현장에서 작업자가 작업 안전상 꼭 알아두어야 할 사항은?

① 장비의 제원
② 종업원의 작업환경
③ 종업원의 기술 정도
④ 안전 규칙 및 수칙

58 4차선 고속도로에서 건설기계의 최저속도는?

① 30km/h   ② 50km/h
③ 60km/h   ④ 80km/h

59 화재의 분류기준에서 휘발유(액상 또는 기체상의 연료성 화재)로 인해 발생한 화재는?

① A급 화재   ② B급 화재
③ C급 화재   ④ D급 화재

60 수공구 중 드라이버의 사용상 안전하지 않은 것은?

① 날 끝이 수평이어야 한다.
② 전기 작업 시 절연된 자루를 사용한다.
③ 날 끝이 홈의 폭과 길이가 같은 것을 사용한다.
④ 전기 작업 시 금속 부분이 자루 밖으로 나와 있어야 한다.

01 디젤엔진의 예열장치에서 코일형 예열플러그와 비교한 실드형 예열플러그의 설명으로 틀린 것은?

① 발열량이 크고, 열용량도 크다.
② 예열플러그들 사이의 회로는 병렬로 결선되어 있다.
③ 기계적 강도 및 가스에 의한 부식에 약하다.
④ 예열플러그 하나가 단선되어도 나머지는 작동된다.

02 다음 중 커먼레일 디젤엔진의 연료장치 구성부품으로 옳지 않은 것은?

① 인젝터
② 예열플러그
③ 연료저장축압기
④ 연료압력조절밸브

03 엔진에서 오일의 온도가 상승되는 원인이 아닌 것은?

① 과부하 상태에서 연속작업
② 오일 냉각기의 불량
③ 오일의 점도가 부적당할 때
④ 유량의 과다

04 동절기에 엔진이 동파되는 원인으로 맞는 것은?

① 냉각수가 얼어서
② 기동전동기가 얼어서
③ 발전장치가 얼어서
④ 엔진오일이 얼어서

05 동력을 전달하는 계통의 순서를 바르게 나타낸 것은?

① 피스톤 → 커넥팅로드 → 클러치 → 크랭크축
② 피스톤 → 클러치 → 크랭크축 → 커넥팅로드
③ 피스톤 → 크랭크축 → 커넥팅로드 → 클러치
④ 피스톤 → 커넥팅로드 → 크랭크축 → 클러치

06 엔진의 플라이휠과 항상 같이 회전하는 부품은?

① 압력판
② 릴리스 베어링
③ 클러치 축
④ 디스크

07 부동액에 대한 설명으로 옳은 것은?

① 에틸렌글리콜과 글리세린은 단맛이 있다.
② 부동액 100%인 원액 사용을 원칙으로 한다.
③ 온도가 낮아지면 화학적 변화를 일으킨다.
④ 부동액은 냉각 계통에 부식을 일으키는 특징이 있다.

08 압력식 라디에이터 캡에 있는 밸브는?

① 입력밸브와 진공밸브
② 압력밸브와 진공밸브
③ 입구밸브와 출구밸브
④ 압력밸브와 메인밸브

09 라디에이터(Radiator)를 다운 플로 형식(Down Flow Type)과 크로스 플로 형식(Cross Flow Type)으로 구분하는 기준은?

① 공기가 흐르는 방향에 따라
② 라디에이터 크기에 따라
③ 라디에이터의 설치 위치에 따라
④ 냉각수가 흐르는 방향에 따라

10 건설기계용 충전장치는 어떤 발전기를 가장 많이 사용하는가?

① 직류발전기
② 와전류발전기
③ 3상 교류발전기
④ 단상 교류발전기

11 다음 중 내연기관의 구비조건으로 틀린 것은?

① 단위 중량당 출력이 작을 것
② 열효율이 높을 것
③ 저속에서 회전력이 클 것
④ 점검 및 정비가 쉬울 것

12 에어컨의 구성부품 중 고압의 기체냉매를 냉각시켜 액화시키는 작용을 하는 것은?

① 압축기
② 응축기
③ 팽창밸브
④ 증발기

13 건설기계에 사용하는 교류발전기의 구조에 해당하지 않는 것은?

① 스테이터 코일
② 로터
③ 마그네틱 스위치
④ 다이오드

14 스타트 릴레이의 설치 목적과 관계없는 것은?

① 축전지 충전을 용이하게 한다.
② 엔진 시동을 용이하게 한다.
③ 키 스위치를 보호한다.
④ 기동전동기로 많은 전류를 보내어 충분한 크랭킹 속도를 유지한다.

15 디젤엔진에서 압축행정 시 밸브의 상태는?

① 흡·배기밸브가 닫혀 있다.
② 흡기밸브가 열려 있다.
③ 배기밸브가 열려 있다.
④ 흡·배기밸브가 열려 있다.

16 엔진에서 압축가스가 누설되어 압축 압력이 저하될 수 있는 원인에 해당되는 것은?

① 실린더헤드 개스킷 불량
② 매니폴드 개스킷의 불량
③ 워터펌프 불량
④ 냉각팬의 벨트 유격 과대

17 다이오드의 냉각장치로 맞는 것은?

① 냉각팬
② 냉각튜브
③ 히트싱크
④ 엔드 프레임에 설치된 오일장치

18 유압펌프에서 사용되는 GPM의 의미는?

① 복동 실린더의 치수
② 흐름에 대한 저항
③ 분당 토출하는 작동유의 양
④ 계통 내에서 형성되는 압력의 크기

19 유체의 에너지를 이용하여 기계적인 일로 변환하는 기기는?

① 밸브
② 오일탱크
③ 유압모터
④ 근접스위치

20 유압펌프 점검에서 작동유 유출 여부의 점검사항이 아닌 것은?

① 정상작동 온도로 난기 운전을 실시하여 점검하는 것이 좋다.
② 고정 볼트가 풀린 경우에는 추가 조임을 한다.
③ 작동유 유출 점검은 운전자가 관심을 가지고 점검하여야 한다.
④ 하우징에 균열이 발생되면 패킹을 교환한다.

21 출발 시 클러치페달 거의 끝부분에서 차량이 출발되는 원인이 아닌 것은?

① 클러치 케이블 불량
② 클러치 오일의 부족
③ 클러치 디스크 과대 마모
④ 클러치 자유간극 조정 불량

22 벨트를 풀리에 걸 때는 어떤 상태에서 걸어야 하는가?

① 회전을 중지시킨 후 건다.
② 저속으로 회전시키면서 건다.
③ 중속으로 회전시키면서 건다.
④ 고속으로 회전시키면서 건다.

23 실드빔 형식의 전조등을 사용하는 건설기계 장비에서 전조등 밝기가 흐려 야간운전에 어려움이 있을 때 올바른 조치 방법으로 맞는 것은?

① 렌즈를 교환한다.
② 전조등을 교환한다.
③ 반사경을 교환한다.
④ 전구를 교환한다.

24 하부 추진체가 휠로 되어 있는 건설기계장비로 커브를 돌 때 선회를 원활하게 해 주는 장치는?

① 변속기
② 차동장치
③ 최종 구동장치
④ 트랜스퍼케이스

25 전조등의 구성요소에 속하지 않는 것은?

① 퓨 즈
② 디머 스위치
③ 라이트 스위치
④ 클러치판

26 다음은 유압기기 점검 중 이상 발견 시 조치사항이다. ( ) 안의 내용을 순서대로 나열한 것은?

> 작동유가 누출되는 상태라면 이음부를 더 조여 주거나 부품을 ( )하는 등 응급조치를 하는 것이 당연하지만, 그 원인을 조사하여 재발을 방지하고 고장이 더 확대되지 않도록 유압기기 전체를 ( )하는 일도 필요하다.

① 플러싱, 교환
② 교환, 재점검
③ 열화, 재점검
④ 재점검, 교환

27 그림의 기호는 어떤 밸브에 대한 것인가?

① 교축밸브
② 체크밸브
③ 무부하밸브
④ 스풀밸브

28 기어모터의 특징으로 알맞지 않은 것은?

① 구조가 간단하다.
② 가혹한 조건에서도 잘 견딘다.
③ 이물질에 의한 고장률이 낮다.
④ 베어링 하중이 작아서 수명이 길다.

29 피스톤펌프의 특징으로 알맞지 않은 것은?

① 효율이 높다.
② 구조가 복잡하다.
③ 흡입 능력이 크다.
④ 고속이나 고압의 유압장치에 적용이 가능하다.

30 다음 그림과 같은 안전표지판이 나타내는 것은?

① 회전형교차로
② 철길건널목
③ 과속방지턱
④ 미끄러운 도로

31 산업안전보건법상 안전보건표지에서 색채와 용도가 서로 맞지 않는 것은?

① 파란색 – 지시
② 녹색 – 안내
③ 노란색 – 위험
④ 빨간색 – 금지

32 지게차로 가파른 경사지에서 적재물을 운반할 때에는 어떤 방법이 좋겠는가?

① 지그재그로 회전하여 내려온다.
② 기어의 변속을 중립에 놓고 내려온다.
③ 적재물을 앞으로 하여 천천히 내려온다.
④ 기어의 변속을 저속상태로 놓고 후진으로 내려온다.

33 다음의 수신호가 건설기계에 지령하는 내용으로 알맞은 것은?

> 한 팔을 수평으로 뻗고서, 손바닥은 바닥을 향하게 하고, 팔은 수평을 유지하며, 앞뒤로 움직인다.

① 멈 춤
② 비상멈춤
③ 작업시작
④ 최저속도

34 가스용접장치에서 산소용기의 색은?

① 청 색
② 황 색
③ 적 색
④ 녹 색

35 타이어식 건설기계의 액슬 허브에 오일을 교환하고자 한다. 오일을 배출시킬 때와 주입할 때의 플러그 위치로 옳은 것은?

① 배출시킬 때 1시 방향, 주입할 때 9시 방향
② 배출시킬 때 6시 방향, 주입할 때 9시 방향
③ 배출시킬 때 9시 방향, 주입할 때 6시 방향
④ 배출시킬 때 2시 방향, 주입할 때 12시 방향

36 디젤엔진에서 연료가 정상적으로 공급되지 않아 시동이 꺼지는 현상이 발생되었다. 그 원인으로 적합하지 않은 것은?

① 연료파이프 손상
② 프라이밍펌프 고장
③ 연료필터 막힘
④ 자동변속기의 고장 발생

37 3t 미만 지게차의 소형건설기계 조종교육 시간은?

① 이론 6시간, 실습 6시간
② 이론 4시간, 실습 8시간
③ 이론 12시간, 실습 12시간
④ 이론 10시간, 실습 14시간

38 다음 중 도로교통법을 위반한 경우는?

① 밤에 교통이 빈번한 도로에서 전조등을 계속 하향했다.
② 낮에 어두운 터널 속을 통과할 때 전조등을 켰다.
③ 소방용 방화물통으로부터 10m 지점에 주차하였다.
④ 노면이 얼어붙은 곳에서 최고속도의 100분의 20을 줄인 속도로 운행하였다.

39 건설기계관리법령상 건설기계 형식신고를 하지 아니할 수 있는 사람은?

① 건설기계를 사용목적으로 제작하려는 자
② 건설기계를 사용목적으로 조립하려는 자
③ 건설기계를 사용목적으로 수입하려는 자
④ 건설기계를 연구개발 목적으로 제작하려는 자

40 건설기계소유자 또는 점유자가 건설기계를 도로에 계속하여 버려두거나 정당한 사유 없이 타인의 토지에 버려둔 경우의 처벌은?

① 1년 이하의 징역 또는 500만원 이하의 벌금
② 1년 이하의 징역 또는 400만원 이하의 벌금
③ 1년 이하의 징역 또는 1천만원 이하의 벌금
④ 1년 이하의 징역 또는 200만원 이하의 벌금

41 건설기계조종사면허가 취소되었을 경우 그 사유가 발생한 날로부터 며칠 이내에 면허증을 반납해야 하는가?

① 7일 이내
② 10일 이내
③ 14일 이내
④ 30일 이내

42 건설기계의 등록을 말소할 수 있는 사유에 해당하지 않는 것은?

① 건설기계를 폐기한 경우
② 건설기계를 수출하는 경우
③ 건설기계를 장기간 운행하지 않게 된 경우
④ 건설기계를 교육·연구 목적으로 사용하는 경우

43 건설기계관리법령상 다음 설명에 해당하는 건설기계사업은?

> 건설기계를 분해·조립 또는 수리하고, 그 부분품을 가공제작·교체하는 등 건설기계를 원활하게 사용하기 위한 모든 행위를 업으로 하는 것

① 건설기계정비업
② 건설기계제작업
③ 건설기계매매업
④ 건설기계해체재활용업

44 건설기계 기관에 사용되는 축전지의 가장 중요한 역할은?

① 주행 중 점화장치에 전류를 공급한다.
② 주행 중 등화장치에 전류를 공급한다.
③ 주행 중 발생하는 전기부하를 담당한다.
④ 시동장치의 전기적 부하를 담당한다.

45 디젤엔진에서 부조 발생의 원인이 아닌 것은?

① 발전기 고장
② 거버너 작용 불량
③ 연료의 압송 불량
④ 분사시기 조정 불량

46 조향핸들의 유격이 커지는 원인과 관계없는 것은?

① 피트먼 암의 헐거움
② 타이어 공기압 과대
③ 조향기어, 링키지 조정 불량
④ 앞바퀴 베어링 과대 마모

47 중형 용량인 브레이크페달의 자유간극 범위로 가장 적절한 것은?

① 1~4mm
② 5~8mm
③ 10~15mm
④ 15~30mm

48 감압장치에 대한 설명으로 옳은 것은?

① 화염전파속도를 빨리해 주는 것
② 연료손실을 감소시키는 것
③ 출력을 증가시키는 것
④ 시동을 도와주는 장치

49 부동액 제조 시 일반적으로 '부동액 : 물'의 혼합 비율로 가장 알맞은 것은?

① 부동액 : 물 = 1 : 1
② 부동액 : 물 = 2 : 1
③ 부동액 : 물 = 1 : 2
④ 부동액 : 물 = 1 : 5

50 운전 중 운전석 계기판에서 확인해야 하는 것이 아닌 것은?

① 실린더 압력계
② 연료량 게이지
③ 냉각수 온도게이지
④ 충전 경고등

51 그림의 유압기호가 나타내는 것은?

① 유압밸브
② 차단밸브
③ 오일탱크
④ 유 압

52 압력의 단위가 아닌 것은?

① kgf/cm^2
② dyne
③ psi
④ bar

53 유압탱크에 대한 구비조건으로 가장 거리가 먼 것은?

① 적당한 크기의 주유구 및 스트레이너를 설치한다.
② 드레인(배출 밸브) 및 유면계를 설치한다.
③ 오일에 이물질이 혼입되지 않도록 밀폐되어야 한다.
④ 오일 냉각을 위한 클러치를 설치한다.

54 일반적인 보호구의 구비조건으로 맞지 않는 것은?

① 착용이 간편할 것
② 햇볕에 잘 열화가 될 것
③ 재료의 품질이 양호할 것
④ 위험 유해요소에 대한 방호성능이 충분할 것

55 안전보건표지에서 그림이 나타내는 것은?

① 비상구없음표지
② 방사선물질경고표지
③ 탑승금지표지
④ 보행금지표지

56 다음 조정렌치 사용상 안전수칙 중 옳은 것은?

```
a. 잡아당기며 작업한다.
b. 조정 조에 당기는 힘이 많이 가해지도록 한다.
c. 볼트 머리나 너트에 꼭 끼워서 작업을 한다.
d. 조정렌치 자루에 파이프를 끼워서 작업을 한다.
```

① a, b   ② a, c
③ b, c   ④ b, d

57 자연발화가 일어나기 쉬운 조건으로 틀린 것은?

① 발열량이 클 때
② 주위 온도가 높을 때
③ 착화점이 낮을 때
④ 표면적이 좁을 때

58 운반작업 시 지켜야 할 사항으로 옳은 것은?

① 운반작업은 장비를 사용하기보다 가능한 한 많은 인력을 동원하여 하는 것이 좋다.
② 인력으로 운반 시 무리한 자세로 장시간 취급하지 않도록 한다.
③ 인력으로 운반 시 보조구를 사용하되 몸에서 멀리 떨어지게 하고, 가슴 위치에서 하중이 걸리게 한다.
④ 통로 및 인도에 가까운 곳에서는 빠른 속도로 벗어나는 것이 좋다.

59 기계설비의 위험성 중 접선물림점(Tangential Point)과 가장 관련이 적은 것은?

① V벨트   ② 커플링
③ 체인벨트   ④ 기어와 랙

60 작업장의 안전수칙 중 틀린 것은?

① 공구는 오래 사용하기 위하여 기름을 묻혀서 사용한다.
② 작업복과 안전장구는 반드시 착용한다.
③ 각종 기계를 불필요하게 공회전시키지 않는다.
④ 기계의 청소나 손질은 운전을 정지시킨 후 실시한다.

01 4행정 사이클 엔진에 주로 사용되고 있는 오일펌프는?

① 원심식과 플런저식
② 기어식과 플런저식
③ 로터리식과 기어식
④ 로터리식과 나사식

02 디젤엔진의 연소실에는 연료가 어떤 상태로 공급되는가?

① 기화기와 같은 기구를 사용하여 연료를 공급한다.
② 노즐로 연료를 안개와 같이 분사한다.
③ 가솔린엔진과 동일한 연료 공급펌프로 공급한다.
④ 액체 상태로 공급한다.

03 공회전 상태의 엔진에서 크랭크축의 회전과 관계없이 작동되는 기구는?

① 발전기
② 캠 샤프트
③ 플라이휠
④ 스타트 모터

04 엔진 과열의 주요 원인이 아닌 것은?

① 라디에이터 코어의 막힘
② 냉각장치 내부의 물때 과다
③ 냉각수의 부족
④ 엔진오일량 과다

05 연소장치에서 혼합비가 희박할 때 엔진에 미치는 영향은?

① 속도가 저하되고 공회전을 한다.
② 시동이 쉬워진다.
③ 출력(동력)이 감소된다.
④ 연소속도가 빨라진다.

06 유압식 밸브 리프터의 장점이 아닌 것은?

① 밸브 간극은 자동으로 조절된다.
② 밸브 개폐시기가 정확하다.
③ 밸브 구조가 간단하다.
④ 밸브 기구의 내구성이 좋다.

07 커먼레일 연료분사 장치의 저압부에 속하지 않는 것은?

① 커먼레일
② 연료 스트레이너
③ 1차 연료공급펌프
④ 연료펌프

08 종합경보장치인 에탁스(ETACS)의 기능으로 가장 거리가 먼 것은?

① 간헐 와이퍼 제어기능
② 뒷유리 열선 제어기능
③ 감광 룸 램프 제어기능
④ 메모리 파워시트 제어기능

09 라디에이터 캡의 스프링이 파손되는 경우 발생하는 현상은?

① 냉각수 비등점이 높아진다.
② 냉각수 순환이 불량해진다.
③ 냉각수 순환이 빨라진다.
④ 냉각수 비등점이 낮아진다.

10 건설기계의 교류발전기에서 마모성 부품은?

① 스테이터
② 슬립링
③ 다이오드
④ 엔드 프레임

11 엔진오일량이 초기 점검 시보다 증가하였다면 가장 적합한 원인은?

① 실린더의 마모
② 오일의 연소
③ 오일 점도의 변화
④ 냉각수의 유입

12 건설기계용 엔진에서 사용되는 여과장치가 아닌 것은?

① 오일필터
② 공기청정기
③ 인젝션 타이머
④ 오일 스트레이너

13 교류발전기의 특징 중 틀린 것은?

① 다이오드를 사용하기 때문에 정류 특성이 좋다.
② 정류자를 사용한다.
③ 저속에서도 충전이 가능하다.
④ 속도변화에 따른 적용 범위가 넓고, 소형·경량이다.

14 회로에서 접촉저항을 제일 적게 받는 곳은?

① 배선의 모든 부분
② 배선의 중간 부분
③ 배선의 스위치 부분
④ 배선의 연결 부분

15 공기청정기의 종류 중 특히 먼지가 많은 지역에 적합한 공기청정기의 방식은?

① 건 식
② 습 식
③ 유조식
④ 복합식

16 디젤엔진에서 터보차저를 부착하는 목적으로 맞는 것은?

① 엔진의 유효압력을 낮추기 위해서
② 엔진의 냉각을 위해서
③ 엔진의 출력을 증대시키기 위해서
④ 배기 소음을 줄이기 위해서

17 충전장치에서 IC 전압조정기의 장점으로 틀린 것은?

① 조정 전압 정밀도 향상이 크다.
② 내열성이 크며, 출력을 증대시킬 수 있다.
③ 진동에 의한 전압 변동이 작고, 내구성이 우수하다.
④ 초소형화가 가능하므로 발전기 내에 설치할 수 있다.

18 유압계통의 오일장치 내에 슬러지 등이 생겼을 때 이것을 깨끗이 하는 작업은?

① 서 징
② 코 킹
③ 트램핑
④ 플러싱

19 배터리 전해액처럼 강산이나 알칼리 등의 액체를 취급할 때 가장 적합한 복장은?

① 면장갑 착용
② 면직으로 만든 옷
③ 나일론으로 만든 옷
④ 고무로 만든 옷

20 유압에너지의 저장, 충격흡수 등에 이용되는 것은?

① 축압기(Accumulator)
② 스트레이너(Strainer)
③ 펌프(Pump)
④ 오일 탱크(Oil Tank)

21 유니버설 조인트 중에서 훅형(십자형) 조인트가 가장 많이 사용되는 이유가 아닌 것은?

① 구조가 간단하다.
② 작동이 확실하다.
③ 급유가 불필요하다.
④ 큰 동력의 전달이 가능하다.

22 수동변속기가 장착된 건설기계의 동력전달장치에서 클러치판은 어떤 축의 스플라인에 끼워져 있는가?

① 추진축
② 차동기어장치
③ 크랭크축
④ 변속기 입력축

23 유압의 압력을 올바르게 나타낸 것은?

① 압력 = 단면적 × 가해진 힘
② 압력 = 가해진 힘 / 단면적
③ 압력 = 단면적 / 가해진 힘
④ 압력 = 가해진 힘 − 단면적

24 드라이브 라인에 슬립이음을 사용하는 이유는?

① 회전력을 직각으로 전달하기 위해
② 출발을 원활하게 하기 위해
③ 추진축의 길이 방향에 변화를 주기 위해
④ 진동을 흡수하게 하기 위해

25 긴 내리막길을 내려갈 때 베이퍼록을 방지하는 좋은 운전 방법은?

① 변속레버를 중립으로 놓고 브레이크 페달을 밟고 내려간다.
② 시동을 끄고, 브레이크페달을 밟고 내려간다.
③ 엔진브레이크를 사용한다.
④ 클러치를 끊고 브레이크페달을 계속 밟아 속도를 조정하며 내려간다.

26 액화천연가스에 대한 설명 중 틀린 것은?

① 기체 상태는 공기보다 가볍다.
② 가연성으로 폭발의 위험성이 있다.
③ LNG라고 하며, 메탄이 주성분이다.
④ 액체 상태로 배관을 통하여 수요자에게 공급된다.

27 방향제어밸브의 작동방식 중 레버식을 표시하는 기호는?

① 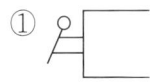 ②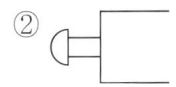
③ 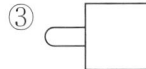 ④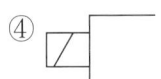

28 베인모터의 특징으로 알맞지 않은 것은?

① 구조가 간단하다.
② 베어링 하중이 작다.
③ 누설량이 많지 않다.
④ 무단변속이 불가능하다.

29 나사펌프의 특징으로 알맞지 않은 것은?

① 맥동이 많다.
② 진동이나 소음이 적다.
③ 장시간 사용해도 성능 저하가 작다.
④ 저점도의 유체도 사용이 가능하다.

30 마스트 사이드롤러 작동부의 윤활상태 점검 방법으로 알맞지 않은 것은?

① 지게차를 평평한 장소에 주차한 후 포크를 지면에 내린다.
② 사이드롤러를 움직이면서 손으로 만져 보면서 점검한다.
③ 이상소음이 들리면 마스트 롤러부나 사이드 롤러에 그리스를 주입한다.
④ 마스트를 지면에서 위쪽 끝까지 2~3회 동작시켜 이상소음이 발생하는지 점검한다.

31 클러치의 용량은 엔진 회전력의 몇 배인가?

① 1.5~2.5배
② 3~5배
③ 4~6배
④ 5~9배

32 타이어에서 트레드 패턴과 관련 없는 것은?

① 제동력
② 구동력 및 견인력
③ 편평률
④ 타이어의 배수효과

33 다음의 수신호가 건설기계에게 지령하는 내용으로 알맞은 것은?

① 작업시작
② 멈 춤
③ 포크 폭 확장
④ 포크 폭 축소

34 적색 원형으로 만들어지는 안전표지판은?

① 경고표시
② 안내표시
③ 지시표시
④ 금지표시

35 다음 중 액추에이터의 입구 쪽 관로에 설치한 유량제어 밸브로 흐름을 제어하여 속도를 제어하는 회로는?

① 시스템 회로(System Circuit)
② 블리드 오프 회로(Bleed-off Circuit)
③ 미터 인 회로(Meter-in Circuit)
④ 미터 아웃 회로(Meter-out Circuit)

36 서행에 대한 설명으로 옳은 것은?

① 매시 15km 이내의 속도를 말한다.
② 매시 20km 이내의 속도를 말한다.
③ 정지거리 2m 이내에서 정지할 수 있는 경우를 말한다.
④ 위험을 느끼고 즉시 정지할 수 있는 느린 속도로 진행하는 것을 말한다.

37 도로교통법에 의한 통고처분의 수령을 거부하거나 범칙금을 기간 안에 납부하지 못한 자는 어떻게 처리되는가?

① 면허의 효력이 정지된다.
② 면허증이 취소된다.
③ 연기신청을 한다.
④ 즉결심판에 회부된다.

38 도로교통법에서는 교차로, 터널 안, 다리 위 등을 앞지르기 금지장소로 규정하고 있다. 그 외 앞지르기 금지장소를 다음에서 모두 고르면?

> a. 도로의 구부러진 곳
> b. 비탈길의 고갯마루 부근
> c. 가파른 비탈길의 내리막

① a
② a, b
③ b, c
④ a, b, c

39 건설기계의 연료 주입구는 배기관의 끝으로부터 얼마 이상 떨어지게 설치하여야 하는가?

① 5cm
② 10cm
③ 30cm
④ 50cm

40 건설기계의 출장검사가 허용되는 경우가 아닌 것은?

① 도서지역에 있는 건설기계
② 너비가 2m를 초과하는 건설기계
③ 최고속도가 35km/h 미만인 건설기계
④ 자체중량이 40t을 초과하거나 축하중이 10t을 초과하는 건설기계

41 국내에서 제작된 건설기계를 등록할 때 필요한 서류에 해당하지 않는 것은?

① 건설기계제작증
② 수입면장
③ 건설기계제원표
④ 매수증서(관청으로부터 매수한 건설기계만)

42 시·도지사로부터 등록번호표지 제작통지 등에 관한 통지서를 받은 건설기계소유자는 받은 날부터 며칠 이내에 등록번호표 제작자에게 제작 신청을 하여야 하는가?

① 3일
② 10일
③ 20일
④ 30일

43 건설기계등록번호표를 가리거나 훼손하여 알아보기 곤란하게 한 자 또는 그러한 건설기계를 운행한 자에게 부과하는 과태료로 옳은 것은?

① 50만원 이하
② 100만원 이하
③ 300만원 이하
④ 1천만원 이하

44 지게차 주행 시 주의하여야 할 사항으로 틀린 것은?

① 짐을 싣고 주행할 때는 절대로 속도를 내서는 안 된다.
② 노면의 상태에 충분한 주의를 하여야 한다.
③ 포크의 끝을 밖으로 경사지게 한다.
④ 적하 장치에 사람을 태워서는 안 된다.

45 대형 지게차의 마스트를 기울일 때 갑자기 시동이 정지되면 어떤 밸브가 작동하여 그 상태를 유지하는가?

① 틸트록 밸브
② 스로틀 밸브
③ 리프트 밸브
④ 틸트 밸브

46 파워스티어링에서 핸들이 무거워 조향하기 힘든 상태일 때의 원인으로 맞는 것은?

① 바퀴가 습지에 있다.
② 조향펌프에 오일이 부족하다.
③ 볼 조인트의 교환시기가 되었다.
④ 핸들 유격이 크다.

47 화재의 분류에서 전기화재에 해당하는 것은?

① A급 화재
② B급 화재
③ C급 화재
④ D급 화재

48 왕복 운동하는 요소와 움직임이 없는 고정부 사이의 물림점은?

① 협착점
② 끼임점
③ 물림점
④ 절단점

49 산업재해의 통계적 분류에 해당하지 않는 것은?

① 사 망
② 중경상
③ 경상해
④ 일부노동불능

50 엔진을 정지하고 계기판 전류계의 지시침을 살펴보니 정상에서 (-) 방향을 지시하고 있다. 그 원인이 아닌 것은?

① 전조등 스위치가 점등위치에서 방전하고 있다.
② 배선에서 누전되고 있다.
③ 시동 시 엔진 예열장치를 동작시키고 있다.
④ 발전기에서 축전지로 충전되고 있다.

51 지게차의 체인장력을 조정하는 방법이 아닌 것은?

① 조정 후 로크너트를 로크시키지 않는다.
② 좌우 체인이 동시에 평행한가를 확인한다.
③ 포크를 지상에서 10~15cm 올린 후 조정한다.
④ 손으로 체인을 눌러보아 양쪽이 다르면 조정너트로 조정한다.

52 유압장치에서 유량제어 밸브가 아닌 것은?

① 교축 밸브
② 분류 밸브
③ 유량조정 밸브
④ 릴리프 밸브

53 자동변속기가 장착된 건설기계의 모든 변속단에서 출력이 떨어질 경우 점검해야 할 항목과 거리가 먼 것은?

① 오일의 부족
② 토크컨버터 고장
③ 엔진고장으로 인한 출력 부족
④ 추진축의 휨

54 감전사고 예방을 위한 주의사항으로 틀린 것은?

① 젖은 손으로는 전기기기를 만지지 않는다.
② 코드를 뺄 때는 반드시 플러그의 몸체를 잡고 뺀다.
③ 전력선에 물체를 접촉하지 않는다.
④ 220V는 단상이고, 저압이므로 생명의 위협은 없다.

55 안전보건표지의 종류와 형태에서 그림의 안전표지판이 나타내는 것은?

① 사용금지 ② 탑승금지
③ 물체이동금지 ④ 차량통행금지

56 기계공장에 관한 안전수칙 중 잘못된 것은?

① 기계운전 중에는 자리를 지킨다.
② 기계의 청소는 작동 중에 수시로 한다.
③ 기계운전 중 정지 시는 즉시 주 스위치를 끈다.
④ 기계공장에서는 반드시 작업복과 안전화를 착용한다.

57 차체에 용접 시 주의사항이 아닌 것은?

① 용접 부위에 인화될 물질이 없나를 확인한 후 용접한다.
② 유리 등에 불똥이 튀어 흔적이 생기지 않도록 보호막을 씌운다.
③ 전기용접 시 접지선을 스프링에 연결한다.
④ 전기용접 시 필히 차체의 배터리 접지선을 제거한다.

58 중량물 운반 시 안전사항으로 틀린 것은?

① 크레인은 규정용량을 초과하지 않는다.
② 화물을 운반할 경우에는 운전반경 내를 확인한다.
③ 무거운 물건을 상승시킨 채 오랫동안 방치하지 않는다.
④ 흔들리는 화물은 사람이 승차하여 붙잡도록 한다.

59 유해광선이 있는 작업장에서의 보호구로 가장 적절한 것은?

① 보안경 ② 안전모
③ 귀마개 ④ 방독마스크

60 탁상용 연삭기 사용 시 안전수칙으로 바르지 못한 것은?

① 받침대는 숫돌차의 중심보다 낮게 하지 않는다.
② 숫돌차의 주면과 받침대는 일정 간격으로 유지해야 한다.
③ 숫돌차를 나무 해머로 가볍게 두드려 보아 맑은 음이 나는가 확인한다.
④ 숫돌차의 측면에 서서 연삭해야 하며, 반드시 차광안경을 착용한다.

제5회 모의고사

01 건설기계 기관에서 부동액으로 사용될 수 없는 것은?

① 에틸렌글리콜
② 글리세린
③ 메 탄
④ 알코올

02 다음 중 커먼레일 디젤엔진의 연료장치 구성부품이 아닌 것은?

① 커먼레일
② 공급펌프
③ 고압펌프
④ 인젝터

03 디젤기관에서 사용되는 공기청정기에 관한 설명으로 틀린 것은?

① 공기청정기가 막히면 연소가 나빠진다.
② 공기청정기가 막히면 배기의 색은 흑색이 된다.
③ 공기청정기가 막히면 출력이 감소한다.
④ 공기청정기는 실린더 마멸과 관계없다.

04 운전석의 계기판에 있는 유압계로 확인할 수 있는 것으로 가장 적합한 것은?

① 오일량의 많고 적음을 알 수 있다.
② 오일의 누설 상태를 알 수 있다.
③ 오일의 순환 압력을 알 수 있다.
④ 오일의 연소상태를 알 수 있다.

05 기관 방열기에 연결된 보조탱크의 역할을 설명한 것으로 가장 적합하지 않은 것은?

① 장기간 냉각수 보충이 필요 없다.
② 냉각수 온도를 적절하게 조절한다.
③ 오버플로(Overflow)되어도 증기만 방출된다.
④ 냉각수의 체적팽창을 흡수한다.

06 4행정 사이클 기관에 주로 사용되고 있는 오일펌프는?

① 원심식과 플런저식
② 기어식과 플런저식
③ 로터리식과 기어식
④ 로터리식과 나사식

07 4행정 사이클 디젤기관의 동력행정에 관한 설명 중 틀린 것은?

① 피스톤이 상사점에 도달하기 전 소요의 각도 범위 내에서 분사를 시작한다.
② 디젤기관의 진각에는 연료의 착화 능률이 고려된다.
③ 연료는 분사됨과 동시에 연소를 시작한다.
④ 연료분사 시작점은 회전속도에 따라 진각된다.

08 축전지 터미널의 식별방법으로 적합하지 않은 것은?

① 문자(P, N)로 분별
② 요철로 분별
③ 부호(+, -)로 식별
④ 굵기로 분별

09 기관에서 압축가스가 누설되어 압축압력이 저하될 수 있는 원인에 해당되는 것은?

① 냉각팬의 벨트 유격 과대
② 매니폴드 개스킷의 불량
③ 워터펌프의 불량
④ 실린더 헤드 개스킷 불량

10 배기가스의 색과 기관의 상태를 표시한 것으로 틀린 것은?

① 백색 - 윤활유의 연소
② 청색 - 공기청정기의 막힘
③ 무색 - 정상
④ 검은색 - 농후한 혼합비

11 엔진오일 압력 경고등이 켜지는 경우가 아닌 것은?

① 오일 필터가 막혔을 때
② 오일 통로가 막혔을 때
③ 엔진을 급가속시켰을 때
④ 오일이 부족할 때

12 기관에서 연료압력이 너무 낮다. 그 원인이 아닌 것은?

① 연료압력 레귤레이터에 있는 밸브의 밀착이 불량하여 리턴펌프 쪽으로 연료가 누설되었다.
② 연료펌프의 공급압력이 누설되었다.
③ 리턴호스에서 연료가 누설된다.
④ 연료필터가 막혔다.

13 교류발전기의 특징으로 틀린 것은?

① 저속 시에도 충전이 가능하다.
② 속도변화에 따른 적용 범위가 넓고 소형, 경량이다.
③ 다이오드를 사용하기 때문에 정류 특성이 좋다.
④ 정류자를 사용한다.

14 같은 축전지 2개를 직렬로 접속하면 어떻게 되는가?

① 전압은 2배가 되고 용량은 같다.
② 전압과 용량 모두 2배가 된다.
③ 전압과 용량의 변화가 없다.
④ 전압은 같고 용량은 2배가 된다.

15 축전지의 용량만을 크게 하는 방법으로 맞는 것은?

① 직·병렬연결법
② 논리회로연결법
③ 병렬연결법
④ 직렬연결법

16 엔진의 밸브장치 중 밸브 가이드 내부를 상하 왕복운동하여 밸브 헤드가 받는 열을 가이드를 통해 방출하고, 밸브의 개폐를 돕는 부품의 명칭은?

① 밸브 스팀 엔드
② 밸브 스팀
③ 밸브 페이스
④ 밸브 시트

17 기동전동기에서 토크가 발생하는 부분은?

① 전기자코일
② 계 자
③ 솔레노이드 스위치
④ 계자코일

18 건설기계 연료탱크에서 연료 잔량 센서를 설명한 것으로 맞는 것은?

① 서미스터가 연료에 잠겨 있다면 인디케이터의 펌프는 점등된다.
② 서미스터가 노출되면 저항이 감소하여 인디케이터의 펌프는 소등된다.
③ 서미스터가 연료에 잠겨 있으면 저항이 상승되어 전류가 커진다.
④ 온도가 상승하면 저항값이 감소하는 부특성 서미스터를 이용한다.

19 화물을 적재하고 주행할 때 포크와 지면과의 간격으로 가장 적합한 것은?

① 지면에 밀착
② 20~30cm
③ 50~55cm
④ 80~85cm

20 디젤기관에서 직접분사실식의 장점이 아닌 것은?

① 연료소비량이 적다.
② 냉각손실이 적다.
③ 연료계통의 연료누출 염려가 적다.
④ 구조가 간단하여 열효율이 높다.

21 토크컨버터가 설치된 지게차의 기동 요령은?

① 클러치페달을 밟고 저·고속 레버를 저속위치로 한다.
② 클러치페달에서 서서히 발을 떼면서 가속페달을 밟는다.
③ 브레이크페달을 밟고 저·고속 레버를 저속위치로 한다.
④ 클러치페달을 조작할 필요 없이 가속페달을 서서히 밟는다.

22 축전지 커버에 붙은 전해액을 세척하려 할 때 사용하는 중화제로 가장 좋은 것은?

① 증류수
② 비눗물
③ 암모니아수
④ 베이킹소다수

23 납산축전지의 전해액을 만들 때 황산과 증류수의 혼합 방법에 대한 설명으로 틀린 것은?

① 조금씩 혼합하며, 잘 저어서 냉각시킨다.
② 증류수에 황산을 부어 혼합한다.
③ 전기가 잘 통하는 금속제 용기를 사용하여 혼합한다.
④ 추운 지방인 경우 온도가 표준온도일 때 비중이 1.280이 되게 측정하면서 작업을 끝낸다.

24 자동변속기의 메인압력이 떨어지는 이유가 아닌 것은?

① 오일필터 막힘
② 오일펌프 내 공기 생성
③ 오일 부족
④ 클러치판 마모

25 엔진오일의 구비조건으로 틀린 것은?

① 응고점이 높을 것
② 비중과 점도가 적당할 것
③ 인화점과 발화점이 높을 것
④ 기포 발생과 카본 생성에 대한 저항력이 클 것

26 건설기계관리법상 건설기계조종사면허를 받지 아니하고 건설기계를 조종한 자에 대한 벌칙은?

① 3년 이하의 징역 또는 3천만원 이하의 벌금
② 2년 이하의 징역 또는 2천만원 이하의 벌금
③ 1년 이하의 징역 또는 1천만원 이하의 벌금
④ 1년 이하의 징역 또는 5백만원 이하의 벌금

27 지게차의 적재방법으로 틀린 것은?

① 화물을 올릴 때는 포크를 수평으로 한다.
② 화물을 올릴 때는 가속페달을 밟는 동시에 레버를 조작한다.
③ 포크로 물건을 찌르거나 물건을 끌어서 올리지 않는다.
④ 화물이 무거우면 사람이나 중량물로 밸런스 웨이트를 삼는다.

28 건설기계관리법상 건설기계등록 신청은 누구에게 하여야 하는가?

① 국토교통부장관
② 소유자 주소지의 시장, 군수 또는 구청장
③ 소유자 주소지의 경찰서장
④ 소유자 주소지의 도지사

29 건설기계조종사면허의 적성검사 기준으로 틀린 것은?

① 청력은 10m의 거리에서 60dB의 소리를 들을 수 있을 것
② 두 눈을 동시에 뜨고 잰 시력이 0.7 이상
③ 두 눈의 시력이 각각 0.3 이상
④ 시각은 150° 이상

30 과실로 산업안전보건법에 따른 중대재해가 발생한 경우 건설기계를 조종한 자의 처분기준은?

① 면허효력정지 5일
② 면허효력정지 15일
③ 면허효력정지 45일
④ 면허취소

31 도로에서는 차로별 통행 구분에 따라 통행하여야 하는데 위반이 아닌 경우는?

① 갑자기 차로를 바꾸어 옆 차선에 끼어드는 행위
② 2개의 차로를 걸쳐서 운행하는 행위
③ 여러 차로를 연속적으로 가로지르는 행위
④ 일방통행 도로에서 중앙이나 좌측 부분을 통행하는 행위

32 유압오일에서 온도에 따른 점도변화 정도를 표시하는 것은?

① 점도 분포
② 관성력
③ 윤활성
④ 점도지수

33 조향 기어의 백래시가 클 때의 현상으로 맞는 것은?

① 핸들 유격이 커진다.
② 조향 각도가 커진다.
③ 조향핸들이 한쪽으로 쏠린다.
④ 조향핸들의 축방향 유격이 커진다.

34 최고속도의 100분의 50을 줄인 속도로 운행하여야 할 경우가 아닌 것은?

① 노면이 얼어붙은 때
② 폭우・폭설・안개 등으로 가시거리가 100m 이내인 때
③ 비가 내려 노면에 습기가 있는 때
④ 눈이 20mm 이상 쌓인 때

35 도로공사를 하고 있는 경우에 있어서 해당 공사 구역의 양쪽 가장자리로부터 몇 m 이내의 지점에 주차하여서는 안 되는가?

① 5m   ② 6m
③ 10m ④ 15m

36 도로교통법상 해당 차의 운전자가 서행하여야 하는 장소가 아닌 것은?

① 도로가 구부러진 부근
② 가파른 비탈길의 내리막
③ 교통정리를 하고 있는 교차로
④ 비탈길의 고갯마루 부근

37 유압장치에서 고압 소용량, 저압 대용량 펌프를 조합 운전할 때, 작동압이 규정 압력 이상으로 상승 시 동력 절감을 하기 위해 사용하는 밸브는?

① 감압밸브
② 무부하밸브
③ 시퀀스밸브
④ 릴리프밸브

38 유압모터를 선택할 때 고려 사항과 가장 거리가 먼 것은?

① 부 하
② 효 율
③ 동 력
④ 점 도

39 공유압 기호 중 그림이 나타내는 것은?

① 공압동력원
② 원동기
③ 전동기
④ 유압동력원

40 유압실린더에서 피스톤 행정이 끝날 때 발생하는 충격을 흡수하기 위해 설치하는 장치는?

① 쿠션기구
② 스로틀밸브
③ 압력 보상 장치
④ 서보밸브

41 건설기계의 소유자는 건설기계를 획득한 날부터 얼마 이내에 건설기계 등록신청을 해야 하는가?

① 10일 이내
② 2주 이내
③ 1월 이내
④ 2월 이내

42 오일펌프의 플랜저가 구동축 방향으로 작동하는 것은?

① 로터리 펌프
② 기어 펌프
③ 액시얼 피스톤 펌프
④ 베인 펌프

43 다음 중 여과기를 설치위치에 따라 분류할 때 관로용 여과기에 포함되지 않는 것은?

① 라인여과기
② 압력여과기
③ 흡입여과기
④ 리턴여과기

44 유압장치에서 방향제어밸브에 대한 설명으로 적절하지 않은 것은?

① 액추에이터의 속도를 제어한다.
② 유압실린더나 유압모터의 작동 방향을 바꾸는 데 사용된다.
③ 유체의 흐름 방향을 변환한다.
④ 유체의 흐름 방향을 한쪽으로만 허용한다.

45 유압장치의 장점이 아닌 것은?

① 작은 동력원으로 큰 힘을 낼 수 있다.
② 운동방향을 쉽게 변경할 수 있다.
③ 과부하 방지가 용이하다.
④ 고장원인의 발견이 쉽고 구조가 간단하다.

46 일정 온도의 윤활유에 흡수되는 가스의 체적은 무엇에 반비례하는가?

① 가스 압력
② 가스 비열
③ 가스 온도
④ 가스 체적

47 감전재해 사고발생 시 취해야 할 행동순서가 아닌 것은?

① 피해자 구출 후 상태가 심할 경우 인공호흡 등 응급조치를 한 후 작업을 직접 마무리하도록 도와준다.
② 설비의 전기 공급원 스위치를 내린다.
③ 피해자가 지닌 금속체가 전선 등에 접촉되었는가를 확인한다.
④ 전원을 끄지 못했을 때는 고무장갑이나 고무장화를 착용하고 피해자를 구출한다.

48 안전보건표지의 종류와 형태에서 그림의 안전표지판이 사용되는 곳은?

① 방사능 물질이 있는 장소
② 발전소나 고전압이 흐르는 장소
③ 폭발성 물질이 있는 장소
④ 레이저광선에 노출될 우려가 있는 장소

49 스크루(Screw) 또는 머리에 틈이 있는 볼트를 박거나 뺄 때 사용하는 스크루 드라이버의 크기는 무엇으로 표시하는가?

① 손잡이를 포함한 전체 길이
② 섕크(Shank)의 두께
③ 포인트(Tip)의 너비
④ 손잡이를 제외한 길이

50 사고의 직접원인으로 가장 적합한 것은?

① 사회적 환경요인
② 유전적인 요인
③ 불안전한 행동 및 상태
④ 성격결함

51 하인리히의 사고예방원리 5단계를 순서대로 나열한 것은?

① 조직, 사실의 발견, 평가분석, 시정책의 선정, 시정책의 적용
② 시정책의 적용, 조직, 사실의 발견, 평가분석, 시정책의 선정
③ 사실의 발견, 평가분석, 시정책의 선정, 시정책의 적용, 조직
④ 시정책의 선정, 시정책의 적용, 조직, 사실의 발견, 평가분석

52 장갑을 끼고 작업을 할 때 위험한 작업은?

① 건설기계운전작업
② 오일 교환작업
③ 해머작업
④ 타이어 교환작업

53 동력기계장치의 표준 방호덮개의 설치 목적이 아닌 것은?

① 동력전달장치와 신체의 접촉방지
② 가공물, 공구 등의 낙하에 의한 위험 방지
③ 방음이나 집진
④ 주유나 경사의 편리성

54 기계시설의 안전 유의사항으로 적합하지 않은 것은?

① 회전부분(기어, 벨트, 체인) 등은 위험하므로 반드시 커버를 씌워 둔다.
② 발전기, 용접기, 엔진 등 장비는 한곳에 모아서 배치한다.
③ 작업장의 통로는 근로자가 안전하게 다닐 수 있도록 정리정돈을 한다.
④ 작업장의 바닥은 보행에 지장을 주지 않도록 청결하게 유지한다.

55 무거운 짐을 이동할 때 적당하지 않은 것은?

① 힘겨우면 기계를 이용한다.
② 기름이 묻은 장갑을 끼고 한다.
③ 지렛대를 이용한다.
④ 2인 이상이 작업할 때는 힘센 사람과 약한 사람과의 균형을 잡는다.

56 산업안전보건법상 산업재해의 정의로 맞는 것은?

① 운전 중 본인의 부주의로 교통사고가 발생된 것을 말한다.
② 고의로 물적 시설을 파손한 것도 산업재해에 포함하고 있다.
③ 일상 활동에서 발생하는 사고로서 인적 피해뿐만 아니라 물적 손해까지 포함하는 개념이다.
④ 노무를 제공하는 사람이 업무에 관계되는 작업이나 기타 입무에 기인하여 사망 또는 부상하거나 질병에 걸리는 것을 말한다.

57 연소조건에 대한 설명으로 틀린 것은?

① 산화되기 쉬운 것일수록 타기 쉽다.
② 열전도율이 적은 것일수록 타기 쉽다.
③ 발열량이 적은 것일수록 타기 쉽다.
④ 산소와의 접촉면이 클수록 타기 쉽다.

58 건설기계 운전 작업 중 온도 게이지가 'H' 위치에 근접되어 있다. 운전자가 취해야 할 조치로 가장 알맞은 것은?

① 작업을 계속해도 무방하다.
② 잠시 작업을 중단하고 휴식을 취한 후 다시 작업한다.
③ 윤활유를 즉시 보충하고 계속 작업한다.
④ 작업을 중단하고 냉각수 계통을 점검한다.

59 작업장에서 전기가 별도의 예고 없이 정전되었을 경우 전기로 작동하던 기계·기구의 조치방법으로 가장 적합하지 않은 것은?

① 즉시 스위치를 끈다.
② 안전을 위해 작업장을 미리 정리해 놓는다.
③ 퓨즈의 단선 유무를 검사한다.
④ 전기가 들어오는 것을 일기 위해 스위치를 켜둔다.

60 산업재해 방지대책을 수립하기 위하여 위험요인을 발견하는 방법으로 가장 적합한 것은?

① 안전점검
② 재해 사후조치
③ 경영층 참여와 안전조직 진단
④ 안전대책회의

제6회 모의고사

01 압력식 라디에이터 캡에 대한 설명으로 옳은 것은?

① 냉각장치 내부압력이 규정보다 낮을 때 공기밸브는 열린다.
② 냉각장치 내부압력이 규정보다 높을 때 진공밸브는 열린다.
③ 냉각장치 내부압력이 부압이 되면 진공밸브는 열린다.
④ 냉각장치 내부압력이 부압이 되면 공기밸브는 열린다.

02 크랭크축의 비틀림 진동에 대한 설명으로 틀린 것은?

① 각 실린더의 회전력 변동이 클수록 커진다.
② 크랭크축이 길수록 커진다.
③ 강성이 클수록 커진다.
④ 회전부분의 질량이 클수록 커진다.

03 수온조절기의 종류가 아닌 것은?

① 벨로즈 형식
② 펠릿 형식
③ 바이메탈 형식
④ 마몬 형식

04 다음 중 윤활유의 기능으로 모두 옳은 것은?

① 마찰감소, 스러스트작용, 밀봉작용, 냉각작용
② 마멸방지, 수분흡수, 밀봉작용, 마찰증대
③ 마찰감소, 마멸방지, 밀봉작용, 냉각작용
④ 마찰증대, 냉각작용, 스러스트작용, 응력분산

05 4행정 디젤엔진에서 흡입행정 시 실린더 내에 흡입되는 것은?

① 혼합기   ② 공 기
③ 스파크   ④ 연 료

06 해머작업의 안전수칙으로 틀린 것은?

① 해머를 사용할 때 자루 부분을 확인할 것
② 장갑을 끼고 해머작업을 하지 말 것
③ 공동으로 해머 작업 시는 흐름을 맞출 것
④ 열처리된 장비의 부품은 강하므로 힘껏 때릴 것

07 열에너지를 기계적 에너지로 변환시켜 주는 장치는?

① 펌프
② 모터
③ 엔진
④ 밸브

08 노킹이 발생되었을 때 디젤기관에 미치는 영향이 아닌 것은?

① 배기가스의 온도가 상승한다.
② 연소실 온도가 상승한다.
③ 엔진에 손상이 발생할 수 있다.
④ 출력이 저하된다.

09 디젤엔진의 연소실에는 연료가 어떤 상태로 공급되는가?

① 기화기와 같은 기구를 사용하여 연료를 공급한다.
② 노즐로 연료를 안개와 같이 분사한다.
③ 가솔린 엔진과 동일한 연료 공급펌프로 공급한다.
④ 액체상태로 공급한다.

10 2행정 디젤기관의 소기방식에 속하지 않는 것은?

① 루프 소기식
② 횡단 소기식
③ 복류 소기식
④ 단류 소기식

11 디젤기관에서 발생하는 진동의 원인이 아닌 것은?

① 프로펠러 샤프트의 불균형
② 분사시기의 불균형
③ 분사량의 불균형
④ 분사압력의 불균형

12 디젤기관에서 압축압력이 저하되는 가장 큰 원인은?

① 냉각수 부족
② 엔진오일 과다
③ 기어오일의 열화
④ 피스톤 링의 마모

13 전조등의 구성품으로 틀린 것은?

① 전 구
② 렌 즈
③ 반사경
④ 플래셔 유닛

14 전기자 철심을 두께 0.35~1.0mm의 얇은 철판을 각각 절연하여 겹쳐 만든 주된 이유는?

① 열 발산을 방지하기 위해
② 코일의 발열 방지를 위해
③ 맴돌이 전류를 감소시키기 위해
④ 자력선의 통과를 차단시키기 위해

15 유압펌프 내의 내부 누설은 무엇에 반비례하여 증가하는가?

① 작동유의 오염
② 작동유의 점도
③ 작동유의 압력
④ 작동유의 온도

16 납산축전지의 전해액을 만들 때 올바른 방법은?

① 황산에 물을 조금씩 부으면서 유리막대로 젓는다.
② 황산과 물을 1:1의 비율로 동시에 붓고 잘 젓는다.
③ 증류수에 황산을 조금씩 부으면서 잘 젓는다.
④ 축전지에 필요한 양의 황산을 직접 붓는다.

17 일반적인 축전지 터미널의 식별법으로 적합하지 않은 것은?

① (+), (−)의 표시로 구분한다.
② 터미널의 요철로 구분한다.
③ 굵고 가는 것으로 구분한다.
④ 적색과 흑색 등의 색으로 구분한다.

18 교류발전기에서 높은 전압으로부터 다이오드를 보호하는 구성품은 어느 것인가?

① 콘덴서
② 필드 코일
③ 정류기
④ 로 터

19 수동식 변속기가 장착된 건설기계에서 기어의 이상음이 발생하는 이유가 아닌 것은?

① 기어 백래시 과다
② 변속기의 오일 부족
③ 변속기 베어링의 마모
④ 웜과 웜기어의 마모

20 대형 지게차의 마스트를 기울일 때 갑자기 시동이 정지되면 어떤 밸브가 작동하여 그 상태를 유지하는가?

① 틸트록 밸브
② 스로틀 밸브
③ 리프트 밸브
④ 틸트 밸브

21 변속기의 필요성과 관계가 없는 것은?

① 시동 시 장비를 무부하 상태로 한다.
② 기관의 회전력을 증대시킨다.
③ 장비의 후진 시 필요로 한다.
④ 환향을 빠르게 한다.

22 엔진의 회전수를 나타낼 때 rpm이란?

① 시간당 엔진 회전수
② 분당 엔진 회전수
③ 초당 엔진 회전수
④ 10분간 엔진 회전수

23 수랭식 냉각방식에서 냉각수를 순환시키는 방식이 아닌 것은?

① 자연 순환식
② 강제 순환식
③ 진공 순환식
④ 밀봉 압력식

24 좌우측 전조등 회로의 연결 방법으로 옳은 것은?

① 직렬연결
② 단식 배선
③ 병렬연결
④ 직·병렬연결

25 기동회로에서 전력공급선의 전압강하는 얼마이면 정상인가?

① 0.2V 이하
② 1.0V 이하
③ 10.5V 이하
④ 9.5V 이하

26 토크 컨버터에서 회전력이 최댓값이 될 때를 무엇이라 하는가?

① 토크 변환비
② 회전력
③ 스톨 포인트
④ 유체 충돌 손실비

27 건설기계 안전기준에 관한 규칙에 따라 건설기계의 연료 주입구는 배기관의 끝으로부터 얼마 이상 떨어져 설치하여야 하는가?

① 5cm
② 10cm
③ 30cm
④ 50cm

28 건설기계조종사의 면허취소 사유에 해당하는 것은?

① 과실로 인하여 1명을 3개월 이상의 부상을 입힌 경우
② 면허의 효력정지기간 중 건설기계를 조종한 경우
③ 과실로 인하여 10명에게 경상을 입힌 경우
④ 건설기계로 1천만원 이상의 재산 피해를 냈을 경우

29 술에 취한 상태의 기준은 혈중알코올농도가 최소 몇 % 이상인 경우인가?

① 0.02
② 0.03
③ 0.08
④ 0.2

30 주행 중 차마의 진로를 변경해서는 안 되는 경우는?

① 교통이 복잡한 도로일 때
② 시속 30km 이하의 주행도로인 곳
③ 특별히 진로 변경이 금지된 곳
④ 4차로 도로일 때

31 건설기계의 출장검사가 허용되는 경우가 아닌 것은?

① 도서지역에 있는 건설기계
② 너비가 2m를 초과하는 건설기계
③ 최고속도가 시간당 35km 미만인 건설기계
④ 자체중량이 40t을 초과하거나 축하중이 10t을 초과하는 건설기계

32 지게차에서 화물취급 방법으로 틀린 것은?

① 포크는 화물의 받침대 속에 정확히 들어갈 수 있도록 조작한다.
② 운반물을 적재하여 경사지를 주행할 때는 짐이 언덕 위로 향하도록 한다.
③ 포크를 지면에서 약 80cm 정도 올려 주행해야 한다.
④ 운반 중 마스트를 뒤로 약 6° 정도 경사시킨다.

33 정기검사에 불합격한 건설기계의 정비명령 기간으로 옳은 것은?

① 6개월 이내
② 5개월 이내
③ 3개월 이내
④ 31일 이내

34 지게차를 주차시켰을 때 포크의 적당한 위치는?

① 지상으로부터 50cm 위치에 둔다.
② 지상으로부터 20cm 위치에 둔다.
③ 지면에 내려놓는다.
④ 높이 들어 둔다.

35 밤에 도로에서 차를 운행하는 경우 등의 등화로 틀린 것은?

① 견인되는 차 – 미등, 차폭등, 번호등
② 원동기장치자전거 – 전조등, 미등
③ 자동차 – 자동차안전기준에서 정하는 전조등, 차폭등, 미등
④ 노면전차 – 전조등, 차폭등, 미등 및 실내조명등

36 지게차(1t 이상, 연식 20년 초과)의 정기검사 유효기간은 몇 년인가?

① 1년
② 2년
③ 3년
④ 4년

37 순차 작동 밸브라고도 하며, 각 유압실린더를 일정한 순서로 순차 작동시키고자 할 때 사용하는 것은?

① 릴리프 밸브
② 감압 밸브
③ 시퀀스 밸브
④ 언로드 밸브

38 베인 펌프에 대한 설명으로 틀린 것은?

① 날개로 펌핑동작을 한다.
② 토크(Torque)가 안정되어 소음이 적다.
③ 싱글형과 더블형이 있다.
④ 베인 펌프는 1단 고정으로 설계된다.

39 건설기계의 작동유 탱크 역할로 틀린 것은?

① 유온을 적정하게 유지하는 역할을 한다.
② 작동유를 저장한다.
③ 오일 내 이물질의 침전작용을 한다.
④ 유압을 적정하게 유지하는 역할을 한다.

40 유압계통에서 릴리프 밸브의 스프링 장력이 약화될 때 발생될 수 있는 현상은?

① 채터링 현상
② 노킹 현상
③ 블로바이 현상
④ 트래핑 현상

41 유압회로에 사용되는 유압밸브의 역할이 아닌 것은?

① 일의 관성을 제어한다.
② 일의 방향을 변환시킨다.
③ 일의 속도를 제어한다.
④ 일의 크기를 조정한다.

42 플런저가 구동축의 직각 방향으로 설치되어 있는 유압모터는?

① 캠형 플런저 모터
② 액시얼형 플런저 모터
③ 블래더형 플런저 모터
④ 레이디얼형 플런저 모터

43 유압기기의 단점으로 틀린 것은?

① 에너지 손실이 적다.
② 오일은 가연성이므로 화재위험이 있다.
③ 회로구성이 어렵고 누설되는 경우가 있다.
④ 오일은 온도변화에 따라 점도가 변하여 기계의 작동속도가 변한다.

44 유압·공기압 도면기호 중 그림이 나타내는 것은?

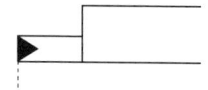

① 유압 파일럿(외부)
② 공기압 파일럿(외부)
③ 유압 파일럿(내부)
④ 공기압 파일럿(내부)

45 유압 작동유의 점도가 지나치게 낮을 때 나타날 수 있는 현상은?

① 출력이 증가한다.
② 압력이 상승한다.
③ 유동저항이 증가한다.
④ 유압실린더의 속도가 늦어진다.

46 유압실린더의 종류에 해당하지 않는 것은?

① 복동 실린더 싱글로드형
② 복동 실린더 더블로드형
③ 단동 실린더 배플형
④ 단동 실린더 램형

47 일반적인 보호구의 구비조건이 아닌 것은?

① 착용이 간편할 것
② 햇볕에 잘 열화될 것
③ 재료의 품질이 양호할 것
④ 유해 위험요소에 대한 방호성능이 충분할 것

48 전기화재에 적합하며 화재 때 화점에 분사하는 소화기로 산소를 차단하는 소화기는?

① 포말 소화기
② 이산화 탄소 소화기
③ 분말 소화기
④ 증발 소화기

49 안전표지의 종류 중 안내표지에 속하지 않는 것은?

① 녹십자표지
② 응급구호표지
③ 비상구
④ 출입금지

50 다음 중 가스누설 검사에 가장 적합하고 안전한 것은?

① 아세톤
② 성냥불
③ 순수한 물
④ 비눗물

51 수공구 사용방법으로 옳지 않은 것은?

① 좋은 공구를 사용할 것
② 해머의 쐐기 유무를 확인할 것
③ 스패너는 너트에 잘 맞는 것을 사용할 것
④ 해머의 사용면이 넓고 얇아진 것을 사용할 것

52 다음 중 산업안전보건법에서 정한 중대재해가 아닌 것은?

① 사망자가 1명 이상 발생한 재해
② 부상자 또는 직업성질병자가 6개월 이상의 요양이 필요한 재해
③ 3개월 이상의 요양이 필요한 부상자가 동시에 2명 이상 발생한 재해
④ 부상자 또는 직업성질병자가 동시에 10명 이상 발생한 재해

53 건설기계 작업 시 주의사항으로 틀린 것은?

① 운전석을 떠날 경우에는 기관을 정지시킨다.
② 작업 시에는 항상 사람의 접근에 특별히 주의한다.
③ 가능한 한 평탄한 지면으로 주행한다.
④ 후진할 때는 후진 후 사람 및 장애물 등을 확인한다.

54 불안전한 조명, 불안전한 환경, 방호장치의 결함으로 인하여 오는 산업재해 요인은?

① 지적 요인
② 물적 요인
③ 신체적 요인
④ 정신적 요인

55 산업안전보건법령상 안전보건표지에서 색채와 용도가 다르게 짝지어진 것은?

① 파란색 – 지시
② 녹색 – 안내
③ 노란색 – 위험
④ 빨간색 – 금지

56 건설기계장비 작업 시 계기판에서 냉각수 경고등이 점등되었을 때 운전자로서 가장 적합한 조치는?

① 오일량을 점검한다.
② 작업이 모두 끝나면 곧바로 냉각수를 보충한다.
③ 작업을 중지하고, 점검 및 정비를 받는다.
④ 라디에이터를 교환한다.

57 ILO(국제노동기구)의 구분에 의한 상해 정도별 분류 중 구급처치 상해는 며칠간 치료를 받은 다음부터 정상작업에 임할 수 있는 정도의 상해를 의미하는가?

① 1일 미만
② 3~5일
③ 10일 미만
④ 2주 미만

58 드릴작업에서 드릴링할 때 공작물과 함께 회전하기 쉬운 때는?

① 드릴 핸들에 약간의 힘을 주었을 때
② 작업이 처음 시작될 때
③ 구멍을 중간쯤 뚫었을 때
④ 구멍 뚫기 작업이 거의 끝날 때

59 정기검사 신청을 받은 검사대행자는 며칠 이내 검사일시 및 장소를 신청인에게 통보하여야 하는가?

① 20일
② 15일
③ 5일
④ 3일

60 연삭기의 안전한 사용방법으로 틀린 것은?

① 숫돌 측면 사용 제한
② 숫돌덮개 설치 후 작업
③ 보안경과 방진마스크 사용
④ 숫돌과 받침대 간격을 가능한 한 넓게 유지

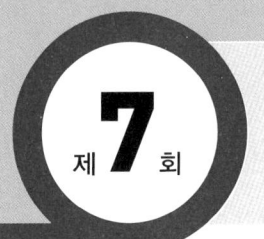

제7회 모의고사

정답 및 해설 p.209

01 감전되거나 전기화상을 입을 위험이 있는 작업 시 작업자가 착용해야 할 것은?

① 구명구 ② 보호구
③ 구명조끼 ④ 비상벨

02 안전한 작업을 하기 위하여 작업 복장을 선정할 때의 유의사항으로 가장 거리가 먼 것은?

① 화기 사용장소에서 방염성, 불연성의 것을 사용하도록 한다.
② 착용자의 취미, 기호 등에 중점을 두고 선정한다.
③ 작업복은 몸에 맞고 동작이 편하도록 제작한다.
④ 상의의 소매나 바짓자락 끝부분이 안전하고 작업하기 편리하게 잘 처리된 것을 선정한다.

03 적색 원형으로 만들어지는 안전표지판은?

① 경고표시 ② 안내표시
③ 지시표시 ④ 금지표시

04 지게차에 짐을 싣고 창고나 공장을 출입할 때의 주의사항 중 틀린 것은?

① 짐이 출입구 높이에 닿지 않도록 주의한다.
② 팔이나 몸을 차체 밖으로 내밀지 않는다.
③ 주위의 장애물 상태를 확인 후 이상이 없을 때 출입한다.
④ 차폭이나 출입구의 폭은 확인할 필요가 없다.

05 도로 굴착 시 황색의 도시가스 보호포가 나왔다. 매설된 도시가스 배관의 압력은?

① 고 압
② 중 압
③ 저 압
④ 초고압

제7회 :: 모의고사 **167**

06 전기기기에 의한 감전사고를 막기 위하여 필요한 설비로 가장 중요한 것은?

① 접지 설비
② 방폭등 설비
③ 고압계 설비
④ 대지 전위 상승 설비

07 전기시설과 관련된 화재로 분류되는 것은?

① A급 화재
② B급 화재
③ C급 화재
④ D급 화재

08 작업장에서 지켜야 할 준수사항에 대한 설명이 아닌 것은?

① 작업장에서는 급히 뛰지 말 것
② 불필요한 행동을 삼갈 것
③ 공구를 전달할 경우 시간절약을 위해 가볍게 던질 것
④ 대기 중인 차량에는 고임목을 고여 둘 것

09 벨트 취급에 대한 안전사항 중 틀린 것은?

① 벨트 교환 시 회전을 완전히 멈춘 상태에서 한다.
② 벨트의 회전을 정지할 때 손으로 잡는다.
③ 벨트의 적당한 유격을 유지하도록 한다.
④ 고무벨트에는 기름이 묻지 않도록 한다.

10 지게차 조향바퀴의 얼라인먼트 요소가 아닌 것은?

① 캠 버
② 토 인
③ 캐스터
④ 부스터

11 건설기계 정비에서 기관을 시동한 후 정상 운전 가능 상태를 확인하기 위해 운전자가 가장 먼저 점검해야 할 것은?

① 속도계
② 엔진오일량
③ 냉각수 온도계
④ 오일 압력계

12 동절기 냉각수가 빙결되어 기관이 동파되는 원인은?

① 냉각수의 체적이 늘어나기 때문에
② 엔진의 쇠붙이가 얼어서
③ 냉각수가 빙결되면 발전이 안 되므로
④ 열을 빼앗아가므로

13 지게차 주행 시 주의하여야 할 사항 중 틀린 것은?

① 짐을 싣고 주행할 때는 절대로 속도를 내서는 안 된다.
② 노면의 상태에 충분한 주의를 하여야 한다.
③ 포크의 끝을 밖으로 경사지게 한다.
④ 적하장치에 사람을 태워서는 안 된다.

14 지게차 작업 시 지켜야 할 안전수칙으로 틀린 것은?

① 후진 시는 반드시 뒤를 살필 것
② 전·후진 변속 시는 장비가 정지된 상태에서 행할 것
③ 주정차 시는 반드시 주차브레이크를 고정시킬 것
④ 이동 시는 포크를 반드시 지상에서 높이 들고 이동할 것

15 현장에서 오일의 오염도 판정방법 중 가열한 철판 위에 오일을 떨어뜨리는 방법은 오일의 무엇을 판정하기 위한 방법인가?

① 산성도
② 수분 함유
③ 오일의 열화
④ 먼지나 이물질 함유

16 보행자가 도로를 횡단할 수 있도록 안전표시한 도로의 부분은?

① 교차로
② 횡단보도
③ 안전지대
④ 규제표시

17 보도와 차도가 구분된 도로에 중앙선이 설치되어 있는 경우 차마의 통행방법으로 맞는 것은?

① 중앙선 좌측
② 중앙선 우측
③ 좌·우측 모두
④ 보도의 좌측

18 최고속도의 100분의 50을 줄인 속도로 운행하여야 할 경우와 관계가 없는 것은?

① 눈이 20mm 이상 쌓인 경우
② 비가 내려 노면이 젖어 있는 경우
③ 노면이 얼어붙은 경우
④ 폭우, 폭설, 안개 등으로 가시거리가 100m 이내인 경우

19 그림과 같은 교통안전표지의 설명으로 맞는 것은?

① 삼거리 표지
② 우회로 표지
③ 회전형 교차로 표지
④ 좌로 계속 굽은 도로표지

20 다음 중 도로교통법상 술에 취한 상태의 기준은?

① 혈중알코올농도가 0.03% 이상
② 혈중알코올농도가 0.1% 이상
③ 혈중알코올농도가 0.15% 이상
④ 혈중알코올농도가 0.2% 이상

21 건설기계 등록번호표에 대한 사항 중 틀린 것은?

① 비사업용(관용 또는 자가용) 번호표의 색상은 주황색 바탕에 검은색 문자이다.
② 재질은 알루미늄판이 사용된다.
③ 굴삭기일 경우 기종별 기호표시는 02로 한다.
④ 외곽선은 15mm 튀어나와야 한다.

22 성능이 불량하거나 사고가 자주 발생하는 건설기계의 안전성 등을 점검하기 위하여 실시하는 심사는?

① 예비검사
② 구조변경검사
③ 수시검사
④ 정기검사

23 검사소에서 검사를 받아야 할 건설기계 중 해당 건설기계가 위치한 장소에서 검사를 할 수 있는 경우가 아닌 것은?

① 도서지역에 있는 경우
② 자체중량이 40t 이상 또는 축하중이 10t 이상인 경우
③ 너비가 20m 이상인 경우
④ 최고속도가 시간당 35km 미만인 경우

24 건설기계사업을 영위하고자 하는 자는 누구에게 등록하여야 하는가?

① 시장·군수·구청장
② 전문 건설기계 정비업자
③ 국토교통부장관
④ 건설기계 폐기업자

25 건설기계관리법령상 건설기계조종사면허를 받지 아니하고 건설기계를 조종한 자에 대한 벌칙은?

① 3년 이하 징역 또는 3천만원 이하 벌금
② 2년 이하 징역 또는 2천만원 이하 벌금
③ 1년 이하 징역 또는 1천만원 이하 벌금
④ 1년 이하 징역 또는 5백만원 이하 벌금

26 교통사고 시 사상자가 발생하였을 때, 도로교통법상 운전자가 즉시 취하여야 할 조치사항 중 가장 옳은 것은?

① 즉시 정차 - 신고 - 위해방지
② 즉시 정차 - 사상자 구호 - 신고
③ 즉시 정차 - 위해방지 - 신고
④ 증인 확보 - 정차 - 사상자 구호

27 해머 사용 시 주의사항이 아닌 것은?

① 쐐기를 박아서 자루가 단단한 것을 사용한다.
② 기름이 묻은 손으로 자루를 잡지 않는다.
③ 타격면이 닳아 경사진 것은 사용하지 않는다.
④ 처음에는 크게 휘두르고, 차차 작게 휘두른다.

28 운전석 계기판에 아래 그림과 같은 경고등이 점등되었다면 가장 관련이 있는 것은?

① 엔진오일 압력 경고등
② 엔진오일 온도 경고등
③ 냉각수 배출 경고등
④ 냉각수 온도 경고등

29 디젤기관에만 해당되는 회로는?

① 예열플러그 회로
② 시동회로
③ 충전회로
④ 등화회로

30 릴리프밸브(Relief Valve)에서 볼(Ball)이 밸브의 시트(Seat)를 때려 소음을 발생시키는 현상은?

① 채터링 현상
② 베이퍼록 현상
③ 페이드 현상
④ 노킹 현상

31 축전지 터미널의 부식을 방지하기 위한 조치방법으로 가장 옳은 것은?

① 전해액을 발라 놓는다.
② 헝겊으로 감아 놓는다.
③ 그리스를 발라 놓는다.
④ 비닐 테이프를 감아 놓는다.

32 다음 중 도로교통법규상 주차금지 장소가 아닌 곳은?

① 전신주로부터 20m 이내인 곳
② 소방용 방화 물통으로부터 5m 이내인 곳
③ 터널 안 및 다리 위
④ 화재경보기로부터 3m 이내인 곳

33 디젤기관 연료장치 내에 있는 공기를 배출하기 위하여 사용하는 펌프는?

① 연료펌프
② 공기펌프
③ 인젝션펌프
④ 프라이밍펌프

34 냉각장치에 사용되는 전동팬에 대한 설명으로 틀린 것은?

① 냉각수 온도에 따라 작동한다.
② 정상온도 이하에는 작동하지 않고 과열일 때 작동한다.
③ 엔진이 시동되면 동시에 회전한다.
④ 팬벨트는 필요 없다.

35 축전지의 일반적인 충전방법으로 가장 많이 사용되는 것은?

① 정전류 충전
② 정전압 충전
③ 단별전류 충전
④ 급속 충전

36 클러치가 끊어지지 않는 원인은?

① 클러치페달의 유격이 너무 크다.
② 클러치페달의 유격이 작다.
③ 클러치디스크의 마모가 많다.
④ 압력판의 마모가 많다.

37 유압장치의 장점이 아닌 것은?

① 작은 동력원으로 큰 힘을 낼 수 있다.
② 과부하 방지가 용이하다.
③ 운동방향을 쉽게 변경할 수 있다.
④ 고장 원인의 발견이 쉽고 구조가 간단하다.

38 엔진 압축압력이 낮을 경우 원인으로 맞는 것은?

① 압축링이 절손 또는 과마모되었다.
② 배터리 출력이 높다.
③ 연료펌프가 손상되었다.
④ 연료 세탄가가 높다.

39 기관에서 윤활유 사용 목적이 아닌 것은?

① 발화성을 좋게 한다.
② 마찰을 적게 한다.
③ 냉각작용을 한다.
④ 실린더 내의 밀봉작용을 한다.

40 다음 중 디젤기관에만 있는 부품은?

① 워터펌프
② 오일펌프
③ 발전기
④ 분사펌프

41 건설기계장비로 현장에서 작업 시 온도계기는 정상인데 엔진 부조가 발생하기 시작했다. 다음 중 점검사항으로 가장 적합한 것은?

① 연료계통을 점검한다.
② 충전계통을 점검한다.
③ 윤활계통을 점검한다.
④ 냉각계통을 점검한다.

42 실린더 헤드 개스킷에 대한 구비조건으로 틀린 것은?

① 기밀 유지가 좋을 것
② 내열성과 내압성이 있을 것
③ 복원성이 적을 것
④ 강도가 적당할 것

43 냉각수 순환용 물 펌프가 고장 났을 때 기관에 나타날 수 있는 현상으로 가장 적합한 것은?

① 기관 과열
② 시동 불능
③ 축전지의 비중 저하
④ 발전기 작동 불능

44 다음 중 교류발전기의 부품이 아닌 것은?

① 다이오드
② 슬립링
③ 스테이터 코일
④ 전류조정기

45 20℃에서 전해액의 비중이 1.280이면 어떤 상태인가?

① 완전충전　② 반충전
③ 완전방전　④ 2/3 방전

46 디젤기관에서 노킹을 일으키는 원인으로 맞는 것은?

① 흡입공기의 온도가 높을 때
② 착화지연 기간이 짧을 때
③ 연료에 공기가 혼입되었을 때
④ 연소실에 누적된 연료가 많아 일시에 연소할 때

47 기계식 변속기가 설치된 건설기계에서 클러치판의 비틀림 코일스프링의 역할은?

① 클러치판이 더욱 세게 부착되도록 한다.
② 클러치 작동 시 충격을 흡수한다.
③ 클러치의 회전력을 증가시킨다.
④ 클러치판과 압력판의 마멸을 방지한다.

48 플라이휠과 압력판 사이에 설치되어 있으며, 변속기 압력축을 통해 변속기에 동력을 전달하는 것은?

① 압력판
② 클러치 디스크
③ 릴리스 레버
④ 릴리스 포크

49 타이어의 트레드에 대한 설명으로 가장 옳지 못한 것은?

① 트레드가 마모되면 구동력과 선회능력이 저하된다.
② 트레드가 마모되면 지면과 접촉면적이 크게 되어 마찰력이 크게 된다.
③ 타이어의 공기압이 높으면 트레드의 양단부보다 중앙부의 마모가 크다.
④ 트레드가 마모되면 열의 발산이 불량하게 된다.

50 유압유의 압력에너지(힘)를 기계적 에너지로 변환시키는 작용을 하는 것은?

① 유압펌프
② 유압밸브
③ 어큐뮬레이터
④ 액추에이터

51 플런저 펌프의 장점과 거리가 먼 것은?

① 효율이 양호하다.
② 높은 압력에 잘 견딘다.
③ 구조가 간단하다.
④ 토출량의 변화 범위가 크다.

52 유압실린더에서 피스톤 행정이 끝날 때 발생하는 충격을 흡수하기 위해 설치하는 장치는?

① 쿠션기구
② 스로틀밸브
③ 압력 보상 장치
④ 서보밸브

53 다음 보기에서 유압회로에 사용되는 3종류의 제어밸브로 모두 맞는 것은?

┌보기─────────────┐
ㄱ. 압력제어밸브
ㄴ. 속도제어밸브
ㄷ. 유량제어밸브
ㄹ. 방향제어밸브
└──────────────┘

① ㄱ, ㄴ, ㄷ
② ㄱ, ㄴ, ㄹ
③ ㄴ, ㄷ, ㄹ
④ ㄱ, ㄷ, ㄹ

54 유량제어밸브를 실린더와 병렬로 연결하여 실린더의 속도를 제어하는 회로는?

① 블리드 오프 회로
② 블리드 온 회로
③ 미터 인 회로
④ 미터 아웃 회로

55 액추에이터를 순서에 맞추어 작동시키기 위하여 설치한 밸브는?

① 메이크업밸브(Make-up Valve)
② 리듀싱밸브(Reducing Valve)
③ 시퀀스밸브(Sequence Valve)
④ 언로드밸브(Unload Valve)

56 그림의 유압기호에서 "A" 부분이 나타내는 것은?

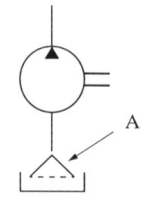

① 오일냉각기
② 스트레이너
③ 가변용량 유압펌프
④ 가변용량 유압모터

57 유압회로 내의 유압유 점도가 너무 낮을 때 생기는 현상이 아닌 것은?

① 오일 누설에 영향이 있다.
② 펌프 효율이 떨어진다.
③ 시동 저항이 커진다.
④ 회로 압력이 떨어진다.

58 유압 작동부에서 오일이 새고 있을 때 가장 먼저 점검해봐야 하는 것은?

① 밸브(Valve)
② 기어(Gear)
③ 플런저(Plunger)
④ 실(Seal)

59 지게차의 체인장력 조정법으로 틀린 것은?

① 좌우 체인이 동시에 평행한가 확인한다.
② 포크를 지상에서 조금 올린 후 조정한다.
③ 손으로 체인을 눌러보아 양쪽이 다르면 조정 너트로 조정한다.
④ 조정 후 로크너트를 풀어둔다.

60 지게차의 리프트 실린더의 역할은?

① 마스터를 틸트시킨다.
② 마스터를 이동시킨다.
③ 포크를 상승, 하강시킨다.
④ 포크를 앞뒤로 기울게 한다.

제1회 정답 및 해설

모의고사 p.107

01	④	02	①	03	①	04	②	05	③	06	④	07	②	08	①	09	①	10	①
11	③	12	①	13	③	14	①	15	③	16	③	17	④	18	①	19	①	20	①
21	④	22	②	23	①	24	④	25	③	26	④	27	②	28	①	29	②	30	④
31	①	32	④	33	④	34	①	35	②	36	①	37	③	38	②	39	①	40	①
41	①	42	①	43	②	44	③	45	④	46	③	47	③	48	①	49	③	50	②
51	③	52	①	53	①	54	③	55	③	56	③	57	④	58	③	59	①	60	④

01
흡기밸브와 배기밸브가 모두 닫히면 폭발이 일어나는 동력행정이 일어난다.

02
디젤엔진에서 노킹의 발생과 배기가스의 온도는 관련성이 작으므로 노킹으로 인해 배기가스의 온도는 상승하지 않는다.

03
연소실과 연소실 상단에 위치한 실린더헤드의 하단부 사이에 개스킷을 넣고 조립되는데, 만일 개스킷이 불량하면 압축가스가 누설되므로 압축 압력은 저하된다.

04
분당 회전수, rpm은 'Revolution Per Minute'의 약자이다.

05
윤활펌프의 유압이 높은 것은 유압유의 흐름과 관련하여 누유 등 순환계통의 손상과 관련이 있을 뿐 디젤엔진의 고장 원인은 될 수 없다.

06
엔진은 압축 압력이 너무 높다고 해서 고착되지는 않는다. 그러나 엔진오일이 부족할 때에는 고착되기 시작한다.

07
실린더헤드를 조일 때는 중심에서 외측을 향하여 대각선으로 조여야 틀어짐 없이 조립할 수 있다.

08
라디에이터는 엔진의 워터재킷과 같은 공간을 순환하면서 발생된 열을 가져와서 라디에이터의 방열판에서 식히므로 어느 정도의 흐름저항이 필요하지만, 흐름저항이 클 경우 차량의 전반적인 성능이나 라디에이터 본체에 무리한 영향을 줄 수 있다. 따라서 공기에 대한 라디에이터의 흐름저항은 작아야 한다.

09
워터펌프는 냉각수를 순환시키는 중요 부품이므로 불량 시 바로 교체해야 한다.

10
납산축전지의 용량은 극판의 크기, 극판의 수, 황산의 양으로 결정된다.

11
엔진의 압축 압력이 높으면 폭발이 잘 이루어지는데, 이로 인해서 엔진오일이 더 많이 소비되지는 않는다.

12
윤활유에서 가장 중요한 성질은 유체의 유동성에 대한 저항의 정도를 의미하는 '점도'이다.

13
전기자의 철심을 절연시키는 이유는 맴돌이 전류를 감소시켜 철심이 발열되는 것을 막기 위함이다.

14
차량에 사용되는 12V 축전지의 전압강하는 0.2V 이하이면 정상으로 본다.

15
과급기를 부착하면 착화지연 시간은 짧아진다.

16
엔진에서 공기청정기를 설치하는 목적은 공기를 여과시키면서도 연소의 질을 높임으로써 소음도 방지하기 위함이다.

17
축전지를 급속충전할 때는 충전시간을 짧게 해야 하며, 가급적 급속충전을 하지 않는 것이 좋다.

18
② 가변용량형 유압펌프
③ 필터
④ 모터

19
체크밸브는 관로 내 유체가 역방향으로 흐르는 역류현상을 방지한다.

20
유압장치를 작동시키는 유체가 흐르는 곳의 연결관은 두 관들의 움직임에도 손상이 없는 플렉시블 호스로 연결하는 것이 적합하다.

21
수동변속기에서 클러치판은 변속기 입력축의 스플라인에 끼워진다.

22
엔진의 회전력은 토크컨버터의 펌프와 연결되며, 회전수는 동일하다.

23
조도의 단위는 럭스(Lux)이다.

25
퓨즈의 접촉이 나쁘면 연결부가 끊어진다.

26
커먼레일 디젤엔진에서 연료분사량의 조절은 고압 라인의 연료압력을 조절함으로써 가능하다.

28
파워스티어링에서 핸들이 무거운 이유는 조향펌프에 오일이 부족해서 유압이 충분히 발생하지 않고 있기 때문이다.

29
분사노즐 테스터기는 분사개시 압력과 후적(Dribbling, 기름방울이 맺혀서 떨어짐)을 측정할 수 있다.

30
건설기계 급가속 시 엔진의 rpm은 상승하나 차속이 증가되지 않는다면 클러치 디스크가 마모되어 동력이 전달되지 않기 때문이다.

31
팬벨트의 장력이 약하면 발전기의 작동이 원활하지 않아서 발전기의 출력은 저하된다.

32
지게차 운행 시 차량의 중량제한은 반드시 지켜서 화물을 실어야 무게중심을 잃고 전도되는 사고를 막을 수 있다.

33
유압펌프의 작동유 유출 여부와 펌프의 본체인 '하우징'은 별개의 기계요소이므로 별도로 점검해야 한다.

34
방향지시등의 한쪽 등이 빠르게 점멸한다면 양쪽 전구 중 한쪽에 이상이 있는 경우가 많으므로 가장 먼저 전구의 손상 여부를 점검해야 한다.

35
지게차의 운전을 종료했다면 작동했던 레버를 모두 중립 위치로 보내고, 주차브레이크를 작동시킨 후 키를 돌려 전원 스위치를 차단시킨다. 그러나 연료를 빼낼 필요는 없다.

36
도로주행 시 야간운전이 주간보다 주의력이 더 필요하므로 과속해서는 안 된다.

37
도로에서 보행자 옆을 통과할 때는 안전거리를 두고 서행해야 한다.

38
건설기계 용어(건설기계 안전기준에 관한 규칙 제2조)
- 중심면 : 건설기계의 중심선을 포함하는 지면에 수직한 면
- 길이 : 작업장치를 부착한 자체중량 상태인 건설기계의 앞뒤 양쪽 끝이 만드는 2개의 횡단방향의 수직평면 사이의 최단거리(후사경 및 그 고정용 장치 등은 미포함)
- 너비 : 작업장치를 부착한 자체중량 상태의 건설기계의 좌우 양쪽 끝이 만드는 2개의 종단방향의 수직평면 사이의 최단거리(후사경 및 그 고정용 장치 등은 미포함)
- 총중량 : 자체 중량에 최대적재중량과 조종사를 포함한 승차인원의 체중을 합한 것(승차인원 1명의 체중은 65kg)

39
트렌치호는 기중기용 작업장치이다.

40
화살표가 원형을 이루므로 회전형 교차로 표지임을 유추할 수 있다.

41

장비 구입 전 이상 여부 판단을 위해 운행하는 경우는 임시운행 허가 사유에 해당되지 않는다.

미등록 건설기계의 임시운행(건설기계관리법 시행규칙 제6조 제1항)

건설기계의 등록 전에 일시적으로 운행을 할 수 있는 경우는 다음과 같다.
- 등록신청을 하기 위하여 건설기계를 등록지로 운행하는 경우
- 신규등록검사 및 확인검사를 받기 위하여 건설기계를 검사장소로 운행하는 경우
- 수출을 하기 위하여 건설기계를 선적지로 운행하는 경우
- 수출을 하기 위하여 등록말소한 건설기계를 점검·정비의 목적으로 운행하는 경우
- 신개발 건설기계를 시험·연구의 목적으로 운행하는 경우
- 판매 또는 전시를 위하여 건설기계를 일시적으로 운행하는 경우

42

건설기계사업을 하려는 자(지방자치단체는 제외)는 대통령령으로 정하는 바에 따라 사업의 종류별로 특별자치시장·특별자치도지사·시장·군수 또는 자치구의 구청장(시상·군수·구청장)에게 등록하여야 한다(건설기계관리법 제21조 제1항).

43

모터는 유체의 힘(유압에너지)으로 회전운동을 하는 장치이다.

44

엔진을 시동할 때 예열플러그는 기온이 낮은 겨울에 필요하다.

45

감압장치는 실린더 내부의 압력을 대기압 이하로 낮춰 줌으로써 시동작업을 원활하도록 해 준다.

46

스탠딩웨이브현상은 고속주행 시 타이어가 주름이 잡히는 타이어의 이상현상이다.

47

도로에서 운전 시 앞차와의 충돌을 피할 수 있는 필요한 거리를 확보하는 것은 "안전거리 확보"이다.

안전거리 확보(도로교통법 제19조 제1항)

모든 차의 운전자는 같은 방향으로 가고 있는 앞차의 뒤를 따르는 경우에는 앞차가 갑자기 정지하게 되는 경우 그 앞차와의 충돌을 피할 수 있는 필요한 거리를 확보하여야 한다.

48

카운터밸런스밸브는 유압 액추에이터가 중력에 의한 자유낙하를 방지하기 위해 배압을 유지하는 압력제어 밸브이다.

49

공기브레이크에서 패드에 밀착되는 브레이크슈는 캠으로 작동시킨다.

50

기어펌프는 나사의 회전부에서 진공부를 형성하기 때문에 플런저펌프에 비해 흡입력이 우수하다.

51
검사신청을 받은 시·도지사 또는 검사대행자는 신청을 받은 날부터 5일 이내에 검사일시와 검사장소를 지정하여 신청인에게 통지하여야 한다(건설기계관리법 시행규칙 제23조 제4항).

52
캐비테이션은 내부의 압력이 진공에 가까워져 기포가 생기고, 이로 인해 국부적인 고압이나 소음이 발생하는 현상이다.

53
오일탱크에 오일량이 너무 적으면, 펌핑되는 유량이 적어지거나 유압이 낮아지는 원인이 된다.

54
감전이나 전기화상의 위험이 있는 작업 시에는 반드시 보호구를 착용하여야 한다.

55
번개 기호를 통해서 '고압전기 경고' 표시임을 유추할 수 있다(산업안전보건법 시행규칙 [별표 6]).

56
산업현장에서 재해는 작업자와 관리자의 안전의식, 교육, 작업 자체가 위험한 부분에서 발생한다. 그러나 작업이 용이한 것을 주요 원인으로 볼 수는 없다.

57
화물의 하역 안전작업
- 운전원은 운반하여야 할 화물을 점검하고 기준중량을 초과하지 않도록 한다.
- 포크의 발은 화물의 크기보다 긴 것을 사용하여 하역작업의 안정성을 높인다.
- 화물을 바로잡기 위하여 포크를 사용하여 밀거나 부딪히지 않는다.
- 화물의 폭에 따라 포크의 간격을 조절하여 무게의 중심을 중앙에 오도록 한다.

58
엔진에서 화재가 발생하면 긴급히 시동을 끄고 전원공급을 차단한 후에 ABC소화기를 사용해서 화재를 진압해야 한다. ABC소화기는 A급(일반화재), B급(유류 및 가스화재), C급(전기화재) 화재에 모두 사용이 가능하다.

59
산업재해 조사의 목적은 사고 발생 전에 적절한 예방대책을 수립하는 것이다.

60
기계의 회전부에 덮개를 설치하는 이유는 신체가 끼어서 다치는 사고를 막기 위함이다.

제2회 정답 및 해설

모의고사 p.117

01	①	02	②	03	②	04	①	05	④	06	①	07	①	08	②	09	①	10	④
11	④	12	④	13	④	14	②	15	③	16	②	17	④	18	②	19	②	20	①
21	③	22	①	23	④	24	②	25	②	26	①	27	③	28	②	29	③	30	④
31	③	32	①	33	②	34	②	35	②	36	②	37	②	38	③	39	②	40	③
41	①	42	②	43	④	44	②	45	④	46	②	47	④	48	①	49	④	50	③
51	④	52	③	53	②	54	②	55	③	56	②	57	④	58	②	59	②	60	④

01
프로펠러 샤프트는 동력전달장치이므로 주행 시 발생하는 진동의 원인이 되지는 않는다.

02
프라이밍펌프는 엔진 시동이나 정지 시 연료 계통에 있는 공기를 배출할 때 사용하는 기계장치로 연료 공급과는 관련이 없다.

03
엔진이 과열되면 실린더 및 실린더헤드부에 과도한 열이 가해져서 변형을 줄 수 있다.

04
디젤엔진에서 부조(원활한 연소가 이루어지지 않는 현상)가 발생하는 것은 연료의 분사량과 분사시기, 연료량과 관련이 크다.

05
연소 후 발생되는 배기가스 색이 회백색이라면 엔진오일이 연소실 내부로 침투해서 연소된 것으로 볼 수 있다. 엔진오일이 연소실로 투입되는 이유는 피스톤링과 실린더 사이에 간격이 생겨 그 틈으로 유입된 것이므로 피스톤링의 마모를 원인으로 볼 수 있다.

06
실린더 벽의 상사점 부근에서 가장 큰 동력이 전달되므로 실린더 벽 중 마멸 정도도 가장 크다.

07
크랭크 케이스에 담긴 엔진오일이 실린더 벽에 뿌려져 엔진을 식히고 나서 피스톤링에 의해 실린더 벽에 붙은 엔진오일을 긁어내리는데, 피스톤링이 마모되면 이 사이를 타고 연소실 위로 엔진오일이 올라가게 된다.

08
릴리프 밸브는 관로 내부의 압력이 높을 때 낮춰 주는 밸브로 엔진의 냉각장치용으로 사용되지 않는다.

09
엔진의 냉각팬은 공기를 방열기(라디에이터) 방향으로 흐르게 한다.

10
엔진 작동 시 연소실에서 불완전연소 후 발생된 탄소(Carbon, 카본)가 엔진오일로 유입될 수 있다.

11
피스톤 행정은 하사점에서 상사점까지 상승한 거리 또는 하강한 거리이다.

12
축전지 터미널에 부식이 발생하면 충전이 불량해져서 축전지의 용량은 낮아져 방전될 수 있다. 그러나 시동 스위치의 손상은 전혀 다른 관점으로 거리가 멀다.

13
스타트 릴레이는 엔진의 시동과 관련이 있을 뿐 축전지의 충전과는 관련이 없다.

14
디젤엔진은 자기착화에 의해 연소가 이루어지므로 시동을 용이하게 하려면 시동 시 회전속도를 높여야 한다.

15
터보차저는 소형이면서 경량이므로 설치하기가 비교적 수월하다.

16
에어클리너가 막히면 연소실로 공기가 원활히 공급되지 못하기 때문에 희박 공기 상태가 되어 연소가 잘 안 되므로 출력은 저하되고 배기색은 검게 된다.

17
발전기로 발전해서 축전지로 충전하지 못해도 기존 배터리의 보유량만으로도 운행은 가능하다.

18
유압펌프의 토출량 단위는 LPM(Liter Per Minute), 1분당 토출량(Liter)이다.

19
감압밸브는 항상 닫혀 있지는 않는다.

20
축압기의 종류 중 공기 압축형에는 스프링 하중식이 포함되지 않는다.

21
자동변속기에서 오일이 규정량보다 적을 때 과열이 일어난다.

22
윤활유의 기능
- 방청작용, 냉각작용, 윤활작용
- 마찰 및 마멸 감소
- 응력분산작용, 완충작용
- 기밀(밀봉, 밀폐)작용

23
실드빔식 전조등은 필라멘트를 교체할 수 없다.

24
신호등에서 녹색 등화가 표시되면 차마는 비보호좌회전표시가 있어도 지나가는 차량이나 사람을 살펴보고 안전이 확인될 때 좌회전할 수 있다. 또한 긴급자동차가 지나갈 때는 멈춰 서 있어야 한다.

25
회로도에서 회로는 병렬연결이므로 6V30W, $30W = 6 \times I$(전류), $I = 5A \times 2 = 10A$가 된다.

26
엔진의 크랭크 케이스를 환기시키는 목적은 바닥에 엔진오일의 슬러지가 형성되는 것을 막아 엔진오일을 깨끗이 유지하기 위함이다.

27
조향 시 바퀴에 복원력을 주기 위한 것은 캐스터이다.

28
동력조향장치는 조향핸들 유격조정이 자동으로 되지는 않는다.

29
유압장치의 과열은 작업을 완료한 후 점검할 수 있다.

30
유성기어장치는 선기어, 링기어, 유성기어와 유성기어 캐리어 세트로 구성된다.

31
기계장비에 장착된 유압장치의 내부 압력을 제거하려면 먼저 시동을 끈 후 모든 조정레버를 모든 방향으로 작동시켜 잔압을 제거한다.

32
축전지 2개를 직렬로 연결하면 전압이 증가된다.

33
일상점검이란 지게차를 운행하기 전, 중, 후에 실시하는 정비주기를 말한다. 따라서 유압장치의 정상 작동을 위해서는 오일량과 필터를 일상으로 점검해서 필요 시 주입하거나 교체해야 한다.

34
AC(교류) 발전기의 로터는 전류가 흐를 때 전자석처럼 된다.

35
화물을 적재하고 주행할 때 포크와 지면과의 간격을 20~30cm 띄워야 한다.

36
지게차로 화물을 싣고 경사지에서 주행할 때는 저속으로 후진해야 한다.

37
교통안전표지의 구분(도로교통법 시행규칙 제8조)
- 주의표지
- 규제표지
- 지시표지
- 보조표지
- 노면표시

38
철길건널목의 통과(도로교통법 제24조)
- 모든 차 또는 노면전차의 운전자는 건널목 앞에서 일시정지하여 안전한지 확인한 후에 통과하여야 한다. 다만, 신호기 등이 표시하는 신호에 따르는 경우에는 정지하지 아니하고 통과할 수 있다.
- 모든 차 또는 노면전차의 운진자는 건널목의 차단기가 내려져 있거나 내려지려고 하는 경우 또는 건널목의 경보기가 울리고 있는 동안에는 그 건널목으로 들어가서는 아니 된다.
- 모든 차 또는 노면전차의 운전자는 건널목을 통과하다가 고장 등의 사유로 건널목 안에서 차 또는 노면전차를 운행할 수 없게 된 경우에는 즉시 승객을 대피시키고 비상신호기 등을 사용하거나 그 밖의 방법으로 철도공무원이나 경찰공무원에게 그 사실을 알려야 한다.

39
숫자에 밑줄이 그려진 표시는 최저시속을 숫자에 맞추라는 표시이다(도로교통법 시행규칙 [별표 6]).

40
미등록 건설기계의 임시운행 규정(건설기계관리법 시행규칙 제6조)
- 등록신청을 하기 위하여 건설기계를 등록지로 운행하는 경우
- 신규등록검사 및 확인검사를 받기 위하여 건설기계를 검사장소로 운행하는 경우
- 수출을 하기 위하여 건설기계를 선적지로 운행하는 경우
- 수출을 하기 위하여 등록말소한 건설기계를 점검·정비의 목적으로 운행하는 경우
- 신개발 건설기계를 시험·연구의 목적으로 운행하는 경우
- 판매 또는 전시를 위하여 건설기계를 일시적으로 운행하는 경우

42
건설기계 등록번호표의 색상 및 일련번호 숫자 기준(건설기계관리법 시행규칙 [별표 1, 별표 2])
- 비사업용(관용) : 흰색 바탕에 검은색 문자, 0001~0999
- 비사업용(자가용) : 흰색 바탕에 검은색 문자, 1000~5999
- 대여사업용 : 주황색 바탕에 검은색 문자, 6000~9999
- 임시운행 번호표 : 흰색 바탕에 검은색 문자

43
기통이란 엔진 내부에 존재하는 실린더의 수를 말한다. 실린더의 수가 많으면 구조가 복잡하고 2개의 실린더 구멍을 가공해야 하므로 제작비는 더 비싸진다.

44
오일의 밀도가 낮거나 높다고 해서 엔진오일 경고등이 점등되지 않는다.

45
라디에이터(방열기) 내부에 있는 냉각수에 기름기가 있다면 실린더헤드의 개스킷이 손상되어 이물질이 혼입되었기 때문이다.

46
스탠딩웨이브 현상
- 타이어 공기압이 낮을 때 자동차가 고속으로 주행하면 일정 속도에서 타이어의 윗부분이 물결처럼 주름 잡히는 것이다.
- 스탠딩웨이브의 방지대책
  - 전동저항을 감소시킨다.
  - 타이어의 공기압을 높인다.
  - 강성이 큰 타이어를 사용한다.
  - 고속 운행을 피하며 가급적 저속으로 운행한다.

47
마스터실린더의 체크밸브가 불량하면 유압은 해제되지 않는다. 따라서 조향 핸들이 한쪽으로 쏠리는 원인과는 거리가 멀다.

48
수동변속기 클러치페달의 자유간극은 클러치 링키지 로드로 조정한다.

49
자동차전용 도로에서 굴착기와 지게차는 가장 오른쪽 차로로 주행해야 한다(도로교통법 시행규칙 [별표 9]).

50

15km/h 미만의 속도를 내는 건설기계는 번호등을 장착하지 않아도 된다.

최고주행속도가 15km/h 미만인 건설기계의 조명장치 (건설기계 안전기준에 관한 규칙 제155조 제1항 제1호)
- 전조등
- 제동등(단, 유량 제어로 속도를 감속하거나 가속하는 건설기계는 제외)
- 후부반사기
- 후부반사판 또는 후부반사지

51

건설기계조종사면허의 결격사유(건설기계관리법 제27조)
- 18세 미만인 사람
- 건설기계 조종상의 위험과 장해를 일으킬 수 있는 정신질환자 또는 뇌전증환자로서 국토교통부령으로 정하는 사람
- 앞을 보지 못하는 사람, 듣지 못하는 사람, 그 밖에 국토교통부령으로 정하는 장애인
- 건설기계 조종상의 위험과 장해를 일으킬 수 있는 마약·대마·향정신성의약품 또는 알코올중독자로서 국토교통부령으로 정하는 사람
- 건설기계조종사면허가 취소된 날부터 1년(거짓이나 그 밖의 부정한 방법으로 건설기계조종사면허를 받거나 건설기계조종사면허의 효력정지기간 중 건설기계를 조종한 경우에는 2년)이 지나지 아니하였거나 건설기계조종사면허의 효력정지처분 기간 중에 있는 사람

52

유압장치의 관로 내부로 불순물이 유입되는 것을 방지하기 위해서 필터와 스트레이너를 사용한다.

53

더스트 실(Dust Seal)은 유압장치의 관로 내부에 있는 먼지나 오염물질이 실린더 내로 혼입되는 것을 막아 준다.

54

보호구를 선택할 때는 사용 목적에 맞는 것을 구매해야 한다.

55

그림의 좌측에 불, 우측에 성냥이 보이므로 화기금지 표지임을 유추할 수 있다(산업안전보건법 시행규칙 [별표 6]).

56

등록이전(건설기계관리법 시행령 제6조 제1항)
건설기계의 소유자(등록자)는 등록한 주소지 또는 사용본거지가 변경된 경우(시·도 간의 변경이 있는 경우에 한함)에는 그 변경이 있는 날부터 30일(상속의 경우에는 상속개시일부터 6개월) 이내에 건설기계등록이전신고서에 소유자의 주소 또는 건설기계 사용본거지의 변경사실을 증명하는 서류와 건설기계등록증 및 건설기계검사증을 첨부하여 새로운 등록지를 관할하는 시·도지사에게 제출(전자문서에 의한 제출을 포함)하여야 한다.

57

현장 작업자는 안전 규칙과 규정을 모두 알아 두어야 한다.

58

편도 2차로 이상의 고속도로에서 건설기계의 최고속도는 80km/h, 최저속도는 50km/h이다(도로교통법 시행규칙 제19조 제1항 제3호 나목).

59

유류에 의한 화재는 'B급 화재'에 속한다.

60

드라이버 사용 시 금속 부분은 자루 안으로 넣어 작업자의 손에 닿지 않도록 해야 한다.

제3회 정답 및 해설

모의고사 p.127

01	③	02	②	03	④	04	①	05	④	06	①	07	①	08	②	09	④	10	③
11	①	12	②	13	③	14	①	15	①	16	①	17	①	18	③	19	③	20	④
21	②	22	①	23	②	24	②	25	④	26	②	27	①	28	④	29	③	30	②
31	③	32	④	33	①	34	④	35	②	36	①	37	①	38	③	39	④	40	①
41	④	42	③	43	①	44	④	45	②	46	②	47	③	48	④	49	①	50	④
51	③	52	②	53	④	54	②	55	④	56	②	57	④	58	②	59	②	60	①

01
③은 코일형 예열플러그의 특징이다.

02
예열플러그는 시동장치의 구성부품에 속한다.

03
유량(유체의 흐름 양)이 많다고 해서 오일의 온도가 상승하지는 않는다. 오일의 온도 상승은 오일 순환부에서 발생되는 열이 주요 원인이다.

04
동절기는 엔진을 순환하는 냉각수가 얼었기 때문이다.

05
동력전달 계통 순서
연소실 → 피스톤 → 커넥팅로드 → 크랭크축 → 클러치 → 변속기 → 구동바퀴

06
플라이휠은 클러치의 압력판과 함께 회전하며, 동력전달 시 활용된다.

07
에틸렌글리콜과 글리세린은 모두 무색무취이며, 단맛을 가진 물질이다.
② 부동액은 원액과 냉각수를 혼합해서 사용하는 것이 권장된다.
③ 부동액은 온도가 낮아져도 화학적으로 안정되어야 한다.
④ 부동액은 냉각 계통에 부식을 일으키지 않아야 한다.

08
압력식 라디에이터 캡에는 압력 보상을 위해 압력밸브와 진공밸브가 있다.

09
• 다운 플로식 : 냉각수의 흐름 방향이 위에서 아래로 흐르는 방식
• 크로스 플로식 : 냉각수의 흐름이 탱크 입구와 출구 높이가 비슷한 수평방향으로 흐르는 방식

10
3상이란 하나의 전선에 사인파가 3개로 흐르는 것으로 단상보다 더 큰 전력의 송전이 가능하며, 전선의 질량을 줄일 수 있다. 또한 3상 중 단상을 따로 사용할 수 있는 효율성 때문에 건설기계에는 3상의 교류발전기를 주로 사용한다.

11
내연기관의 구비조건
- 저속에서 회전력이 크고 가속도가 클 것
- 소형·경량으로, 단위 중량당 출력이 클 것
- 연료 소비율이 작고, 열효율이 높을 것
- 가혹한 운전조건에 잘 견딜 것
- 진동·소음이 작고 점검·정비가 용이할 것

12
냉각시스템에서 응축기가 압축기를 돌리고 빠져나온 고압의 기체냉매를 냉각시켜 액화시킨다.

13
마그네틱 스위치는 솔레노이드 스위치 또는 전자접촉기라고도 하며, 철판의 흡인력을 이용해서 전기 접점을 개폐하는 역할을 한다.

교류발전기의 구조
- 풀리
- 베어링
- 스테이터
- 브러시
- 다이오드
- 슬립링
- 로터(로터코일, 코터철심)

14
스타트 릴레이는 시동장치로서 충전장치인 축전지에 영향을 미치지 않는다.

15
압축행정 시는 연소실 공간에서 누출되는 빈틈이 없어야 하므로 흡기·배기밸브는 모두 닫혀 있어야 한다.

16
압축 압력이 저하되었다면 실린더와 실린더헤드 사이의 개스킷이 불량일 수 있다.

17
히트싱크는 내부의 열을 흡수하고, 방출하기 위해 사용하는 장치로 다이오드를 냉각하는 데 사용한다.

18
GPM은 분당 토출하는 유체의 양을 나타내는 단위이다.

GPM(Gallon Per Minute) : 분당 1갤런을 토출하는 유체의 양

19
유압모터는 유체의 에너지를 유압을 통해 기계적인 일로 변환시키는 장치이다.

20
유압펌프의 작동유 유출검사 시 하우징의 균열이 발견되면 본체 자체를 교체해야 한다.

21
클러치 오일 부족 시 클러치판이 떨어지지 않아서 기어변속이 되지 않는다. 따라서 클러치 오일의 부족은 차량이 출발되지 않는 원인이 된다.

22
벨트를 풀리에 걸려면 풀리의 회전을 중지시킨 후 정지 상태에서 건다.

23
전조등이 흐리면 전조등을 교체하는 것이 올바른 조치이다.

24
차동장치(차동기어장치)는 회전 중심점에서 멀거나 가까운 바퀴의 회전수를 다르게 해서 차량의 선회를 원활하게 해 주는 장치이다.

25
클러치판은 동력전달장치의 구성요소에 속한다.

26
유압 작동유가 누출될 때는 부품 교체(교환)가 당연하지만, 재발 방지를 위해 전체 부품을 재점검하는 것도 필요하다.

27
체크밸브 : 유체가 한쪽 방향으로만 흐르고 반대쪽으로는 흐르지 못하도록 할 때 사용하는 밸브로, 기호로는 다음과 같이 2가지로 표시한다.

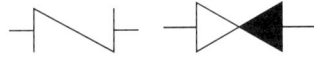

28
기어모터는 베어링 하중이 커서 수명이 짧다.
기어모터의 특징
- 가격이 싸다.
- 구조가 간단하다.
- 가혹한 조건에서도 잘 견딘다.
- 이물질에 의한 고장률이 낮다.
- 베어링 하중이 커서 수명이 짧다.
- 누설이 많고, 토크의 변동이 크다.

29
피스톤펌프는 흡입 능력이 작다는 단점이 있다.
피스톤펌프의 특징
- 효율이 높다.
- 가격이 비싸다.
- 구조가 복잡하다.
- 흡입 능력이 작다.
- 가변용량형의 펌프로 사용된다.
- 다른 유압펌프에 비해 효율이 높은 편이다.
- 고속이나 고압의 유압장치에 적용이 가능하다.
- 다른 펌프보다 상당히 높은 압력에 견딜 수 있다.

30
기차 그림이 있어서 철길건널목 표지임을 유추할 수 있다(도로교통법 시행규칙 [별표 6]).

31
노란색은 경고를 나타내는 안전보건표지이다(산업안전보건법 시행규칙 [별표 8]).

32
지게차는 무게중심이 앞쪽인 화물에 위치하므로 기어를 저속으로 변속한 뒤 후진으로 내려오는 것이 가장 안전하다.

33
② 비상멈춤 : 두 팔을 수평으로 뻗고, 손바닥은 바닥을 향하게 하고, 팔은 수평을 유지하며, 앞뒤로 움직인다.
③ 작업시작 : 두 팔을 수평으로 뻗고, 손바닥은 펴서 정면을 향하게 한다.
④ 최저속도 : 두 손바닥을 마주치며, 원을 그리듯 문지른다. 이 신호 후에 기타 해당 수신호를 적용한다.

34
① 청색 : 액화탄산가스
② 황색 : 아세틸렌가스

35
타이어식 건설기계의 액슬 허브에 오일을 교환하고자 할 때 배출은 6시, 주입은 9시 방향으로 한다.

36
프라이밍펌프는 관로 내부의 공기를 제거하는 장치로 시동 꺼짐과는 관련이 적다.

37
소형건설기계 조종교육의 내용(건설기계관리법 시행규칙 [별표 20])

건설기계	교육 내용	시 간
3t 미만의 지게차	건설기계기관, 전기 및 작업장치	2(이론)
	유압일반	2(이론)
	건설기계관리법규 및 도로통행방법	2(이론)
	조종실습	6(실습)

38
노면이 얼어붙은 곳은 최고속도의 100분의 50으로 감속해서 운행해야 한다(도로교통법 시행규칙 제19조).

39
연구개발 또는 수출을 목적으로 건설기계의 제작 등을 하려는 사람은 형식승인을 받지 않거나 형식신고를 하지 않아도 된다(건설기계관리법 제18조 제8항).

40
건설기계를 도로나 타인의 토지에 버려둔 자는 1년 이하의 징역 또는 1천만원 이하의 벌금에 처한다(건설기계관리법 제41조 제19호).

41
면허취소가 결정되면 그 사유가 발생한 날부터 10일 이내에 면허증을 반납해야 한다(건설기계관리법 시행규칙 제80조).

42
건설기계의 등록 말소는 시·도지사의 직권으로 폐기나 수출, 교육·연구 목적인 경우 가능하나 장기간 운행하지 않는다고 해서 말소할 수는 없다(건설기계관리법 제6조).

43
건설기계를 분해·조립하고 부품을 가공제작·교체하는 것은 건설기계정비업종의 주사업 분야이다(건설기계관리법 제2조).

44
축전지
- 엔진 시동 시 시동장치 전원을 공급한다.
- 발전기가 고장일 때 일시적인 전원을 공급한다.
- 발전기의 출력 및 부하의 언밸런스를 조정한다.
- 화학에너지를 전기에너지로 변환하는 것이다.
- 전압은 셀의 수와 셀 1개당의 전압에 의해 결정된다.
- 전해액면이 낮아지면 증류수를 보충하여야 한다.
- 축전지가 완전 방전되기 전에 재충전하여야 한다.

45
디젤엔진에서 부조(연소 불량에 의한 떨림)가 발생하는 이유는 연료의 불안정한 공급에 의함이 제일 크다. 따라서 발전기의 고장은 그 원인이 될 수 없다.

46
조향핸들의 유격은 공기압과는 관련이 없다.

47
브레이크페달의 자유간극
- 대형 : 15~30mm
- 중형 : 10~15mm
- 소형 : 5~10mm

48
감압장치는 실린더 내부의 압력을 대기압 이하로 낮춰 줌으로써 시동작업을 원활하도록 해 준다.

49
부동액 : 물은 1 : 1의 비율로 섞어 라디에이터에 공급한다.

50
실린더의 압력은 계기판에서 확인이 불가능하다.

51
오일을 담아 놓는 오일탱크의 기호이다.

52
dyne은 힘의 단위이다.

53
유압탱크는 연료장치에 속하나 클러치는 동력전달장치이므로 서로 간에 관련이 없다.

54
보호구는 햇볕에도 잘 변형되지 않고, 열화도 되지 않아야 작업자를 보호할 수 있다.

55
마치 보행을 하는 것 같은 사람의 그림과 금지표시가 함께 있으므로 보행을 금지하는 표지임을 유추할 수 있다(산업안전보건법 시행규칙 [별표 6]).

56
조정렌치는 사용할 때 볼트 머리나 너트에 꼭 맞는 것으로 잡아당기면서 작업한다.

57
자연발화는 연료 스스로 착화되는 현상으로 표면적이 넓을 때 일어나기 쉽다.

58
화물운반 시 인력으로 운반할 때는 무리하지 않는 자세로 단시간만 취급하도록 한다.

59
접선물림점은 회전하는 기계요소의 물림점을 말하는 것으로 V벨트와 체인벨트, 기어와 랙 모두 회전물림점이 존재한다. 그러나 커플링은 축의 결합을 목적으로 하는 결합장치이므로 접선물림점과는 거리가 멀다.

60
공구를 사용할 때는 기름을 닦고 사용해야 안전하며, 보관 시에는 기름을 닦아 보관한다.

정답 및 해설

모의고사 p.137

01	③	02	②	03	④	04	④	05	③	06	③	07	①	08	④	09	④	10	②
11	④	12	②	13	②	14	②	15	③	16	③	17	③	18	④	19	④	20	①
21	③	22	④	23	②	24	③	25	③	26	④	27	①	28	④	29	①	30	②
31	①	32	③	33	①	34	④	35	③	36	①	37	④	38	④	39	③	40	②
41	②	42	①	43	②	44	①	45	②	46	④	47	③	48	①	49	④	50	④
51	①	52	④	53	④	54	④	55	④	56	②	57	③	58	④	59	①	60	④

01
4행정 사이클 엔진의 오일펌프는 효율성이 높은 기어식과 로터리식이 주로 사용된다.

02
디젤엔진은 압축착화 방식의 연소방식 특성상 연료는 안개와 같이 무화되어 연소실로 뿌려져야 균일한 연소가 가능하다.

03
스타트 모터는 배터리(축전지)에 의해 작동된다.

04
엔진오일은 엔진의 과열을 방지하는 요소이다. 엔진 오일이 적을 때에는 오히려 엔진이 과열되는 원인이 된다.

05
혼합비란 공기와 연료가 섞인 비율로 희박한 상태란 공기량이 연료량보다 너무 많다는 것이다. 따라서 연료량이 적기 때문에 출력은 감소된다.

06
유압식 밸브 리프터는 수동식보다 구조가 복잡하다.

07
커먼레일 장치의 저압부는 연료탱크에 장착된 연료 스트레이너의 흡입구를 통해서 연료를 연료펌프의 흡입력으로 연료공급펌프에 전달하는 부분이다. 따라서 커먼레일은 각 연소실로 공급되는 고압부에 속한다.

08
에탁스(ETACS ; Electronic Time & Alarm Control System)는 전자, 시간, 경보, 제어, 장치의 영문 머리 글자를 따서 만든 합성어이다. 타이밍차트를 통해 구동을 설명할 만큼 동작 시간이 중요시되는 자동차의 기본 동작을 제어하기 위한 장치로 에탁스에 포함되지 않은 메모리 파워시트는 제어하지 않는다.

09
라디에이터 캡의 스프링이 파손되면 라디에이터 내부의 압력을 유지할 수 없으므로 냉각수의 비등점은 낮아진다.

10
슬립링은 브러시와 접촉하면서 마모된다.

11
엔진오일량은 냉각수의 유입 없이는 증가될 수 없는 구조이다.

12
인젝션 타이머는 연료분사용 장치이다.

13
교류발전기는 정류자가 아닌 다이오드가 교류를 직류로 바꿔 준다. 정류자는 직류발전기의 구성요소이다.

14
회로에서 저항은 배선의 양 끝이 제일 크고, 중간 부분이 제일 적게 받는다.

15
유조식은 기름이 든 통 안에서 공기가 강제로 마찰되면서 먼지를 제거하는 공기청정방식으로 특히 먼지가 많은 곳에서 효과적이다.

16
터보차저는 연소실 안으로 압축 공기를 불어 넣어 연소 효율을 높임으로써 엔진의 출력을 증대시키기 위해 사용하는 기계장치이다.

17
IC 전압조정기는 진동에 의한 전압 변동이 작다.

18
유압회로 내의 슬러지 제거는 플러싱 작업이다.

19
강산이나 알칼리와 같이 인체에 위험한 액체는 고무로 만든 옷을 착용해야 한다.

20
축압기(어큐뮬레이터)는 유압에너지를 임시로 저장하는 장치로 유체에너지의 저장, 충격흡수, 압력보상에 이용된다.

21
유니버설 조인트 역시 구동 시 원활한 회전을 위해 급유가 필요하다.

22
수동변속기의 클러치판은 변속기의 입력축에 장착되어 동력을 단속한다.

23
압력(Press)은 단위면적당 누르는 힘을 말하는 용어이다.

압력$(P) = \dfrac{F(\text{힘, Force})}{A(\text{단면적, Area})}$

24
드라이브 라인에 슬립이음을 사용하는 이유는 추진축의 길이 방향을 슬립(미끄러짐)시켜 변화할 수 있도록 하기 위해서이다.

25
길이가 긴 내리막길을 내려갈 때 브레이크만을 사용하면 과열에 의해 브레이크 파열을 가져올 수 있으므로 엔진브레이크를 사용하는 것이 가장 적합하다.

26
액화천연가스(LNG)는 액체 상태로 저장한 후 공급할 때는 기화시켜서 기체 상태로 수요자에게 공급한다.

27
② 누름버튼방식
③ 플런저방식
④ 솔레노이드방식

28
베인모터의 특징
- 구조가 간단하다.
- 베어링 하중이 작다.
- 누설량이 많지 않다.
- 무단변속이 가능하다.
- 정회전과 역회전이 원활하다.

29
나사펌프의 특징
- 맥동이 적다.
- 진동이나 소음이 적다.
- 장시간 사용해도 성능 저하가 작다.
- 내구성이 풍부하고 운전이 정숙하다.
- 저점도의 유체도 사용이 가능하다.

30
사이드롤러는 안전상의 이유로 작동상태를 멀리서 살펴보며 점검하도록 한다.

31
클러치의 용량은 엔진 회전력의 1.5~2.5배이다.

32
타이어의 외면인 트레드 패턴은 제동력과 구동력, 배수효과와 관련 있다. 그러나 타이어가 편평한(납작한) 정도를 나타내는 편평률과는 관련이 없다.

33
작업시작을 지령하는 수신호는 두 팔을 수평으로 뻗고, 손바닥은 펴서 정면을 향하게 한다.

34
금지표지는 적색의 원형으로 표시한다.

35
액추에이터의 입구 쪽 관로의 유량을 제어하는 방식은 미터 인 회로이다.

36
서행의 정의(도로교통법 제2조)
서행이란 운전자가 차 또는 노면전차를 즉시 정지시킬 수 있는 정도의 느린 속도로 진행하는 것을 말한다.
※ 서행이란 느린 속도를 말하는 것인데 개인차에 따라 다를 수 있으나 개인이 즉시 정지할 수 있는 상태의 속도를 말한다.

37
통고처분의 수령 거부 및 범칙금을 기간 내에 미납부한 자는 즉결심판에 회부된다(도로교통법 제165조).

38
앞지르기 금지장소는 도로의 구부러진 곳, 비탈길의 고갯마루 부근, 가파른 비탈길의 내리막 모두이다(도로교통법 제22조).

39
건설기계의 연료 주입구는 배기관 끝에서 30cm 이상 떨어져야 한다.

40
너비가 2.5m를 초과하는 경우 건설기계의 출장검사가 허용된다(건설기계관리법 시행규칙 제32조 제2항).

41
수입면장은 해외에서 제작되어 수입되는 건설기계만 제출한다.

건설기계를 등록할 때 필요한 서류(건설기계관리법 시행령 제3조)
- 국내에서 제작한 건설기계 : 건설기계제작증
- 수입한 건설기계 : 수입면장 등 수입사실을 증명하는 서류(다만, 타워크레인의 경우에는 건설기계제작증을 추가로 제출)
- 행정기관으로부터 매수한 건설기계 : 매수증서
- 건설기계의 소유자임을 증명하는 서류(다만, 위의 서류가 건설기계의 소유자임을 증명할 수 있는 경우에는 해당 서류로 갈음할 수 있음)
- 건설기계제원표
- 자동차손해배상 보장법에 따른 보험 또는 공제의 가입을 증명하는 서류

42
통지서 또는 명령서를 받은 건설기계소유자는 그 받은 날부터 3일 이내 등록번호표제작 등을 신청하여야 한다(건설기계관리법 시행규칙 제17조 제3항).

43
건설기계등록번호표를 가리거나 훼손하여 알아보기 곤란하게 한 자 또는 그러한 건설기계를 운행한 자에게는 100만원 이하의 과태료를 부과한다(건설기계관리법 제44조 제2항).

44
지게차 주행 시 화물의 떨어짐 방지를 위해 포크는 안쪽으로 경사지게 해야 한다.

45
틸트록 밸브는 지게차의 엔진(시동)이 정지될 때 마스트가 갑자기 기울어지는 틸트 현상을 방지해 주는 밸브이다.

46
파워스티어링은 유압으로 핸들을 돌리는 힘(파워)을 보조해 주는 장치이므로 조향펌프에 오일이 부족하면 힘의 보조가 불가능하므로 핸들이 무거워진다.

47
화재의 분류
- A급 화재 : 일반(보통)화재
- B급 화재 : 유류 및 가스화재
- C급 화재 : 전기화재
- D급 화재 : 금속화재

48
협착점은 왕복 운동하는 요소와 움직임이 없는 고정부 사이의 물림점으로 프레스, 전단기, 절곡기 등이 있다.

49
일부노동불능은 국제노동기구(ILO)의 상해 정도별 분류에 속한다.

50
전류계 지시침이 (+)일 때 발전기에서 축전지로 충전되고 있음을 지시한다.

51
로크너트를 풀고 체인의 장력을 조정한 후에는 체인이 풀리지 않도록 로크너트를 로크(고정)시켜야 한다.

52
릴리프 밸브는 압력을 낮추는 역할을 하는 압력제어 밸브이다.

53
자동변속기에는 출력저하를 대비하여 오일량이나 토크컨버터 구성부, 엔진의 고장 등을 점검해야 한다. 그러나 추진축의 휨 정도는 자동변속기 변속단의 출력저하와 관련성이 없다.

54
감전은 인체에 전류가 흘러서 인체의 근육이나 장기에 손상을 주는 것으로 전압이 높을수록 감전의 위험이 커지며, 전류로 인한 감전이 더 큰 영향을 미치므로 저압이어도 전류가 얼마인가에 따라 인체에 심각한 영향을 미친다. 보통 인체에 50mA 이상이 흐르면 감전사의 위험이 있다.

55
지게차에 사람이 탑승한 사진에 금지표시가 있으므로 차량통행금지를 안내하는 표지이다(산업안전보건법 시행규칙 [별표 6]).

56
기계부의 청소는 작동을 멈춘 후에 실시해야 사고를 방지할 수 있다.

57
전기용접(아크용접) 시에는 접지선을 작업대에 연결해야 한다. 여기서 제시한 스프링은 어떤 부분인지 불분명하므로 주의사항으로 볼 수 없다.

58
중량물 운반 시 화물이 흔들릴 경우 주변에 작업자가 없는지 확인한 후, 있으면 즉시 대피시키며, 흔들리는 화물을 사람이 잡지 않도록 하고, 흔들림이 멈출 때까지 그대로 두어야 한다.

59
용접이나 절삭가공에서 발생되는 유해광선은 눈 질환을 일으키는 원인이 되므로 보안경을 필히 착용해야 한다.

60
연삭숫돌이 회전 중 파손 시 측면으로도 튈 수 있으므로 측면에 서서 연삭 작업을 하면 안 된다.

제5회 정답 및 해설

모의고사 p.147

01	③	02	②	03	④	04	③	05	②	06	③	07	③	08	②	09	④	10	②
11	③	12	③	13	④	14	①	15	③	16	②	17	①	18	④	19	②	20	③
21	④	22	④	23	③	24	④	25	①	26	③	27	④	28	④	29	③	30	④
31	③	32	④	33	①	34	③	35	①	36	③	37	②	38	④	39	④	40	①
41	④	42	④	43	③	44	①	45	④	46	①	47	③	48	④	49	④	50	③
51	①	52	③	53	④	54	②	55	②	56	④	57	③	58	④	59	④	60	①

01
부동액의 종류에는 메탄올(주성분 : 알코올), 에틸렌글리콜, 글리세린 등이 있다.

02
커먼레일 디젤엔진의 연료장치 구성부품
연료저장축압기(커먼레일), 인젝터, 고압펌프, 고압파이프, 레일압력센서, 연료압력조절밸브

03
공기청정기가 막히면 실린더에 유입되는 공기량이 적기 때문에 진한 혼합비가 형성되고, 불완전연소로 배출가스의 색은 검고, 출력은 저하된다.

04
유압계는 유압장치 내를 순환하는 오일의 압력을 표시하는 계기이다.

05
리저브 탱크(Reservoir Tank)라고도 부르는 저장통으로, 액체를 채운 계통에서 온도의 변화에 따라 액체의 체적이 변할 경우를 대비하여 설치된다. 라디에이터에서 넘치는 냉각수를 수용하거나 부족한 액을 보충하는 탱크가 그 예이다.

06
4행정 사이클 엔진의 오일펌프는 효율성이 높은 기어식과 로터리식이 주로 사용된다.

07
4행정 사이클 디젤기관의 작동
- 흡입행정 : 피스톤이 상사점으로부터 하강하면서 실린더 내로 공기만을 흡입한다.
- 압축행정 : 흡기밸브가 닫히고 피스톤이 상승하면서 공기를 압축한다.
- 동력행정 : 압축행정 말 고온이 된 공기 중에 연료를 분사하면 압축열에 의하여 자연착화한다.
- 배기행정 : 연소가스의 팽창이 끝나면 배기밸브가 열리고, 피스톤의 상승과 더불어 배기행정을 한다.

08
단자의 식별방법
- 양극은 (+), 음극은 (−)의 부호로 분별한다.
- 양극은 빨간색, 음극은 검은색의 색깔로도 분별한다.
- 양극은 지름이 굵고, 음극은 가늘다.
- 양극은 POS, 음극은 NEG의 문자로 분별한다.

09
엔진의 압축압력이 낮은 이유는 엔진 실린더 내부의 피스톤링 문제와 실린더 헤드 밸브 불량, 실린더 헤드 개스킷 불량 등이 원인이다.

10
엔진이 정상일 때 배기가스는 무색이나 엷은 청색을 띠고, 윤활유가 연소될 때에는 배기가스의 색이 백색이며, 농후한 혼합비가 공급될 때는 검은색을 띤다.

11
엔진오일 압력 경고등이 켜지는 경우는 엔진오일량의 부족이 주원인이며, 오일 필터나 오일 통로가 막혔을 때, 오일압력 스위치 배선불량, 엔진오일의 압력이 낮은 경우 등이다.

12

연료압력이 낮은 원인	연료압력이 높은 원인
• 연료필터가 막힘 • 연료펌프의 공급압력이 누설됨 • 연료압력 레귤레이터에 있는 밸브의 밀착이 불량해 귀환구 쪽으로 연료가 누설됨	• 연료압력 레귤레이터 내의 밸브가 고착됨 • 연료리턴호스나 파이프가 막히거나 휨

13
직류발전기에서는 정류자와 브러시가, 교류발전기에서는 다이오드가 교류를 직류로 바꾸어준다.

14
직렬연결은 전압이 상승되어 전압은 2배가 되고 용량은 같다.

15
축전지의 용량을 크게 하려면 별도의 축전지를 병렬로 연결하면 된다.

16
밸브의 주요 구조부

- 밸브 스팀 엔드
  - 밸브에 운동을 전달하는 로커암과 직접 접하는 부분이다.
  - 밸브의 열팽창을 고려하여 밸브 간극이 설정된다.
- 밸브 스팀
  - 밸브 가이드에 끼워져 밸브의 상하운동을 유지한다.
  - 밸브 헤드부의 열을 가이드를 통해 방출한다.
- 밸브 페이스
  - 밸브 시트에 밀착되어 혼합 가스의 누출을 방지하는 기밀작용을 한다.
  - 밸브 헤드의 열을 시트에 전달하는 냉각작용을 한다.
- 밸브 시트
  - 밸브 페이스와 접촉되어 연소실의 기밀작용을 한다.
  - 연소 시에 받는 밸브 헤드의 열을 실린더 헤드에 전달하는 작용을 한다.

17
전기자코일은 전자력에 의해 전기자를 회전시키는 역할을 한다.

18
부특성 서미스터(한쪽이 증가하면 다른 쪽이 감소하는 역의 성질을 가짐)는 연료 잔량 경고등 센서, 냉각수온 센서, 흡기온도 센서, 온도미터용 수온 센서, EGR 가스 온도 센서, 배기온도 센서, 증발기 출구온도 센서, 유온 센서 등에 사용한다.

19
포크를 지면으로부터 20~30cm 높이로 유지해야 한다.

20
직접분사실식의 장점
- 연료소비량이 다른 형식보다 적다.
- 연소실의 표면적이 작아 냉각손실이 적다.
- 연소실이 간단하고 열효율이 높다.
- 실린더 헤드의 구조가 간단하여 열변형이 적다.
- 와류손실이 없다.
- 시동이 쉽게 이루어지기 때문에 예열플러그가 필요 없다.

21
토크컨버터식 지게차 동력전달순서
엔진 → 토크컨버터 → 변속기 → 종감속 기어 및 차동장치 → 앞 구동축 → 최종 감속장치 → 앞바퀴
※ 토크컨버터는 자동변속기의 동력전달장치를 말하는 것으로, 차량이 출발할 때나 가속할 때 토크(회전력)를 증대시켜 가속력을 키우는 기능을 한다.

22
천연중화제인 베이킹소다는 산성을 중화시키는 데 사용된다.

23
전해액을 만들 때는 전기가 잘 통하지 않는 용기를 사용하여야 한다.

24
자동변속기는 오일을 매개체로 동력전달을 하기 때문에 자동변속기 오일의 온도가 충분히(85℃) 상승하지 않으면 엔진의 효율이 급격하게 떨어진다. 오일의 부족, 오일필터의 막힘, 오일펌프 내 공기생성 등은 엔진의 효율을 급격하게 떨어뜨린다.

25
엔진오일의 구비조건
- 점도지수가 커서 점도 변화가 작아야 한다.
- 인화점 및 자연 발화점이 높아야 한다.
- 강인한 오일 막을 형성하여야 한다.
- 응고점이 낮아야 한다.
- 기포 발생 및 카본 생성에 대한 저항력이 커야 한다.

26
건설기계조종사면허를 받지 아니하고 건설기계를 조종한 자는 1년 이하의 징역 또는 1천만원 이하의 벌금에 처한다(건설기계관리법 제41조).

27
지게차는 화물이 무거울 때 무게중심을 맞추기 위해 평형추(무게중심추, 카운터웨이트)를 지게차의 뒷부분에 장착한다. 사람의 무게나 중량물은 오히려 무게중심을 앞으로 쏠리게 만들어 무게중심을 맞출 수 없다.

28
건설기계를 등록하려는 건설기계의 소유자는 건설기계등록신청서(전자문서로 된 신청서를 포함)에 기타 필요한 서류(전자문서 포함)를 첨부하여 건설기계소유자의 주소지 또는 건설기계의 사용본거지를 관할하는 특별시장·광역시장·도지사 또는 특별자치도지사에게 제출하여야 한다(건설기계관리법 시행령 제3조 제1항).

29
청력은 55dB(보청기를 사용하는 사람은 40dB)의 소리를 들을 수 있고, 언어분별력이 80% 이상이어야 한다(건설기계관리법 시행규칙 제76조 제1항 제2호).

30
건설기계조종사면허의 취소·정지처분기준 – 인명피해
(건설기계관리법 시행규칙 [별표 22])
- 고의로 인명피해(사망·중상·경상 등)를 입힌 때
  : 취소
- 과실로 산업안전보건법에 따른 중대재해가 발생한 경우 : 취소
- 그 밖의 인명피해를 입힌 때
  - 사망 1명마다 : 면허효력정지 45일
  - 중상 1명마다 : 면허효력정지 15일
  - 경상 1명마다 : 면허효력정지 5일

31
차마의 통행(도로교통법 제13조 제4항)
차마의 운전자는 다음에 해당하는 경우에는 도로의 중앙이나 좌측 부분을 통행할 수 있다.
- 도로가 일방통행인 경우
- 도로의 파손, 도로공사나 그 밖의 장애 등으로 도로의 우측 부분을 통행할 수 없는 경우
- 도로의 우측 부분의 폭이 6m가 되지 아니하는 도로에서 다른 차를 앞지르려는 경우. 다만, 다음의 어느 하나에 해당하는 경우에는 그러하지 아니하다.
  - 도로의 좌측 부분을 확인할 수 없는 경우
  - 반대방향의 교통을 방해할 우려가 있는 경우
  - 안전표지 등으로 앞지르기를 금지하거나 제한하고 있는 경우
- 도로의 우측 부분의 폭이 차마의 통행에 충분하지 아니한 경우
- 가파른 비탈길의 구부러진 곳에서 교통의 위험을 방지하기 위하여 시·도경찰청장이 필요하다고 인정하여 구간 및 통행방법을 지정하고 있는 경우에 그 지정에 따라 통행하는 경우

32
오일의 온도에 따른 점도변화를 점도지수로 나타낸다.

34
최고속도의 100분의 50을 줄인 속도로 운행하여야 하는 경우(도로교통법 시행규칙 제19조)
- 폭우·폭설·안개 등으로 가시거리가 100m 이내인 경우
- 노면이 얼어붙은 경우
- 눈이 20mm 이상 쌓인 경우

35
주차금지의 장소(도로교통법 제33조)
- 터널 안 및 다리 위
- 다음의 곳으로부터 5m 이내인 곳
  - 도로공사를 하고 있는 경우에는 그 공사 구역의 양쪽 가장자리
  - 다중이용업소의 안전관리에 관한 특별법에 따른 다중이용업소의 영업장이 속한 건축물로 소방본부장의 요청에 의하여 시·도경찰청장이 지정한 곳
- 시·도경찰청장이 도로에서의 위험을 방지하고 교통의 안전과 원활한 소통을 확보하기 위하여 필요하다고 인정하여 지정한 곳

36
서행 또는 일시정지할 장소(도로교통법 제31조 제1항)
모든 차 또는 노면전차의 운전자는 다음의 어느 하나에 해당하는 곳에서는 서행하여야 한다.
- 교통정리를 하고 있지 아니하는 교차로
- 도로가 구부러진 부근
- 비탈길의 고갯마루 부근
- 가파른 비탈길의 내리막
- 시·도경찰청장이 도로에서의 위험을 방지하고 교통의 안전과 원활한 소통을 확보하기 위하여 필요하다고 인정하여 안전표지로 지정한 곳

37
무부하밸브는 일정한 설정 유압에 달했을 때 유압펌프를 무부하로 하기 위한 밸브이다.

39

공압동력원	원동기	전동기
▷—	M=	Ⓜ=

40
쿠션기구는 피스톤이 커버와 충돌할 때의 쇼크를 흡수하고, 실린더 수명을 연장할 뿐 아니라 쇼크로 발생되는 진동 등에 의한 유압장치의 기기, 배관 등 손상을 방지한다.

41
건설기계등록신청은 건설기계를 취득한 날(판매를 목적으로 수입된 건설기계의 경우에는 판매한 날)부터 2월 이내에 하여야 한다. 다만, 전시·사변 기타 이에 준하는 국가비상사태하에 있어서는 5일 이내에 신청하여야 한다(건설기계관리법 시행령 제3조 제2항).

42
플런저(피스톤) 펌프
- 레이디얼형 : 플런저가 회전축에 대하여 직각방사형으로 배열된 형식
- 액시얼형 : 플런저가 구동축 방향으로 작동하는 형식

43
여과기
- 탱크용(펌프흡입 쪽) : 스트레이너, 흡입여과기
- 관로용
  - 펌프토출 쪽 : 라인여과기
  - 되돌아오는 쪽 : 리턴여과기
  - 순환라인 : 순환여과기

44
유량제어밸브가 액추에이터의 속도를 제어한다.

45
유압장치는 고장원인의 발견이 어렵고 구조가 복잡하다.

46
보일의 법칙
온도가 일정할 때 이상기체의 체적은 압력에 반비례한다.

47
감전으로 의식불명인 경우는 감전사고를 발견한 사람이 즉시 환자에게 인공호흡을 시행하여 우선 환자가 의식을 되찾게 한 다음 의식을 회복하면 즉시 가까운 병원으로 후송하여야 한다.

48

방사성 물질이 있는 장소	발전소나 고전압이 흐르는 장소	폭발성 물질이 있는 장소

49
스크루 드라이버는 날의 형태와 길이로 분류한다.

50
사고의 원인

직접 원인	물적 원인	불안전한 상태(1차 원인)
	인적 원인	불안전한 행동(1차 원인)
	천재지변	불가항력
간접 원인	교육적 원인	개인적 결함(2차 원인)
	기술적 원인	
	관리적 원인	사회적 환경, 유전적 요인

51
하인리히의 사고예방원리 5단계
- 1단계 – 조직
- 2단계 – 사실의 발견
- 3단계 – 평가분석
- 4단계 – 시정책의 선정
- 5단계 – 시정책의 적용

52
장갑을 끼고 해머작업을 하다가 장갑의 미끄럼에 의해 해머를 놓쳐 주위의 사람이나 기계, 장비에 피해를 줄 수 있다.

53
방호덮개의 구분
- 가공물, 공구 등의 낙하에 의한 위험을 방지하기 위한 것
- 위험부위에 인체의 접촉 또는 접근을 방지하기 위한 것
- 방음, 집진 등을 목적으로 하기 위한 것

54
발전기나 용접기, 엔진 등의 장비는 작업자의 이동 동선을 고려해서 분산 배치해야 한다. 많은 장비를 한곳에 배치하면 작업성이 떨어질 뿐만 아니라 화재 발생 시 모든 장비가 소실될 수 있다.

55
무거운 짐을 들고 이동시킬 때는 코팅된 장갑을 착용하여 미끄러짐이 없도록 해야 한다. 기름이 묻은 장갑을 끼면 미끄러져서 사고가 발생할 수 있다.

56
'산업재해'란 노무를 제공하는 사람이 업무에 관계되는 건설물·설비·원재료·가스·증기·분진 등에 의하거나 작업 또는 그 밖의 업무로 인하여 사망 또는 부상하거나 질병에 걸리는 것을 말한다(산업안전보건법 제2조 제1호).

57
③ 발열량이 클수록 타기 쉽다.

58
온도 게이지가 'H' 위치에 근접하면 작업을 중단하고 냉각수 계통을 점검한다.

59
정전 시나 점검수리에는 반드시 전원스위치를 내린다.

60
안전점검을 통해 실제 현장을 살펴보는 것이 가장 적절한 방법이다.

제6회 정답 및 해설

모의고사 p.157

01	③	02	③	03	④	04	③	05	②	06	④	07	③	08	①	09	②	10	③
11	①	12	④	13	④	14	③	15	②	16	③	17	②	18	①	19	④	20	①
21	②	22	④	23	③	24	③	25	①	26	③	27	③	28	③	29	③	30	③
31	②	32	③	33	③	34	③	35	③	36	①	37	③	38	④	39	④	40	①
41	①	42	④	43	③	44	①	45	④	46	③	47	②	48	②	49	④	50	④
51	④	52	②	53	④	54	②	55	③	56	③	57	①	58	④	59	③	60	④

01
냉각장치 내부압력이 규정보다 높을 때는 공기 밸브가 열리고, 부압이 되면 진공 밸브가 열린다.

02
크랭크축의 비틀림 진동
- 크랭크축은 기관의 중축으로 피스톤과 커넥팅 로드의 왕복운동을 회전운동으로 바꾸어 클러치와 플라이휠에 전달하는 역할을 한다.
- 크랭크축은 엔진작동 중 폭발압력에 의해 휨, 비틀림, 전단력을 받으며 회전한다.
- 크랭크축의 진동은 엔진의 진동 중에서 비중이 크고, 사일런스 샤프트(밸런스축)는 크랭크축에 부속된 밸런스웨이트에 의해서 소멸되지 못한 진동을 소멸시킨다.
- 비틀림 코일 스프링은 동력전달 시의 회전 충격을 흡수하고, 쿠션스프링은 클러치판의 접촉충격을 흡수한다.

03
수온조절기의 종류에는 벨로즈 형식, 펠릿 형식, 바이메탈 형식이 있으며, 펠릿형이 많이 사용된다.

04
윤활유의 기능
- 방청작용, 냉각작용, 윤활작용
- 마찰 및 마멸감소
- 응력분산 및 완충
- 기밀(밀봉, 밀폐)작용

05
흡입행정은 피스톤이 상사점으로부터 하강하면서 실린더 내로 공기만을 흡입한다.

06
열처리된 재료는 해머작업을 하지 말아야 한다.

07
엔진은 열에너지를 기계적 동력에너지로 바꾸는 장치이다.

08
디젤엔진에서 노킹의 발생과 배기가스의 온도는 관련성이 작으므로 노킹으로 인해 배기가스의 온도는 상승하지 않는다.

09
디젤엔진 연소실의 연료는 노즐에 의해 안개처럼 분사된다.

10
소기행정
- 4행정 디젤기관에서는 소기장치가 따로 없고, 2행정 디젤기관 크랭크실의 압력공기가 소기작용을 한다.
- 2행정 디젤기관 : 루프 소기식, 단류 소기식, 횡단 소기식
  - 흡입이나 배기를 위한 독립된 행정이 없다.
  - 연소실에 유입된 혼합기로 배기가스를 배출한다.

11
프로펠러 샤프트는 기관의 동력을 차축에 전달하는 부품이다.

디젤엔진의 진동 발생 원인
- 실린더별 분사간격의 불균형
- 각 피스톤별 중량 차의 불균형
- 실린더별 연료 분사량의 불균형
- 실린더별 연료 분사압력의 불균형
- 실린더별 연료 분사시기의 불균형

12
피스톤 링 또는 실린더 벽의 마모는 기관의 압축압력을 저하시킨다.

13
플래셔 유닛은 전류를 일정한 주기로 빛을 On, Off하고 일정하게 점멸하도록 하는 장치이다.

14
전기자 철심을 각각 절연하여 겹쳐 만드는 것은 맴돌이 전류의 감소를 위한 것이다.

15
오일 누설은 압력에 비례하고 점성계수에는 반비례한다.

16
납산축전지의 전해액을 만들 때 황산과 증류수의 혼합
- 증류수에 황산을 조금씩 부으면서 잘 젓는다.
- 전기가 잘 통하지 않는 용기를 사용하여 혼합한다.
- 추운 지방인 경우 온도가 표준온도일 때 비중이 1.280이 되게 측정하면서 작업을 끝낸다.

17
터미널(단자 기둥)은 납 합금으로 축전지 케이블과 확실히 접속되도록 테이퍼로 되어 있으며, (+)극과 (-)극을 역으로 접속할 수 없도록 양극터미널이 음극터미널보다 더 굵다.

구 분	양극터미널	음극터미널
터미널의 직경	크다.	작다.
터미널의 색	적색(적갈색)	흑색(회색)
표시문자	+ 또는 P	- 또는 N
터미널에 발생되는 부식물	많다.	적다.

18
교류발전기의 높은 전압으로부터 과충전을 예방하고 관련 기기를 보호할 필요가 있는데, 이때 다이오드는 교류전기를 정류하고 전류의 역류(축전지에서 발전기로)를 방지하며, 교류를 직류로 변환한다.

19
건설기계에서 기어의 이상음 발생
- 입력축 베어링이나 출력축 베어링의 마멸
- 부축기어의 니들 베어링이나 스러스트 심의 마모
- 기어의 손상, 백래시 및 엔드 플레이 과다
- 싱크로나이저 기구의 손상
- 급유 부족 또는 윤활유의 오염 및 손상

20
틸트록 밸브
- 엔진이 정지되면 작동하여 마스트가 돌발적으로 전방으로 기우는 것을 막아준다.
- 안전밸브 유압호스의 손상 시 갑작스러운 짐의 낙하를 방지한다.
- 자동잠금 가스실린더 후드가 갑자기 닫히는 것을 방지해 준다.
- 주차 브레이크 작동 시 동력차단 장치가 자동 작동하는 장치를 내장하여 안전성을 향상시킨다.

21
변속기의 필요성
- 엔진을 무부하 상태로 유지한다.
- 엔진의 회전력(토크)을 증대시킨다.
- 후진을 가능하게 한다.
- 주행속도를 증·감속할 수 있다.

22
rpm = 1분당 엔진 회전수

23
냉각방식
- 공랭식 : 자연 통풍식, 강제 통풍식
- 수랭식 : 자연 순환식, 강제 순환식(압력 순환식, 밀봉 압력식)

24
일반적인 등화장치는 직렬연결법이 사용되나 전조등 회로는 병렬연결이다.

25
12V 축전지일 때 기동회로의 전압시험에서 전압강하가 0.2V 이하이면 정상이다.

26
스톨 포인트(Stall Point)란 $\dfrac{\text{터빈의 회전속도}(NT)}{\text{펌프의 회전속도}(NP)}$ = 0을 말한다. 즉, 속도비가 0일 때를 스톨 포인트 또는 드래그 포인트라 하며, 이때 토크비가 가장 크고 회전력이 최대가 된다.

27
건설기계의 연료탱크, 주입구 및 가스배출구 기준(건설기계 안전기준에 관한 규칙 제132조)
- 연료탱크, 연료펌프, 연료배관 및 각종 이음장치에서 연료가 새지 아니할 것
- 연료 주입구 부근에는 사용하는 연료의 종류를 표시하여야 하며, 연료 등의 용제에 의하여 쉽게 지워지지 아니할 것
- 노출된 전기단자 및 전기개폐기로부터 20cm 이상 떨어져 있을 것(연료탱크는 제외)
- 연료 주입구는 배기관의 끝으로부터 30cm 이상 떨어져 있을 것
- 연료탱크는 벽 또는 보호판 등으로 조종석과 분리되는 구조일 것
- 연료탱크는 건설기계 차체에 견고하게 고정되어 있을 것
- 경유를 연료로 사용하는 건설기계의 조속기(연료 분사량 조정기를 말함)는 연료의 분사량을 조작할 수 없도록 봉인되어 있을 것

28
면허의 효력정지기간 중 건설기계를 조종한 경우는 면허취소 사유에 해당한다(건설기계관리법 시행규칙 [별표 22]).

29
운전이 금지되는 술에 취한 상태의 기준은 혈중알코올농도가 0.03% 이상이다(도로교통법 제44조 제4항).

31
건설기계의 출장검사가 허용되는 경우(건설기계관리법 시행규칙 제32조 제2항)
- 도서지역에 있는 경우
- 자체중량이 40t을 초과하거나 축하중이 10t을 초과하는 경우
- 너비가 2.5m를 초과하는 경우
- 최고속도가 시간당 35km 미만인 경우

33
정비명령 기간(건설기계관리법 시행규칙 제31조 제1항)
시·도지사는 검사에 불합격된 건설기계에 대하여는 31일 이내의 기간을 정하여 해당 건설기계의 소유자에게 검사를 완료한 날(검사 대행 시 검사결과를 보고받은 날)부터 10일 이내에 정비명령을 하여야 한다.

34
지게차 주차 시 준수사항
- 포크 혹은 작업장치를 완전히 내릴 것
- 기어를 중립상태로 위치시킬 것
- 시동 정지
- 주차브레이크 작동

35
밤에 도로에서 차를 운행하는 경우 등의 등화(도로교통법 시행령 제19조)
1. 자동차 : 전조등, 차폭등, 미등, 번호등과 실내조명등(실내조명등은 승합자동차와 여객자동차운송사업용 승용자동차만 해당)
2. 원동기장치자전거 : 전조등, 미등
3. 견인되는 차 : 미등, 차폭등, 번호등
4. 노면전차 : 전조등, 차폭등, 미등 및 실내조명등
5. 1.부터 4.까지의 규정 외의 차 : 시·도경찰청장이 정하여 고시하는 등화

36
1t 이상 지게차의 정기검사 유효기간(건설기계관리법 시행규칙 [별표 7])
- 연식 20년 이하 : 2년
- 연식 20년 초과 : 1년

37
시퀀스 밸브는 일정한 순서로 순차 작동하는 밸브이다.

38
베인 펌프
- 베인 펌프는 일반적으로 가장 많이 쓰이는 진공 펌프이다.
- 내부 구조가 로터 베인 및 실린더로 되어 있고, 로터 중심과 실린더 중심은 편심되어 있다.
- 용량이 가장 큰 펌프이고 소음이 적으나 수명이 짧고, 전체효율은 약 80%이다.
- 평형형과 불평형형으로 나누는데, 평형형은 1단 펌프, 2단 펌프, 2연 펌프, 복합펌프로 구분하고, 불평형형은 가변용 베인 펌프로 구분한다.

39
④는 유압밸브의 역할이다.

40
릴리프 밸브의 스프링 장력이 약화되면 채터링이 발생할 수 있다.

41
유압밸브의 역할
- 일의 방향제어 : 방향제어 밸브
- 일의 속도제어 : 유량제어 밸브
- 일의 크기제어 : 압력제어 밸브

42
레이디얼형 플런저 모터는 구동축의 직각 방향으로 설치되어 있는 유압모터이다.

43
유압기기의 장단점

장 점	단 점
• 작으면서도 힘이 강하다. • 과부하 방지가 간단하고 정확하다. • 힘의 조정이 쉽고 정확하다. • 무단 변속이 간단하고, 진동이 적다. • 원격조작이 가능하다. • 내구성이 있다.	• 배관이 까다롭고 오일이 누설된다. • 오일의 연소위험성이 있다. • 에너지 손실이 많다. • 오일의 온도에 따라서 기계의 작동속도가 변한다.

45
유압 작동유의 점도가 지나치게 낮을 때 유압실린더의 속도가 늦어진다.

46
배플(Baffle)은 오일펌프가 충분한 양의 윤활유를 흡입하도록 하기 위해 오일 팬에 설치하는 다수의 안전판을 말한다.

47
보호구의 구비조건
• 착용이 간편하고, 작업에 방해를 주지 않을 것
• 재료의 품질이 양호할 것
• 유해 위험요소에 대한 방호성능이 충분할 것
• 구조 및 표면 가공이 우수할 것
• 외관상 보기 좋을 것

48
이산화 탄소 소화기는 이산화 탄소를 높은 압력으로 압축·액화시킨 것으로, 질식 냉각하여 소화한다.

49
출입금지는 금지표지에 속한다.

50
가스누설 검사에는 비눗물을 사용하는데, 이 방식이 가장 간편하고 안전하다.

51
해머의 모양이 찌그러지거나 손상된 것, 쐐기가 없는 것, 사용면이 넓고 얇아진 것 등은 쓰지 않아야 한다.

52
고용노동부령으로 정하는 중대재해(산업안전보건법 시행규칙 제3조)
• 사망자가 1명 이상 발생한 재해
• 3개월 이상의 요양이 필요한 부상자가 동시에 2명 이상 발생한 재해
• 부상자 또는 직업성질병자가 동시에 10명 이상 발생한 재해

53
건설기계를 후진할 때에는 후진하기 전에 사람이나 장애물 등을 확인해야 한다.

54
사고의 원인

직접 원인	물적 원인	불안전한 상태(1차 원인)
	인적 원인	불안전한 행동(1차 원인)
	천재지변	불가항력
간접 원인	교육적 원인	개인적 결함(2차 원인)
	기술적 원인	
	관리적 원인	사회적 환경, 유전적 요인

55
노란색은 경고를 나타내는 안전보건표지이다(산업안전보건법 시행규칙 [별표 8]).

56
계기판에 냉각수 경고등이 점등되면 작업을 즉시 중단하고, 점검해서 고장 여부를 수리해야 한다.

57
상해 정도별 분류
- 사망 : 안전사고로 사망하거나 혹은 부상의 결과로 사망한 것
- 영구 전노동 불능 상해 : 부상 결과 근로 기능을 완전히 잃은 부상(신체장애 등급 제1급~제3급에 상당)
- 영구 일부 노동 불능 상해 : 부상 결과 신체의 일부가 영구히 노동기능을 상실한 부상(신체장애 등급 제4급~제14급에 상당)
- 일시 전노동 불능 상해 : 의사진단으로 일정 기간 정규 노동에 종사할 수 없는 상해(신체장애가 남지 않는 일반적인 휴업 재해)
- 일시 일부 노동 불능 상해 : 의사의 의견에 따라 부상 다음날 또는 그 이후에 정규 노동에 종사할 수 없는 휴업 재해 이외의 것으로, 일시 취업 시간 중에 업무를 떠나 치료를 받는 정도의 상해
- 구급치치 상해 : 응급처치 또는 의료조치를 받아 부상당한 다음날 정상으로 작업을 할 수 있는 정도의 상해

58
드릴 구멍 가공이 끝날 무렵에는 무리한 이송을 하지 말고 공작물이 따라 돌지 않도록 주의하여야 한다.

59
검사신청을 받은 시·도지사 또는 검사대행자는 신청을 받은 날부터 5일 이내에 검사일시와 검사장소를 지정하여 신청인에게 통보하여야 한다(건설기계관리법 시행규칙 제23조 제4항).

60
연삭기 작업 안전수칙
- 연삭기의 덮개 노출각도는 90°이거나 전체 원주의 1/4을 초과하지 말 것
- 연삭숫돌의 교체 시는 3분 이상 시운전할 것
- 사용 전에 연삭숫돌을 점검하여 균열이 있는 것은 사용하지 말 것
- 연삭숫돌과 받침대 간격은 3mm 이내로 유지할 것
- 작업 시는 연삭숫돌 정면으로부터 150° 정도 비켜서서 작업할 것
- 가공물은 급격한 충격을 피하고 점진적으로 접촉시킬 것
- 작업 시 연삭숫돌의 측면을 사용하여 작업하지 말 것
- 소음이나 진동이 심하면 즉시 점검할 것

제7회 정답 및 해설

모의고사 p.167

01	②	02	②	03	④	04	④	05	③	06	①	07	③	08	③	09	②	10	④
11	④	12	①	13	③	14	④	15	②	16	②	17	②	18	②	19	③	20	①
21	①	22	③	23	②	24	①	25	②	26	②	27	④	28	②	29	①	30	①
31	③	32	①	33	④	34	③	35	①	36	①	37	④	38	①	39	①	40	④
41	①	42	③	43	①	44	④	45	①	46	④	47	②	48	②	49	②	50	④
51	③	52	①	53	④	54	①	55	③	56	②	57	③	58	④	59	④	60	③

01
감전 위험이 발생할 우려가 있는 때에는 당해 근로자에게 절연용 보호구를 착용시켜야 한다.

02
② 작업복은 작업의 안전에 중점을 둔다.

03
① 경고표시 : 노란색 삼각형
② 안내표시 : 원형 및 사각형
③ 지시표시 : 파란색 원형

04
지게차의 폭과 높이를 출입구와 비교 확인한 후 이상이 없을 때 출입하여야 한다.

05
도시가스 배관이 저압이면 배관 표면색은 황색이고, 중압 이상은 적색이다.

06
건설현장의 이동식 전기기계, 기구에 의한 감전사고를 방지하기 위한 설비는 접지 설비이다.

07
C급 화재 : 전기화재
① A급 화재 : 일반(물질이 연소된 후 재를 남기는 일반적인 화재) 화재
② B급 화재 : 유류(기름)화재
④ D급 화재 : 금속화재

08
작업 중 공구를 던지면 공구 파손과 안전상 위험을 초래한다.

09
벨트의 회전이 완전히 멈춘 상태에서 손으로 잡아야 한다.

10
조향바퀴의 얼라인먼트에는 토인, 캠버, 캐스터, 킹핀 경사각이 있다.

11
건설기계 정비에서 기관을 시동한 후 오일 압력계가 정상이 아니면 시동을 정지해야 한다.

12
동절기 냉각수가 빙결되면 체적이 늘어나 실린더 블록 등에 균열이 생긴다.

13
주행 시 포크의 끝을 올려야 하며, 화물의 적재 여부를 막론하고 포크를 올린 상태에서 포크 밑에 서 있거나 걸어 다니지 않아야 한다.

14
이동 시 지면에서 포크는 20~30cm 정도 올린다.

15
오일에 수분이 함유되었으면 가열된 철판에서 끓으면서 수증기로 증발된다.

16
① 교차로 : '십'자로, 'T'자로나 그 밖에 둘 이상의 도로(보도와 차도가 구분되어 있는 도로에서는 차도를 말한다)가 교차하는 부분
③ 안전지대 : 도로를 횡단하는 보행자나 통행하는 차마의 안전을 위하여 안전표지나 이와 비슷한 인공구조물로 표시한 도로의 부분

17
차마의 운전자는 도로(보도와 차도가 구분된 도로에서는 차도를 말한다)의 중앙(중앙선이 설치되어 있는 경우에는 그 중앙선을 말한다) 우측 부분을 통행하여야 한다.

18
② 비가 내려 노면이 젖어 있는 경우에는 최고속도의 100분의 20을 감속한다.

20
운전이 금지되는 술에 취한 상태의 기준은 운전자의 혈중알코올농도가 0.03% 이상인 경우로 한다.

21
건설기계 번호표의 색상(건설기계관리법 시행규칙 [별표 2])
① 비사업용(관용 또는 자가용) : 흰색 바탕에 검은색 문자
※ 대여사업용 : 주황색 바탕에 검은색 문자

22
검사(건설기계관리법 제13조)
- 신규 등록검사 : 건설기계를 신규로 등록할 때 실시하는 검사
- 정기검사 : 건설공사용 건설기계로서 3년의 범위에서 국토교통부령으로 정하는 검사유효기간이 끝난 후에 계속하여 운행하려는 경우에 실시하는 검사와 대기환경보전법 및 소음·진동관리법에 따른 운행차의 정기검사
- 구조변경검사 : 건설기계의 주요 구조를 변경하거나 개조한 경우 실시하는 검사
- 수시검사 : 성능이 불량하거나 사고가 자주 발생하는 건설기계의 안전성 등을 점검하기 위하여 수시로 실시하는 검사와 건설기계 소유자의 신청을 받아 실시하는 검사

23
검사장소(건설기계관리법 시행규칙 제32조)
다음의 어느 하나에 해당하는 경우에는 해당 건설기계가 위치한 장소에서 검사를 할 수 있다.
- 도서지역에 있는 경우
- 자체중량이 40t을 초과하거나 축하중이 10t을 초과하는 경우
- 너비가 25m를 초과하는 경우
- 최고속도가 시간당 35km 미만인 경우

24

건설기계사업을 하려는 자(지방자치단체는 제외)는 대통령령으로 정하는 바에 따라 사업의 종류별로 특별자치시장·특별자치도지사·시장·또는 자치구의 구청장("시장·군수·구청장")에게 등록하여야 한다(건설기계관리법 제21조).

25

1년 이하의 징역 또는 1천만원 이하의 벌금(건설기계관리법 제41조)
- 거짓이나 그 밖의 부정한 방법으로 등록을 한 자
- 등록번호를 지워 없애거나 그 식별을 곤란하게 한 자
- 구조변경검사 또는 수시검사를 받지 아니한 자
- 정비명령을 이행하지 아니한 자
- 사용·운행 중지 명령을 위반하여 사용·운행한 자
- 사업정지명령을 위반하여 사업정지기간 중에 검사를 한 자
- 형식승인, 형식변경승인 또는 확인검사를 받지 아니하고 건설기계의 제작 등을 한 자
- 사후관리에 관한 명령을 이행하지 아니한 자
- 내구연한을 초과한 건설기계 또는 건설기계 장치 및 부품을 운행하거나 사용한 자와 그러한 자의 운행 또는 사용을 알고도 말리지 아니하거나 운행 또는 사용을 지시한 고용주
- 부품인증을 받지 아니한 건설기계 장치 및 부품을 사용한 자와 그러한 자의 사용을 알고도 말리지 아니하거나 사용을 지시한 고용주
- 매매용 건설기계를 운행하거나 사용한 자
- 폐기인수 사실을 증명하는 서류의 발급을 거부하거나 거짓으로 발급한 자
- 폐기요청을 받은 건설기계를 폐기하지 아니하거나 등록번호표를 폐기하지 아니한 자
- 건설기계조종사면허를 받지 아니하고 건설기계를 조종한 자
- 건설기계조종사면허를 거짓이나 그 밖의 부정한 방법으로 받은 자
- 소형 건설기계의 조종에 관한 교육과정의 이수에 관한 증빙서류를 거짓으로 발급한 자
- 술에 취하거나 마약 등 약물을 투여한 상태에서 건설기계를 조종한 자와 그러한 자가 건설기계를 조종하는 것을 알고도 말리지 아니하거나 건설기계를 조종하도록 지시한 고용주
- 건설기계조종사면허가 취소되거나 건설기계조종사면허의 효력정지처분을 받은 후에도 건설기계를 계속하여 조종한 자
- 건설기계를 도로나 타인의 토지에 버려둔 자

26

사고발생 시의 조치(도로교통법 제54조)
- 차 또는 노면전차의 운전 등 교통으로 인하여 사람을 사상하거나 물건을 손괴("교통사고")한 경우에는 그 차 또는 노면전차의 운전자나 그 밖의 승무원("운전자 등")은 즉시 정차하여 다음의 조치를 하여야 한다.
  - 사상자를 구호하는 등 필요한 조치
  - 피해자에게 인적 사항(성명·전화번호·주소 등) 제공
- 차 또는 노면전차의 운전자 등은 경찰공무원이 현장에 있을 때에는 그 경찰공무원에게, 경찰공무원이 현장에 없을 때에는 가장 가까운 국가경찰관서(지구대, 파출소 및 출장소를 포함)에 다음의 사항을 지체 없이 신고하여야 한다. 다만, 차 또는 노면전차만 손괴된 것이 분명하고 도로에서의 위험방지와 원활한 소통을 위하여 필요한 조치를 한 경우에는 그러하지 아니하다.
  - 사고가 일어난 곳
  - 사상자 수 및 부상 정도
  - 손괴한 물건 및 손괴 정도
  - 그 밖의 조치사항 등

27

해머로 타격할 때에는 처음과 마지막에는 힘을 많이 가하지 말 것

28
엔진오일 압력 경고등은 차량이 엔진오일 부족, 압력 이상, 누유 등 다양한 문제를 감지했을 때마다 점등된다.

29
가솔린이나 LPG차량은 점화플러그가 있어 연소를 도와주고 디젤은 예열플러그만 있다. 디젤은 자기착화엔진이라 하여 연료의 자체 발화로 시동이 걸린다.

30
채터링(Chattering) 현상 : 유압기의 밸브 스프링 약화로 인해 밸브면에 생기는 강제 진동과 고유 진동의 쇄교로 밸브가 시트에 완전 접촉을 하지 못하고 바르르 떠는 현상

31
터미널에 그리스를 발라두면 부식이 방지된다. 극판 상 10mm 정도 적당하다.

32
주차금지의 장소(도로교통법 제33조)
모든 차의 운전자는 다음의 어느 하나에 해당하는 곳에 차를 주차해서는 아니 된다.
- 터널 안 및 다리 위
- 다음의 곳으로부터 5m 이내인 곳
  - 도로공사를 하고 있는 경우에는 그 공사 구역의 양쪽 가장자리
  - 다중이용업소의 안전관리에 관한 특별법에 따른 다중이용업소의 영업장이 속한 건축물로 소방본부장의 요청에 의하여 시·도경찰청장이 지정한 곳
- 시·도경찰청장이 도로에서의 위험을 방지하고 교통의 안전과 원활한 소통을 확보하기 위하여 필요하다고 인정하여 지정한 곳

33
프라이밍 펌프 : 엔진의 최초 기동 시 또는 연료공급라인의 탈·장착 시 연료탱크로부터 분사펌프까지의 연료라인 내에 연료를 채우고 연료 속에 들어 있는 공기를 빼내는 역할을 한다.

34
전동팬 : 모터로 냉각팬을 구동하는 형식이며 라디에이터에 부착된 서모 스위치는 냉각수의 온도를 감지하여 어느 온도에 도달하면 팬을 작동(냉각팬 ON)시키고, 어느 온도 이하로 내려가면 팬의 작동을 정지(냉각팬 OFF)시킨다.

35
충전 방식
① 정전류 충전
  - 표준전류 : 축전지 용량의 10%
  - 최소전류 : 축전지 용량의 5%
  - 최대전류 : 축전지 용량의 20%
② 정전압 충전 : 일정한 전압으로 충전
③ 단별전류 충전 : 단계적으로 전류를 감소시켜 충전
④ 급속 충전 : 충전전류의 1/2로 긴급 시 충전

36
클러치의 유격이 크면 잘 안 끊기고 작으면 잘 끊긴다.

37
④ 구조가 복잡하므로 고장 원인의 발견이 어렵다.

38
압축링이 절손되거나 마모되면 실린더 벽으로 압축압력이 새므로 압력이 낮아진다.

39
윤활유 사용 목적 : 윤활작용
- 마찰감소와 마모방지
- 밀봉작용
- 냉각작용
- 세척작용
- 충격완화 및 소음방지

40
분사펌프는 디젤엔진의 연료분사 장치이다.

41
건설기계 작업 시 온도계기는 정상인데 엔진 부조가 발생하는 것은 연료가 공급되지 못하기 때문이다.

42
③ 유연성과 적당한 강도가 있을 것

43
물 펌프가 하는 일은 강제 순환식으로 고장이 나면 즉각 온도가 상승하여 과열되는 주된 요인이다.

44
전류조정기는 직류발전기 부품이다.
※ 교류발전기는 스테이터(스테이터 철심, 스테이터 코일), 로터(로터 철심, 로터 코일, 로터 축, 슬립링), 정류기, 브러시, 베어링, V 벨트 풀리, 팬 등으로 구성되었다.

45
20℃에서 축전지 전해액의 비중이 1.260~1.280이면 완전 충전상태이다.

46
연소실에 누적된 연료가 많아 일시에 연소되면 이상연소가 되어 노킹의 원인이 된다.

47
비틀림 코일스프링은 작동 시 충격을 흡수하고, 쿠션 스프링은 동력전달 시나 차단 시 충격을 흡수한다.

48
압력판은 클러치 스프링에 의해 플라이휠 쪽으로 작용하여 클러치 디스크를 플라이휠에 압착시키고 클러치 디스크는 압력판과 플라이휠 사이에서 마찰력에 의해 엔진의 회전을 변속기에 전달하는 일을 한다.

49
② 트레드가 마모되면 지면과 접촉면적은 크나 마찰력이 감소되어 제동성능이 나빠진다.

50
액추에이터 : 유압펌프를 통하여 송출된 에너지를 직선운동이나 회전운동을 통하여 기계적 일을 하는 기기

51
플런저 펌프는 구조가 복잡하다.

52
쿠션기구로 인해 피스톤이 커버와 충돌할 때의 쇼크를 흡수, 실린더 수명을 연장할 뿐 아니라 쇼크로 발생되는 진동 등에 의한 유압장치의 기기, 배관 등 손상을 방지한다.

53
3종류의 제어밸브
- 압력제어밸브 : 일의 크기 제어
- 유량제어밸브 : 일의 속도 제어
- 방향제어밸브 : 일의 방향 제어

54
속도제어 회로
- 미터 인 회로 : 유량제어밸브를 실린더 입구측에 설치하여 유량을 제어하는 방식이다.
- 미터 아웃 회로 : 유량제어밸브를 실린더 출구측에 설치한 회로이다.
- 블리드 오프 회로 : 유량제어밸브를 실린더와 병렬로 설치하여 실린더 입구측에 불필요한 압유를 배출시켜 작동효율을 증진시킨 회로이다.

55
시퀀스밸브(Sequence Valve) : 유압회로의 압력에 의해 유압 액추에이터의 작동 순서를 제어하는 밸브
① 메이크업밸브 : 실린더 진공 방지, 체크밸브 역할, 오일공급
② 리듀싱밸브 : 유압회로 압력유지밸브
④ 언로드밸브 : 유량을 펌프로 복귀시켜 무부하 펌프가 되게 하는 밸브

56
스트레이너는 유압유에 포함된 불순물을 제거하기 위해 유압펌프 흡입관에 설치한다.

57
유압의 점도

유압유의 점도가 너무 낮을 경우	유압유의 점도가 너무 높을 경우
• 내부 오일 누설의 증대 • 압력 유지의 곤란 • 유압펌프, 모터 등의 용적효율 저하 • 기기 마모의 증대 • 압력발생 저하로 정확한 작동 불가	• 동력손실 증가로 기계효율 저하 • 소음이나 공동현상 발생 • 유동저항의 증가로 인한 압력손실 증대 • 내부마찰의 증대에 의한 온도 상승 • 유압기기 작동의 불활발

58
유압 작동부는 기름이 새지 않도록 실(Seal), O-링, 패킹 등을 사용한다.

59
체인장력 조정 후 로크너트를 조여 준다.

60
지게차의 리프트 실린더는 포크를 상승, 하강시킨다.

좋은 책을 만드는 길, 독자님과 함께하겠습니다.

답만 외우는 지게차운전기능사 필기 기출문제 + 모의고사 14회

개정6판1쇄 발행	2026년 01월 05일 (인쇄 2025년 07월 14일)
초 판 발 행	2020년 06월 05일 (인쇄 2020년 04월 02일)
발 행 인	박영일
책 임 편 집	이해욱
편 저	최강호
편 집 진 행	윤진영 · 김혜숙
표지디자인	권은경 · 길전홍선
편집디자인	성성일 · 심혜림
발 행 처	(주)시대고시기획
출 판 등 록	제10-1521호
주 소	서울시 마포구 큰우물로 75 [도화동 538 성지 B/D] 9F
전 화	1600-3600
팩 스	02-701-8823
홈 페 이 지	www.sdedu.co.kr
I S B N	979-11-383-9612-7(13550)
정 가	14,000원

※ 저자와의 협의에 의해 인지를 생략합니다.
※ 이 책은 저작권법의 보호를 받는 저작물이므로 동영상 제작 및 무단전재와 배포를 금합니다.
※ 잘못된 책은 구입하신 서점에서 바꾸어 드립니다.

자동차 관련 시리즈
R·O·A·D·M·A·P
자동차 관련 업체로 취업 시 꼭 취득해야 할 필수 자격증!

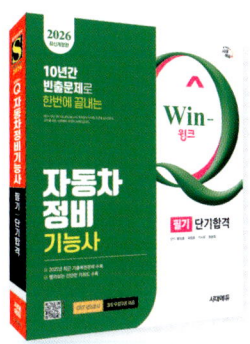

Win-Q 자동차정비기능사 필기
- 한눈에 보는 핵심이론 + 빈출문제
- 최근 기출복원문제 및 해설 수록
- 시험장에서 보는 빨간키 수록
- 별판 / 628p / 23,000원

Win-Q 건설기계정비기능사 필기
- 한눈에 보는 핵심이론 + 빈출문제
- 최근 기출복원문제 및 해설 수록
- 시험장에서 보는 빨간키 수록
- 별판 / 592p / 26,000원

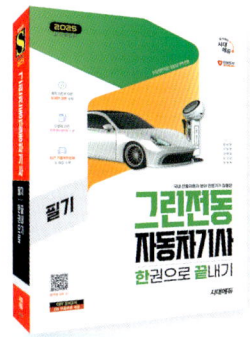

그린전동자동차기사 필기 한권으로 끝내기
- 최신 출제경향에 맞춘 핵심이론 정리
- 과목별 적중예상문제 수록
- 최근 기출복원문제 및 해설 수록
- 4×6배판 / 1,204p / 38,000원

도로교통사고감정사 한권으로 끝내기
- 학점은행제 10학점, 경찰공무원 가산점 인정
- 1·2차 최근 기출문제 수록
- 시험장에서 보는 빨간키 수록
- 4×6배판 / 1,068p / 37,000원

※ 도서의 이미지와 가격은 변경될 수 있습니다.

60점만 맞으면 합격!

'답'만 외우고 한 번에 합격하는

2026 **답만 외우는** SERIES

답만 외우는
지게차운전기능사 필기

답만 외우는
로더운전기능사 필기

답만 외우는
롤러운전기능사 필기

답만 외우는
굴착기운전기능사 필기

답만 외우는
기중기운전기능사 필기

답만 외우는
천공기운전기능사 필기

답만 외우는
천장크레인운전기능사 필기

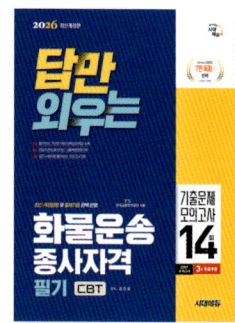

답만 외우는
화물운송종사자격 필기

CBT 기출문제 + 모의고사 14회

- ☑ 합격 키워드만 정리한 핵심요약집 **빨간키**
- ☑ 문제를 보면 답이 보이는 **기출복원문제**
- ☑ 해설 없이 풀어보는 **모의고사**
- ☑ CBT 모의고사 **무료 쿠폰**

답만 외우는
한식조리기능사 필기

답만 외우는
양식조리기능사 필기

답만 외우는
제과기능사 필기

답만 외우는
제빵기능사 필기

답만 외우는
미용사 일반 필기

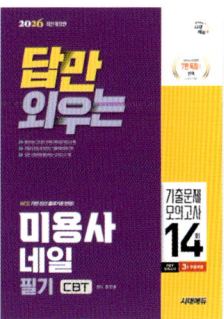

답만 외우는
미용사 네일 필기

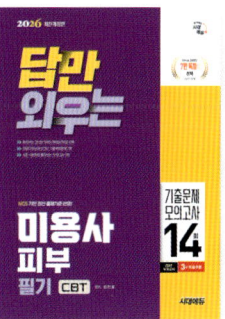

답만 외우는
미용사 피부 필기

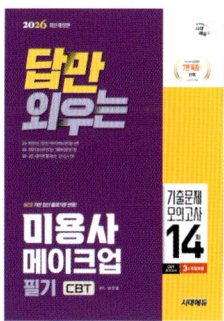

답만 외우는
미용사 메이크업 필기

※ 도서의 이미지 및 구성은 변경될 수 있습니다.

시대에듀가 준비한 자동차 관련 시리즈

더 이상의 자동차 관련 취업수험서는 없다!

교통 / 건설기계 / 운전자격 시리즈

건설기계운전기능사

지게차운전기능사 필기 가장 빠른 합격	별판	14,000원
유튜브 무료 특강이 있는 Win-Q 지게차운전기능사 필기	별판	14,000원
답만 외우는 지게차운전기능사 필기 CBT 기출문제+모의고사 14회	4×6배판	14,000원
답만 외우는 굴착기운전기능사 필기 CBT 기출문제+모의고사 14회	4×6배판	14,000원
답만 외우는 기중기운전기능사 필기 CBT 기출문제+모의고사 14회	4×6배판	14,000원
답만 외우는 로더운전기능사 필기 CBT 기출문제+모의고사 14회	4×6배판	14,000원
답만 외우는 롤러운전기능사 필기 CBT 기출문제+모의고사 14회	4×6배판	14,000원
답만 외우는 천공기운전기능사 필기 CBT 기출문제+모의고사 14회	4×6배판	15,000원

도로자격 / 교통안전관리자

Final 총정리 기능강사 · 기능검정원 기출예상문제	8절	21,000원
버스운전자격시험 문제지	8절	13,000원
5일 완성 화물운송종사자격	8절	13,000원
답만 외우는 화물운송종사자격 필기 CBT 기출문제+모의고사 14회	4×6배판	15,000원
도로교통사고감정사 한권으로 끝내기	4×6배판	37,000원
도로교통안전관리자 한권으로 끝내기	4×6배판	36,000원
철도교통안전관리자 한권으로 끝내기	4×6배판	35,000원

운전면허

답만 외우면 무조건 합격 운전면허 3일 합격! 1종·2종 공통(8절)	8절	12,000원
답만 외우면 무조건 합격 운전면허 3일 합격! 1종·2종 공통	별판	12,000원

※ 도서의 구성 및 가격은 변경될 수 있습니다.